装备论证基础方法导论

苏宪程　唐小丰　编著

国防工业出版社
·北京·

内 容 简 介

装备论证方法作为装备论证工作的重要工具,发挥着不可替代的作用。本书针对装备论证基础方法从逻辑思维、预测分析到决策分析进行了较为系统的阐述。主要内容包括逻辑思维方法、信息分析方法、预测分析方法、优化分析方法、建模与仿真、综合评价方法、经济性分析、系统工程方法和决策分析方法。

本书可供装备论证领域研究人员使用,也可用于高等院校相关专业教学和学习参考。

图书在版编目(CIP)数据

装备论证基础方法导论/苏宪程,唐小丰编著. —北京:
国防工业出版社,2017.10
ISBN 978-7-118-11432-4

Ⅰ.①装… Ⅱ.①苏… ②唐… Ⅲ.①武器装备—研究 Ⅳ.①E92

中国版本图书馆 CIP 数据核字(2017)第 257812 号

※

国防工业出版社出版发行
(北京市海淀区紫竹院南路23号 邮政编码100048)
三河市腾飞印务有限公司印刷
新华书店经销

*

开本 710×1000 1/16 印张 14¾ 字数 275 千字
2017年10月第1版第1次印刷 印数 1—2000 册 定价 58.00 元

(本书如有印装错误,我社负责调换)

国防书店:(010)88540777　　发行邮购:(010)88540776
发行传真:(010)88540755　　发行业务:(010)88540717

《装备论证基础方法导论》编写委员会

主　任　苏宪程　唐小丰

成　员　杨　庆　韩宪平　曹裕华　薛惠珍　邹宗敏
　　　　苏海霞　杨金秋　姚义军　陈浩军

PREFACE | 前言

装备论证方法是开展装备论证研究的手段和工具,用于提供思考方向和操作步骤,引导论证研究沿着一定路径前进,辅助论证人员正确认识论证问题,科学地获取论证结论。装备论证需要将问题由非结构化到结构化、由抽象到具体,认真分析总结各种论证方法和技术,推动装备论证方法不断深化是适应装备迅速发展的客观需要。

装备论证方法的研究内容,就是根据装备论证工作的使命任务,全面系统地梳理能够用于解决论证问题的各类方法,既广泛吸纳各相关学科已有的成熟方法,又密切结合装备论证工作实际,根据认识论的基本原则,梳理源自其他学科的理论方法在装备论证的应用方式,并加以适应性改进和拓展,使之成为更加适用于论证工作的方法。无论是体系层次还是系统层次的装备论证工作,都是一项涉及多个领域的复杂工作,要提升装备论证的质量和水平,确保提出准确、完整、恰当的装备需求,必须针对具体问题的具体情况,采用相应的具体方法。

编写本书旨在对装备论证方法进行基础性的梳理,以期起到抛砖引玉的作用,引起更多有识之士的兴趣和重视,推进装备论证方法不断充实丰富。全书共分10章;第1章绪论,总体上阐述装备论证基础方法的基本构成和基本内容;第2章逻辑思维方法,主要对比较法、分类法、类比法、归纳法与演绎法、分析法与综合法进行阐述;第3章信息分析方法,主要对调查访谈法、文献分析法、统计分析法和数据挖掘等方法进行阐述;第4章预测分析方法,主要对专家预测法、德尔菲法、交叉影响分析法、时间序列分析、平滑预测法和回归分析法进行阐述;第5章优化分析方法,主要对网络计划评审技术、数学规划、演化计算、神经网络法等进行阐述;第6章建模与仿真,主要对作战模拟、高层体系结构、任务空间概念模型、UML建模方法进行阐述;第7章综合评价方法,主要对层次分析法、模糊综合评判、灰色关联分析(ADC法)法、数据包络分析法、系统效能分析法进行阐述;第8章经济性分析,主要对装备全寿命费用估算方法、装备费用-效能分析、价值工程和定费用设计进行阐述;第9章系统工程方法,主要对霍尔三维结构、综合集成方法、人理—事理—物理方法、系统分析法进行阐述;第10章决策分析方法,主要对决策法、不确定型决策法、风险型决策法、多目标决策方法、灰色决策法进行阐述。

本书编写过程中得到了原总装备部武器装备论证研究中心、炮兵与防空兵装备技术研究所、空军装备研究院等单位的大力帮助，国防工业出版社的同志为本书出版付出了大量辛勤劳动，在此表示衷心的感谢。在成书过程中陈慧玲、邴启军、李岩、杨君、汤亚锋、庄锦山、章兰英、刘海洋、王志杰、车学科、杨超、王超、张天良、杨晟、赵乾、孙阳等也参与了工作，提供了大量帮助，在此表示感谢。由于成书过程中也借鉴引用了大量前期研究成果，受到了很大启发，对提升本书学术价值和理论高度发挥了重要作用，不能一一致谢，在此一并对这些成果的创造者致以深深敬意和由衷感谢。

当今世界正处在一个信息化主导的变革时代，装备发展呈现许多新的特点，装备论证工作更加复杂，有待不断完善论证方法以适应时代的发展。尽管作者查阅了大量资料、借鉴了众多研究成果，但由于能力有限，书中不妥之处在所难免，真诚希望关注装备论证的专家、学者和同仁不吝指正，对于读者的关心和指教，再次表示衷心感谢。

编著者
2017.6

CONTENTS | 目录

第1章 绪论 ... 1
1.1 逻辑思维方法 ... 1
1.2 信息分析方法 ... 2
1.3 预测分析方法 ... 3
1.4 优化分析方法 ... 4
1.5 建模与仿真 ... 5
1.6 综合评价方法 ... 6
1.7 经济性分析 ... 7
1.8 系统工程方法 ... 8
1.9 决策分析方法 ... 9

第2章 逻辑思维方法 ... 11
2.1 比较法 ... 11
2.1.1 比较法的含义 ... 11
2.1.2 比较法的主要类型 ... 11
2.1.3 比较法的特点 ... 12
2.1.4 比较法在武器装备论证中的作用 ... 13
2.2 分类法 ... 14
2.2.1 分类法的含义 ... 14
2.2.2 分类法的主要类型 ... 14
2.2.3 运用分类法的一般规则 ... 14
2.2.4 分类法在武器装备论证中的作用 ... 15
2.3 类比法 ... 16
2.3.1 类比法的含义 ... 16
2.3.2 类比法的主要类型 ... 16
2.3.3 类比法在武器装备论证中的作用 ... 18
2.4 归纳法与演绎法 ... 19

2.4.1 归纳法 19
2.4.2 演绎法 20
2.4.3 归纳法与演绎法的关系 21
2.4.4 归纳法与演绎法在武器装备论证中的作用 22
2.5 分析法与综合法 23
2.5.1 分析法 23
2.5.2 综合法 24
2.5.3 分析法与综合法的区别与联系 24
2.5.4 分析法与综合法在武器装备论证中的作用 25

第3章 信息分析方法 26

3.1 调查访谈法 26
3.1.1 问卷调查 26
3.1.2 访谈调查 29
3.1.3 观察法 29
3.2 文献分析法 30
3.2.1 文献分析的目的 30
3.2.2 文献分析的方法 31
3.2.3 文献分析的策略 31
3.3 统计分析法 31
3.3.1 描述性统计 32
3.3.2 推论性统计 33
3.4 数据挖掘 34
3.4.1 数据挖掘概述 34
3.4.2 数据预处理技术 36
3.4.3 关联规则理论 38

第4章 预测分析方法 40

4.1 专家预测法 40
4.1.1 个人判断预测法 41
4.1.2 集团头脑风暴法 41
4.2 德尔菲法 42
4.2.1 概述 42
4.2.2 德尔菲法的基本程序 42
4.2.3 预测结果的表示以及处理方法 47

4.2.4　德尔菲法的不足之处 ································· 52
　4.3　交叉影响分析法 ································· 52
　　　4.3.1　交叉影响分析法的概念 ································· 52
　　　4.3.2　交叉影响分析法的应用 ································· 53
　　　4.3.3　交叉影响分析法的程序 ································· 54
　4.4　时间序列分析 ································· 57
　　　4.4.1　基本步骤 ································· 57
　　　4.4.2　基本特征 ································· 58
　　　4.4.3　主要用途 ································· 58
　4.5　平滑预测法 ································· 59
　　　4.5.1　方法概述 ································· 59
　　　4.5.2　典型方法 ································· 59
　4.6　回归分析法 ································· 60
　　　4.6.1　一元线性回归模型 ································· 61
　　　4.6.2　二元线性回归模型 ································· 62

第5章　优化分析方法 ································· 64

　5.1　网络计划评审技术 ································· 64
　　　5.1.1　方法概述 ································· 64
　　　5.1.2　网络计划图 ································· 65
　　　5.1.3　时间参数及其估计 ································· 65
　　　5.1.4　网络优化 ································· 66
　5.2　数学规划 ································· 66
　　　5.2.1　线性规划 ································· 66
　　　5.2.2　整数规划 ································· 68
　　　5.2.3　非线性规划 ································· 69
　　　5.2.4　目标规划 ································· 70
　　　5.2.5　多目标规划 ································· 72
　5.3　演化计算 ································· 73
　　　5.3.1　演化计算概述 ································· 73
　　　5.3.2　遗传算法 ································· 75
　　　5.3.3　演化规划 ································· 77
　5.4　神经网络法 ································· 82
　　　5.4.1　概述 ································· 82
　　　5.4.2　神经网络的学习方法 ································· 84

5.4.3 常用神经网络模型 ·· 85
5.4.4 如何应用神经网络 ·· 91

第6章 建模与仿真 ·· 95

6.1 作战模拟 ··· 95
6.1.1 作战模拟的一般原理 ·· 95
6.1.2 作战模拟的分类 ·· 96
6.1.3 作战模拟的实施步骤 ·· 97
6.1.4 作战模拟的建模 ·· 98

6.2 高层体系结构 ·· 102
6.2.1 基本概念 ·· 102
6.2.2 高层体系结构的规则 ··· 103
6.2.3 接口规范 ·· 105
6.2.4 对象模型模板 ·· 108
6.2.5 联邦的运行过程和多个联邦的集成方法 ························· 110
6.2.6 HLA 的关键技术 ·· 110

6.3 任务空间概念模型 ··· 117
6.3.1 任务空间概念模型的定义 ······································· 117
6.3.2 任务空间概念模型的组成 ······································· 119

6.4 UML 建模方法 ·· 123
6.4.1 UML 基本定义 ·· 123
6.4.2 UML 的静态建模机制 ·· 123
6.4.3 UML 的动态建模机制 ·· 125

第7章 综合评价方法 ·· 128

7.1 层次分析法 ··· 128
7.1.1 层次分析法的基本步骤 ··· 128
7.1.2 应用示例 ·· 134

7.2 模糊综合评判法 ··· 138
7.2.1 模糊综合评判的基本理论 ······································· 139
7.2.2 权重向量的确定方法 ··· 140
7.2.3 隶属度的确定方法 ··· 142
7.2.4 应用示例 ·· 146

7.3 灰色关联分析法 ··· 147
7.3.1 概述 ·· 147

  7.3.2 灰色序列生成 …………………………………………… 149
  7.3.3 灰色关联分析 …………………………………………… 150
 7.4 数据包络分析法 ………………………………………………… 152
  7.4.1 DEA 法的特点 …………………………………………… 152
  7.4.2 DEA 基本思想和模型 …………………………………… 153
  7.4.3 DEA 法应用 ……………………………………………… 154
 7.5 ADC 法 …………………………………………………………… 158
  7.5.1 ADC 基本模型 …………………………………………… 159
  7.5.2 可用度向量的确定 ……………………………………… 159
  7.5.3 可信赖性矩阵 …………………………………………… 160
  7.5.4 能力矩阵 ………………………………………………… 161
  7.5.5 考虑时间的系统效能 …………………………………… 162

第 8 章 经济性分析 ……………………………………………… 163

 8.1 装备全寿命费用估算方法 ……………………………………… 163
  8.1.1 参数估算法 ……………………………………………… 163
  8.1.2 工程估算法 ……………………………………………… 166
  8.1.3 类比估算法 ……………………………………………… 168
  8.1.4 专家判断估算法 ………………………………………… 171
 8.2 装备费用—效能分析 …………………………………………… 173
  8.2.1 装备费用—效能分析的任务 …………………………… 173
  8.2.2 装备费用—效能分析的基本流程 ……………………… 174
  8.2.3 装备费用—效能分析的主要方法 ……………………… 177
 8.3 价值工程 ………………………………………………………… 186
  8.3.1 价值工程的定义 ………………………………………… 186
  8.3.2 价值工程的特点 ………………………………………… 188
  8.3.3 价值工程的实施程序 …………………………………… 189
 8.4 定费用设计 ……………………………………………………… 191
  8.4.1 定费用设计的概念 ……………………………………… 191
  8.4.2 定费用设计的特点 ……………………………………… 191
  8.4.3 定费用设计的实施程序 ………………………………… 192

第 9 章 系统工程方法 …………………………………………… 195

 9.1 霍尔三维结构 …………………………………………………… 195
 9.2 综合集成方法 …………………………………………………… 197

XI

9.2.1 综合集成方法概述 · 197
9.2.2 综合集成研讨厅体系 · 199
9.3 物理—事理—人理方法 · 200
9.3.1 物理—事理—人理系统方法的特点 · 200
9.3.2 物理—事理—人理系统方法实施步骤 · 201
9.3.3 应用物理—事理—人理系统方法遵循的原则 · 202
9.4 系统分析法 · 202
9.4.1 系统分析的特点 · 202
9.4.2 系统分析的原则 · 203
9.4.3 系统分析的要素 · 204
9.4.4 系统分析的一般程序 · 205
9.4.5 系统描述方法 · 207
9.4.6 武器系统分析 · 208

第10章 决策分析方法 · 210

10.1 决策树法 · 211
10.1.1 基本原理 · 211
10.1.2 实施步骤 · 212
10.2 不确定型决策法 · 212
10.2.1 决策表 · 212
10.2.2 决策方法 · 213
10.3 风险型决策法 · 214
10.3.1 问题描述 · 214
10.3.2 风险型决策法 · 215
10.4 多目标决策法 · 216
10.4.1 方法概述 · 216
10.4.2 多属性决策过程 · 216
10.5 灰靶决策法 · 218
10.5.1 灰靶决策概述 · 218
10.5.2 灰靶决策特点 · 218
10.5.3 单目标化局势决策 · 219

参考文献 · 221

第1章 绪 论

无论是军队层次、联合层次,还是体系层次和系统层次的装备论证工作,都是一项涉及多个领域的复杂工作。要提升装备论证的质量和水平,确保提出准确、完整、恰当的装备需求,必须针对具体问题的具体情况,采用相应的具体方法。本书力求对方法进行梳理、归类,主要包括逻辑思维方法、信息分析方法、预测分析方法、优化分析方法、综合评价方法等。

1.1 逻辑思维方法

通过科学抽象,人们才能就事物的内部联系做出统一的科学说明,人们对事物本质的认识是通过一系列抽象来完成的。通过逻辑思维,人们才能认识事物之间的联系,推演归纳出规律。在装备论证中,经常需要采用形式逻辑、辩证逻辑、数理逻辑等多种逻辑思维方式,从大量的装备论证实践或观察材料,得到感性认识,通过概括和推理,从而形成概念,并上升为理性认识,以获得定性分析的结论。逻辑思维方法主要包括比较、类比、归纳、演绎、分析、综合等基本的方法。

比较是对照各个研究对象,以确定其间差异点和共同点的一种逻辑思维方法。经常用于装备论证中对客观事物进行定性鉴别和定量的分析,揭示不易直接观察的运动和变化,追溯事物发展的历史渊源,确定事物发展的历史顺序。

类比是将事物分门别类后进行对比研究,从中发现规律,特别是根据两个(或两类)对象之间在某些方面的相似或相同而推出它们在其他方面也可能相似或相同的一种逻辑方法,常用于装备论证中的预测领域,并指导研究工作的方向。

归纳是从个别认识过渡到一般认识的思维方法。将同类事物中次要的、非本质的方面舍弃掉,而对其普遍的、本质的方面和特性加以概括,形成观点、结论。在装备论证中常用于整理事实从中得出普遍规律或结论。

演绎是从一般到个别的推理方法,即通过某种特定的相关关系,顺次地、逐步地进行推论,最终推导出新结论的一种逻辑思维方法。在装备论证中常用于进行严密的逻辑证明。

分析是把对象分解为各个部分或要素,并分别加以考察的思维方法。实际上突出了个别事物的复杂性,强调多方面、多层次、全过程地认识具体对象的特殊性,以通过现象把握本质,在装备论证中常用于逐个领域、逐个部分进行研究。

综合是把与有关的片面、分散、众多的情况、数据、素材进行整合,把事物或课题的各个部分、各个方面和各种因素联系起来考虑,从错综复杂的现象,探索它们的相互关系,以达到从整体上把握事物的本质、全貌和全过程,获得新知识、新结论的一种逻辑方法。例如,在武器装备论证中,利用分类法可使大量繁杂的武器装备类别及所研究的问题系统化、条理化,为研究人员在论证中分门别类地深入研究创造条件。

1.2 信息分析方法

信息分析是装备论证中的一项十分重要的工作。信息分析根据特定信息需求,利用各种方法和工具,对零散的原始信息进行识别、鉴定、筛选、浓缩等加工和分析研究,去伪存真、去粗取精,挖掘出其中蕴涵的知识和规律,并且通过系统的分析和研究得到有针对性、时效性、预测性、科学性、综合性及可用性的结论。信息的搜集、整理与分析,直接影响到装备论证的准确性和精确性,常见的信息分析方法有调查访谈方法、文献分析方法、统计分析方法和数据挖掘方法等。

调查访谈方法,主要通过问卷和访谈的方式进行。问卷是根据研究课题的需要而编制成的一套问题表格,由调查对象自填回答的一种收集资料的工具,同时可以作为测量个人行为和态度倾向的测量手段。访谈是访问者通过口头交谈的方式向被访问者了解管理情况的方法。

文献分析方法,文献一般是指各种文字材料包括出版物和非出版物,有时文献还泛指一切文字的和视听的(非文字的)材料。文献分析法是从记载各种信息的文献中分析出具有反映事物发展规律特性的研究资料的方法,主要是对现有信息资源进行统计分析。运用文献分析法旨在了解现有的技术水平、环境状况、对手情况等。同时,在文献分析中还有可能搜集到极有价值的信息。文献分析方法主要有定性分析法和定量分析法,有时也采用定性和定量相结合的方法。一般而言,文献是对有关事物性质、功能和特征等方面的描述,定性研究较少涉及主题内的变量关系,而研究者往往倾向于应用逻辑推理探索事物之间的逻辑关系,而不是数量关系。文献研究的定性分析是研究者最为常用的方法之一。定性分析方法主要有逻辑分析方法和比较分析方法。定量分析方法又称为内容分析方法,是对明显的文献内容做客观而又系统的量化并加以描述的一种研究方法。定量分析的实质是将言语表示的文献转换成用数量表示的资料。随着计算机的普及,定量研究的应用越来越广泛。文献定量分析具有明显性、客观性、系统性和量化等特点。定量分析一般要经过四个步骤:抽样;确定分析单元和分析类目;量化处理;分析数据,得出结论。

统计分析方法,统计学提供了一种可以发现数据之间深层次含义的方法,研究者从而能更清楚地看清数据的含义,更好地理解数据之间的内在关系。运用统计学原理,可对研究所得的数据进行综合处理,以揭示事物的内在数量规律。在运用统计工具时,必须记住,统计价值从来不是研究的最终目的,也不是研究问题的最终答案。研究的最终问题是这些数据究竟说明什么,而不是统计数据的结构形态(它们在哪里聚合、分布的广度与相互关系等)。统计分析是数据处理最基本也是最主要的方法。它不仅计算研究对象的特征的样本平均值、方差,或者所占百分比,而且更重要的是研究样本特征值与母体特征值的关系,研究变量之间的关系,特别是因果关系,从而发现被研究对象的发展规律,或者验证有关假想、结论是否成立,验证有关理论在新的时空中是否成立,进而可以针对深层原因,引出改变客观世界的策略。

数据挖掘方法,就是从大量数据中获取有效的、新颖的、潜在有用的、最终可理解的模式的过程,也可视为数据库中知识发现过程的一个基本步骤。知识发现过程包括数据清理、数据集成、数据选择、数据变换、数据挖掘、模式评估和知识表示。数据挖掘具有分类、估值、预言、相关性分组或关联规则,聚集、描述和可视化、复杂数据类型挖掘等功能。在装备论证领域,由于各种军事数据库的急剧增加,存在大量情报数据需要分析,可以预见,其应用必将越来越广泛,也是武器装备论证未来需要重点加以重视的一项关键性方法。同时,也对我军武器装备论证数据库的建设与发展指明了相应的要求和发展方向,即必须建立专业性的武器装备论证数据库。

1.3 预测分析方法

预测分析方法是以统计学原理为基础,根据系统过去和当前的特性分析预测其未来的特性,根据过去和当前的发展规律,推测其未来的发展结果和趋势。预测学就是根据已知推断未来。在装备论证中运用预测分析,是对军事系统或体系发展、演变客观规律的认识和分析过程。目前预测分析方法大致可以分为两类:一类是根据经验,进行直观的分析判断,从而作为结论和判断的方法,如专家预测法、德尔菲法,这类方法称为直观预测法;另一类方法是根据数据和资源进行分析和解析计算,由解析计算结果得出预测的结论,如回归分析、时间序列分析、指数平滑法,这类方法称为解析法。

专家预测是根据预测对象的外界环境(社会环境、自然环境)组织各领域的专家运用专业方面的知识和经验,通过直观归纳预测对象的过去与现在,以及运动变化、发展的规律,从而对预测对象未来发展趋势及状态做出判断。

德尔菲法是一种直观型预测方法,主要在数据资料掌握不多的情况下,进行时间、相对重要性、比重、择优等内容的预测,以便取得决策所需的原始数据。近年来随着科学技术的高速发展,科学技术日趋朝着多目标和多方案方向发展。为了用有限的资金和人力确保重点,有必要对众多目标和方案的相对重要性进行评价,这是近年来德尔菲法的一项重要发展。

交叉影响分析法是根据若干个事件之间的相互影响关系,分析当某一事件发生时,其他事件因受到影响而发生何种形式变化的一种方法。由于事件之间的相互影响关系通常用矩阵的形式来表达,而各个事件的变化程度又是用概率值来描述的,故这种方法又称为交叉影响矩阵法或交叉影响概率法。

时间序列分析(Time Series Analysis)法是一种动态数据处理的统计方法。该方法基于随机过程理论和数理统计学方法,研究随机数据序列所遵从的统计规律,以用于解决实际问题。它包括一般统计分析(如自相关分析,谱分析等),统计模型的建立与推断,以及关于时间序列的最优预测、控制与滤波等内容。

指数平滑法是在移动平均法基础上发展起来的一种时间序列分析预测法,它是通过计算指数平滑值,配合一定的时间序列预测模型对现象的未来进行预测。其原理是任一期的指数平滑值都是本期实际观察值与前一期指数平滑值的加权平均。

回归分析法即建立回归数学模型进行预测,其模型又分为线性回归和非线性回归两种类型。线性回归是反映事物变化中一个因变量与一个或多个自变量之间相互关系,一个因变量与一个自变量的相关关系称为一元线性回归,一个因变量与多个自变量之间的相关关系称为多元回归。

1.4 优化分析方法

优化方法已经成为一个重要的数学分支,它所研究的问题是探讨如何在众多的方案中选择最优的方案。装备论证中的优化分析方法,是对装备论证有关领域和有关问题的最优问题的定量分析方法,是数学规划和控制理论在实践中的应用。优化分析方法能够为装备需求决策提供理由充分的依据,有助于实现规划计划和战略管理的科学化。装备论证中涉及的最优问题,往往是如何合理地利用有限的资源,使收益达到最大化。

网络计划评审技术是公认的行之有效的管理规划方法,早在 20 世纪 50 年代,西方国家提出了一种能够关联任务和时间的网络图制定方法,称为关键路径法(Critical Path Method,CPM)。1958 年,又提出了计划评审技术(Program Evaluation and Review Technique,PERT),后来又在这两种方法的基础上发展了概率型网络计划法,即图解评审技术(GERT)、决策关键路径法(DCPM)。

数学规划包括线性规划、非线性规划、整数规划、目标规划等内容。这类统筹规划的问题用数学语言表达,先根据问题要到达的目标选取适当的变量,目标通过变量的函数形式表示(称为目标函数),对问题的限制条件用有关变量的等式或不等式表达(称为约束条件)。

演化计算主要表现在其算法的自组织、自适应和自学习。应用演化计算求解问题时,采用简单的编码技术来表示各种复杂问题的结构,并通过构造适应值函数描述种群对环境的适应能力,同时构造多种进化遗传算子,按照优胜劣汰的大自然演化原则,有指导地学习和确定解的搜索方向,从而最终给出问题的求解。

神经网络是在研究生物神经系统的启示下发展起来的一种信息处理方法。它不需要设计任何数学模型,可以处理模糊的、非线性的、含有噪声的数据,可用于预测、分类、模式识别、非线性回归、过程控制等各种数据处理的场合。在大多数情况下,应用效果优于传统的统计分析方法。

1.5 建模与仿真

建模与仿真作为以相似论、系统科学、计算机科学、系统工程等学科理论为基础的新兴综合性学科,是目前公认的解决复杂系统问题的最佳手段。20世纪70年代,著名科学家钱学森教授就指出:"模拟技术实质上提供了一个'作战实验室',在这个实验室里利用模拟的作战环境,可以进行策略和计划的实验,可以检验策略和计划的缺陷,可以预测策略和计划的效果;可以评估武器系统效能;可以启发新的作战思想。"这充分印证了建模与仿真的重要性。建模与仿真方法要求论证人员充分利用建模与仿真手段,将战术与技术、定性与定量、经验与科学相结合,分析和评价关键技术突破、战术战法创新对武器装备体系整体作战效能的影响,已经成为装备论证工作中一种不可或缺的方法。

作战模拟方法是运用实验方法认识战争的一种手段,为人们在和平时期从实验室里学习战争开辟了重要途径,是军事科学研究方法划时代的革新。在装备论证中,作战模拟可以用于作战想定和方案的分析、作战训练的需求分析、武器装备论证的需求分析、后勤保障的需求分析等各个方面。可以通过模拟作战方案的作战过程和某些关键环节,更清楚地了解该作战方案的缺陷、薄弱环节、不协调性等问题,从而提出修改和优化作战方案的具体建议,为装备需求的形成提供准确可靠的信息。这种作用是其他方法所难以替代的。

高层体系结构(High Level Architecture,HLA),是一个可伸缩、可重用的仿真系统框架体系标准,可以广泛应用于国防、教育、工业、商业等领域的建模与仿真。它包括主要部分:一是功能定义,描述仿真功能和由运行时间支撑结构所提供的服务,HLA 规定了这些服务的种类;二是接口规范,在 HLA 中,仿真与 RTI 交互,形成并维护一个联邦,增强仿真之间的信息交换,HLA 包含了一个规定这些交互种类的接口规范;三是对象模型模板,HLA 要求仿真和交互的仿真集(联邦)均需要一个对象模型,来描述在仿真和联邦中所表现的实体,HLA 对象模型模板规定了必须包含在对象模型中的信息种类,但并不定义将出现在对象模型中的对象类。

任务空间的概念模型(Conceptual Modelsofthe Mission Space,CMMS),是对实体及其行动和交互的界于仿真与真实世界之间的一个中立的描述。换句话说,任务空间的概念模型 CMMS 是面向军事领域的有关于各种在仿真执行中将会发生的任务的行为和特征的集合。因此可以说,任务空间的概念模型是全面反映有关军事行动和任务所包含的复杂的知识,包括每一个实体的性能数据。一旦仿真计划者与开发者在特定的演习、测试和实验中,选择好一个想定(Scenario),并决定双方所使用的兵力和系统等因素后,所形成的问题空间(Problem Space)将利用任务空间概念模型中的信息来形成联邦概念模型(Federation Concept Model),这样做可以确保联邦概念模型是基于并利用真实系统的性能和参数。

统一建模语言(Unified Modeling Language,UML),是一种定义良好、易于表达、功能强大且普遍适用的建模语言,它是面向对象技术领域内占主导地位的标准建模语言,代表了面向对象方法的软件开发技术的发展方向。作为一种通用的标准建模语言,UML 采用面向对象的方式对任何具有静态结构和动态行为的系统进行建模,适用于系统开发过程中从需求规格描述到系统测试的不同阶段。在需求分析阶段,可通过用例来捕获用户需求。分析阶段主要关心问题域中的主要概念(如抽象、类和对象等)和机制,需要识别类以及它们相互间的关系,并用 UML 类图来描述。为实现用例,类之间需要协作,这可以用 UML 动态模型来描述。设计阶段定义系统中技术细节类。UML 模型还可作为测试阶段的依据。

1.6 综合评价方法

综合评价是决策的基础,在装备论证中,特别是方案选择阶段,需要对多种方案进行评价,一般采用综合评价方法。综合评价方法的发展比较成熟完善,有多种可供装备论证选用,常用的有层次分析法、模糊综合评判方法、灰色综合评价法等。

层次分析法(Analytic Hierarchy Process,AHP)是一种系统方法,由美国运筹学家、匹兹堡大学教授萨蒂(T. L. Saaty)于 20 世纪 70 年代初提出的。此后,AHP 引起人们的重视,并逐步应用于政治、军事、社会、管理等领域中,并取得了巨大的成功。从本质上讲,AHP 是一种思维方法,是一种充分利用人的分析、判断、综合能力的系统方法,其整个过程体现了人的思维的基本特征,即分析、判断、综合能力,并将人的主观比较、判断用数量形式进行表达和处理,是一种定量与定性相结合的系统方法,适应性较广。具体地讲,它把复杂的问题分解为各个组成因素,将这些因素按支配关系分组形成有序的递阶层次结构,通过两两比较的方式确定层次中诸因素的相对重要性,然后综合人的判断以决定决策各因素相对重要性总的顺序。

模糊综合评判法是在模糊集理论的基础上,应用模糊关系合成原理,从多个因素对被评判对象隶属等级状况进行综合评判的一种方法。它通过建立在模糊集合概念上的数学规则,能够对不可量化和不精确的概念采用模糊隶属函数进行表达与处理。该方法是应用模糊关系合成的原理,从多个因素对被评判事物隶属等级状况进行综合性评判的一种方法。模糊评判法不仅可对评价对象按综合分值的大小进行评价和排序,还可根据模糊评价集上的值,按最大隶属度原则去评定对象所属的等级,比较好地解决了判断的模糊性和不确定性问题。因此,在武器装备的论证工作中,成为军事系统工程学科中用于系统评价的重要方法。

灰色关联度分析实质是可利用各方案,最优方案之间关联度大小对评价对象进行比较、排序。灰色关联度分析是一种多因素统计分析方法,是用灰色关联度来描述因素间关系的强弱、大小和次序的。它的核心是计算关联度,关联度越大,说明比较序列与参考序列变化的态势越一致;反之,变化态势则相悖。灰色系统理论、概率统计、模糊数学是三种最常用的不确定性系统的研究方法。与研究"随机不确定性"的概率统计和研究"认知不确定性"的模糊数学不同,灰色系统理论着重研究概率统计、模糊数学所不能解决的"小样本、贫信息不确定"问题,并依据信息覆盖,通过序列生成寻求现实规律。灰色系统理论着重研究"外延明确,内涵不明确"的对象。

数据包络分析(Data Envelopment Analysis,DEA)方法是美国著名运筹学家A. Charnes和W. W. Cooper等学者在"相对效率"概念基础上发展起来的一种新的系统分析方法。它将数学、经济学、管理科学的概念与方法相结合,构成了运筹学的一个新的领域。自1978年第一个DEA模型——C2R模型被提出以来,在理论及应用方面引起了学术界极大兴趣,相继出现了许多关于DEA方法理论和应用推广的研究成果。DEA的内容包括模型、方法、理论和应用,DEA的本质是利用统计数据确定相对有效的生产前沿面,利用生产前沿面的理论和方法,可以研究部门和企业的技术进步状况,建立非参数的最优化模型等。

1.7 经济性分析

在论证中,无论是军队层次、联合层次,还是体系层次和系统层次的军事需求的确定,都大量涉及经费与资源投入问题,因此需要运用成本效益分析的方法,对军事需求中一些涉及经济成本的问题进行综合分析。在经济领域,资源相对于需求来说总是稀缺的。因此,在经济建设领域,经济实体必须在各种可能的潜在的物品生产组织之间进行选择,在不同技术之间进行选择,最后还必须决定谁消费这些物品(为谁生产)。这种思想同样可以应用于国防和军队建设领域,结合军事需求论证的具体情况,主要的方法有装备全寿命费用估算方法、装备费用—效能分析、价值工程、定费用设计和费用作为独立变量等。

装备全寿命费用估算 是装备经济性分析的重要内容,是运用结构分解、数理统计、数学建模等手段,以求出装备的全寿命费用及寿命历程中各阶段、各年度的费用值的系统分析方法。目前,对装备全寿命费用估算的方法主要有参数估算法、工程估算法、类比估算法、专家判断估算法等。

费用—效能分析 是通过确定目标,建立备选方案,从费用和效能两方面综合评价各方案的过程,是研究如何从几个方案中选择最优方案的方法。装备的费用—效能分析着重从定量的角度对装备的费用和效能同时加以考虑,以便权衡备选方案的优劣。

价值工程是一种运用集体智慧和有组织的活动。通过对产品或其他对象进行功能和成本的分析,以提高产品或其他对象价值为目的的技术经济分析方法。在美国国防部内部,价值工程定义为国防系统、设备、装置、程序和供应品的功能要求进行系统分析的工作,其目的是以最低的总费用实现必要的功能,并达到所需要的性能、安全性、可靠性、质量和维修性。

定费用设计(Design To Cost,DTC)也称为限费用设计、按费用指标设计或限额费用最佳设计,即通过在研制过程中对费用目标和指标的早期量化和跟踪来控制全寿命费用的一种管理方法。

1.8 系统工程方法

系统工程的基本原理是以系统为对象,把要组织管理的事物,经过分析、推理、判断、综合,建立某种系统模型,进而以最优化的方法,实现系统最满意的结果,即经过系统工程技术的处理,使系统达到技术先进、经济合算、时间节省、能协调运行的最优效果。系统工程方法在系统科学结构体系中是一门新兴的科学方法,在装备论证中用于分析和解决一些复杂的体系和系统问题。本书主要介绍以下方法:

霍尔三维结构模式 Hall的方法论为适应20世纪60年代系统工程的应用需要而产生,当时系统工程主要用来寻求各种战略问题的最优策略,或用来组织管理大型工程的建设。该体系认为系统工程整个活动过程可以分为前后紧密衔接的七个阶段,每个阶段应遵循一定的思维程序,需各种专业知识和技能的支持,构成了时间维、逻辑维和知识维的"霍尔三维结构"(Hall Three Dimensions Structure)。

综合集成方法是我国著名科学家钱学森在研究、解决复杂巨系统问题时,提出的从定性到定量的综合集成方法,简称综合集成。综合集成的实质是专家经验、统计数据和信息资料、计算机技术三者的有机结合,构成一个以人为主体的高度智能化的人—机结合系统,发挥这个系统的整体优势,去解决复杂的决策问题。在方法论层次上,就是要把经验与理论、定性与定量、人与机、微观与宏观、还原论与整体论辩证地统一起来,这就是方法论层次上的综合集成。在工程技术层次上,综合集成侧重于模型与工程分析。

物理—事理—人理系统方法 在中国科学家钱学森、许国志及美国华裔专家李耀滋等人的工作基础上,中国系统工程专家顾基发和英国华裔专家朱志昌于20世纪90年代中期提出了物理—事理—人理(WSR)系统方法论。主要观点是系统工作研究者在处理复杂系统问题时,不仅要明物理,懂自然科学,还应通事理,通晓各种科学的方法,各种可硬可软的解决问题的方法;更应知晓人理,掌握人际交往的艺术。只有把这三方面结合起来,利用人的理性思维的逻辑性及形象思维的综合性和创造性去组织时间活动,才可能产生最大的效率与效益。

ADC法 美国工业界武器系统效能咨询委员会(WSEIAC)把系统效能定义为"系统能满足一组规定任务要求之程度的量度,它是可用度、可信赖性及能力的函数"。该定义可表示为

$$E = A \cdot D \cdot C$$

式中:E 为系统效能;A 为可用度,是系统在开始执行任务时所处状态的量度;D 为可信赖性,已知系统在开始工作时所处的状态,系统在执行任务过程中所处状态的量度;C 为能力,已知系统在执行任务过程中所处的状态,表示系统完成规定任务之能力的量度。

1.9 决策分析方法

由于论证工作本质上是为决策服务的,因此决策分析方法在论证方法体系中处于重要地位。该类方法主要研究如何根据一定准则,对若干备选方案进行选择。现代装备论证要求用科学的决策替代经验决策,即依据科学的决策程序,采用科学的决策技术和科学的思维方法开展决策工作。决策的基础是优化,然而理论上最优的方案并不一定是最好的决策选择。决策分析与系统分析和优化分析的显著区别是决策分析过程中不仅要对系统的整体性能进行客观分析和权衡优化,还必须充分考虑决策者的价值判断和偏好。

决策树法 是一种用树形图来描述各方案未来收益的计算、比较以及选择的风险分析决策方法,其决策是以期望值为标准。如果一个决策树只在树的根部有一个决策点,则称为单级决策;如果一个决策不仅在树的根部有决策点,而且在树的中间也有决策点,则称为多级决策。

不确定型决策方法,客观存在两种以上的自然状态,而且它们发生的概率未知。这种决策出于未知因素太多,难以把握,所以更多地依赖决策者的经验、偏好等因素来抉择。不确定型决策所处的条件和状态都与风险型决策相似,不同的只是各种方案在未来将出现哪一种结果的概率不能预测,因而结果不确定。

风险型决策方法,也称随机决策。客观上存在两种以上不确定的自然状态,未来会出现哪一种不能确定。但是事件发生的概率是已知的,在决策时根据未来发生的主观概率和预测,计算每一个方案的期望值,然后比较各备选方案的期望值,最后做出决策。

多目标决策方法,在论证工作中,论证人员面对的大部分问题属于多目标决策的范畴。事实上,任何一项装备的发展都必须满足性能、费用和进度的要求,多目标决策方法的应用贯穿于论证过程的各个阶段。多目标决策方法是从20世纪70年代中期发展起来的一种决策分析方法,涉及多种数据处理方法,如归一化方法、本征向量法等。

灰色决策,是在决策模型中含灰元或一般决策模型与灰色模型相结合的情况下进行的决策。对出现的事件寻找一个效果最好的对策去对付,这便是决策。不过效果的评价与目标有关,所以事件、对策、效果、目标是决策的四要素。灰色系统理论将事件与对策的二元组合称为局势。决策过程考虑到的事件的多少反映思维的周密程度,对策的多少反映智慧与谋略的大小,目标的多少反映决策的妥善程度。灰色决策是按效果点是否已进入灰靶做出的,而不要求一定达到某个最优值,达到最优值要不是花费过大、可行性小,要不就是根本没有最优值。因此灰色决策仅仅是相对最优。相对最优的优化程度与灰靶的大小有关,靶越大,中靶率越高,优化程度就越差。

第2章
逻辑思维方法

逻辑思维法是指用确定的概念、判断和推理形式,抽象和概括客观事物的本质及规律的一种思维方法。武器装备论证中常用的逻辑思维法有比较法、分类法、类比法、归纳法与演绎法、分析法与综合法等。

2.1 比较法

2.1.1 比较法的含义

有比较才有鉴别,比较是人类认识客观事物的一种基本方法,事物间的差异性和同一性是比较的前提,没有共同点的事物无法进行比较。矛盾具有普遍性,而比较则是确定事物之间差异点和共同点的逻辑方法。

2.1.2 比较法的主要类型

1. 同类比较法和异类比较法

根据所比较的对象来划分,比较法可分为同类比较法和异类比较法。

同类比较法是对两种以上的同类事物通过比较而识别其不同点的方法。通过这种比较,可以找出同类事物中的相异点,进而准确、深刻地认识事物的本质和规律。这种方法应用范围广,只要属同类事物,不论涉及范围如何,均可进行比较。

异类比较法是通过对两种以上异类事物的比较来识别其相同点的方法。通过这种比较可以从表面不同的事物之间找出共同点和共同的规律。

2. 定性比较法与定量比较法

定性比较法和定量比较法是分别从物质的质与量的角度进行比较的方法。

定性比较法是对事物的比较,即对事物的性质、特征、特性进行比较。它既适合用于异类事物之间,也适用于同类事物之间,主要适用于异类事物之间,如两个军队的比较等。

定量比较法是对物质量的比较,是对两个以上在某种程度上具有某种共同属性的事物的比较。它既适用于同类事物之间,又适用于异类事物之间,主要适用于同类事物之间,如两种武器在射速、射程、价格等方面的比较。

3. 横向比较法和纵向比较法

横向比较法和纵向比较法是从空间角度与时间角度对事物进行比较的方法。

横向比较法是对同一时间条件的不同事物的比较,同一时间是横向比较的基础。通过比较可以发现事物之间的差异和优劣,认识矛盾之所在。

纵向比较法是对同一事物不同时期或不同发展阶段的情况进行比较,即对同一事物的历史和现状进行比较,如新中国成立后至今各历史阶段人均国防开支的比较。通过纵向比较可以发现同一事物不同发展时期的差异性,揭示出事物发展的规律。

4. 系统比较法和要素比较法

系统比较法又称为总体比较法,是对事物进行综合性的比较,要求研究者对比较对象有全面的了解,能够把握总体特性。要素比较法又称局部比较法,是对比较对象的某一方面、某一局部情况进行比较,要求研究者对比较的要素有较深入的了解,如两种飞机武器系统的比较,等。因此,系统比较法和要素比较法是从事物的整体与部分的角度进行比较的方法,两者相辅相成,缺一不可。

在武器装备发展论证中,遇到一些复杂的问题,一般对研究对象不是一方面比较,而是进行综合各类比较。只有这样,才能从整体上全面认识所研究的对象。

2.1.3 比较法的特点

1. 可比性

这既是应用比较法的前提条件,又是应遵守的一条规则。在武器装备的论证研究中,只能对两个或两个以上相互关联,并能用同一标准去衡量的事物或概念进行比较;否则,就会导致风马牛不相及的逻辑错误。例如,对于不同时期装备技术中的两个互不联系的概念进行比较,不仅没有任何用处,而且是不科学的。然而"互不联系不是绝对的,过去认为毫不相干的事物,随着现代科学的发展,就可能产生可比性"。例如,以往认为,机器和生命机体之间无任何相同之处,但若从功能和行为上去考察,机器和生命机体之间在行为方面却有某些相似之处。因此,运用比较法时,既要注意不能犯逻辑错误,又要注意辩证的思维。

2. 本质性

采用比较法,不能仅限于比较一些表面的同异现象,而要透过现象分析本质,从共性中揭示矛盾的普遍性,从差异中阐明矛盾的特殊性,这就是我们所说的本质性。运用比较法之所以要抓住本质,是因为决定武器装备发展及其相关事物的现象或过程发展变化的因素,是它的主要方面和本质因素。所以,论证人员进行比较研究时,要善于在表面上差异极大的事物之间找出它们在本质上的共同点,而在表面上极为相似的事物之间找出它们在本质上的差异点。这就是我们所要求的异中求同,同中求异。

2.1.4　比较法在武器装备论证中的作用

1. 对获取的资料进行鉴别论证

一般说来,通过比较,事物的异同将鲜明化。古人云:"两刀相割,利钝乃知;两论相行,是非乃现。"没有比较,就不能鉴别,特别是对历史资料的比较研究非常强调史料的鉴别。因为时过境迁的历史事件不可能复现,而只能依靠准确的史料。但根据某一课题搜集到的史料,在本质上有真伪之分,在时间上有先后之差,在价值上有高低之别。因此,要利用史料,得先鉴别史料,这样才能得到较确切而重要的资料。只有通过鉴别,才能认证史料,这一点对于搜集到的其他资料也是适用的。

2. 揭示论证实验结果间的矛盾

在武器装备作战效能研究中,为了搜集有关数据资料,或验证学术观点、理论的可靠程度,往往要在各种条件、各种形式下进行多次战术演习或其他实验,这样便可得出多种相同、近似或不同的结果。将这些结果进行比较、分析和判断,就可使实验结果之间、实验结果与客观事物之间,以及实验结果与现实理论之间的矛盾得到揭示,从而发现问题,找出症结,为研究课题找到新的突破口,得出新的结论。

3. 预测未来的趋势

武器装备的发展经历了相当长的历史过程,有它自身的发展变化规律,要揭示这种规律,一般需要借助于历史比较法。运用这一方法,可以从研究空间上同时并存而又相互联系的事物入手,来认识时间上先后发生的事件的变化,进而得出研究对象的变化规律,还可以推测出未来的装备发展趋势。

4. 区分某些近似的概念

在武器装备决策研究中,运用比较法可以区分某些近似的概念,以便澄清一些模糊认识。例如,战略防御与防御战略,在文字上看是近似的,很容易把它们看成是一回事。但通过比较研究就可以发现,战略防御所指的防御,是战争全局性的防御,而防御战略指的战略,是防御性的军事战略,两者有着完全不同的内涵。

综上所述,比较法作为一种逻辑方法在武器装备论证中有着广泛的作用。但是,这种方法还有一定局限性。例如,比较研究只能说明比较对象的某些方面,而对于其他方面则往往暂时地、相对地抛开。因此,这种方法不能完全解决对研究对象的整体认识。正如列宁所指出的,任何比较都不会十全十美。任何比较只能是拿所比较的事物或概念的一个方面或几个方面来相比,而暂时地、有条件地撇开其他方面。因此,不能把比较方法孤立化、绝对化。在武器装备论证中,要注意与其他方法结合运用,以便取得更好的研究效果。

2.2 分类法

2.2.1 分类法的含义

分类法是指依据事物的共同点和差异点,将其划分为不同种类,以形成有一定从属关系的不同等级体系的逻辑分析方法。分类法是在比较法的基础上形成的,与比较法有直接的联系。比较是分类的前提,分类又是比较的结果。因为通过比较,可弄清事物及其概念的共同点和差异点,然后根据这些共同点和差异点,先从总的方面将其分成若干大类,再按大类中诸事物的共同点和差异点,依次将其分成一级类、二级类……。据此,就可以把事物分成有一定从属关系,而且等级不同的分类体。

2.2.2 分类法的主要类型

从人类认识的发展过程看,分类法可包括现象分类和本质分类两种类型。

1. 现象分类

根据事物的外部联系或外部形态所进行的分类称为现象分类。这种分类往往带有一定的主观性,才能把本质上相同的事物分为不同的类别,把本质上不同的事物分为相同的类别。因此,这种分类又称为人为分类。这种分类方法虽然带有一定主观性,但是在认识客观事物的过程中往往是不可避免的,因为任何分类一般都是从现象分类开始的。

2. 本质分类

本质分类又称为自然分类,它是根据事物的本来面目,从其本质特征和内部联系上进行的分类。这种分类法可以说是科学分类法,随着人们认识的深化,运用这种分类法进行的分类,将朝更科学、更深入的方向发展。

2.2.3 运用分类法的一般规则

1. 根据同一标准进行

分类必须根据同一标准进行,也就是说,要根据事物的某种属性或关系进行分类。事物的属性或事物间的关系反映在许多方面。所以,分类的标准也是多方面的。人们可根据需要和研究问题的角度来选择分类的标准。但是,每次分类只能按照同一个标准进行。例如,战争按其性质分为正义战争和非正义战争,按范围分为全面战争和局部战争。若将战争分为正义战争、非正义战争和局部战争三种,其分类就没按同一标准进行,结果必然会出现分类上的逻辑错误。

2. 按一定层次逐级进行

分类必须按一定层次逐级进行,否则,就会出现越级划分或层次不清的逻辑错误。例如,战斗的基本类型可分为进攻战斗和防御战斗,两者处于同一层次,这样划分的方法是正确的。如果把战斗分为进攻战斗、野战阵地防御战斗、坚固阵地防御战斗、运动防御战斗和仓猝防御战斗,则是不正确的,因为进攻战斗和其他样式的防御战斗不在一个层次。

3. 相应相称

分类必须相应相称,即划分所得的各子项之和必须与被划分的母项正好相等,否则就会出现分类过窄或过宽的逻辑错误。例如,防御依据目的、任务和手段的不同,分为野战阵地防御、坚固阵地防御、运动防御和仓猝防御。如果丢掉任何一种样式,防御的外延就会过窄,子项相加不等于母项,因而是不正确的。

2.2.4 分类法在武器装备论证中的作用

1. 分类法是一种便利的检索手段

分类法可使大量繁杂的武器装备类别及所研究的问题系统化、条理化,为研究人员在论证中分门别类地深入研究创造条件。在论证中的资料加工整理过程中,研究人员从选定课题开始,就可能获得大量资料,对这些资料的阅读、理解、消化、运用,都必须从对资料的分类加工入手,否则就如坠烟海,理不出头绪,资料也不可能得到很好的消化和利用。从武器装备论证的内容讲,分类是对各种问题认识的开始,通过科学分类达到一定的系统性。可以说,武器装备论证研究是以系统分类为起点的,这是深化论证工作的前提。武器装备的论证包括众多学科,各学科又包括若干问题,要对这样多的事物进行深入的研究,没有分类是不可想象的,甚至连课题都很难选定。

2. 分类法便于揭示研究对象的本质和规律

分类法可以揭示战争领域中各种研究对象的本质和规律,探索武器装备的发展。实践证明,科学的进步是同分类系统的不断完善相联系的。就装备论证而言,它有很多研究对象,而研究各对象的根本任务在于揭示其本质和规律。要完成这样的任务,就要在分类的基础上进行。

2.3 类比法

2.3.1 类比法的含义

类比法是以比较和推理为基础的一种逻辑分析方法。类比是一种联想过程，它是根据两个对象之间在某些方面相同或相似，进而指出它们在其他方面也可能相同或相似的一种研究方法，因此又称为类比推理。

类比法的基本过程如下：

根据：A 对象具有 a、b、c 属性；

　　　B 对象具有 a、b 属性。

推论：B 对象可能也有 c 属性。

从以上公式可以看出，类比法由两部分组成：一是类比的根据，就是进行比较的两个对象之间的相同点或相似点；二是推出的结论，就是由一个对象的已有知识或结论，推论出另一个对象的有关知识和结论。类比的过程是由一般到一般，或由特殊到特殊的逻辑推理过程。

在武器装备论证中，类比法之所以能够从两个事物或现象的比较中推出新的知识或结论，是因为论证研究领域中所包含的各种事物的现象或过程，常常有很多属性是相似或相同的；同时每一事物的现象或过程的各种属性之间又是互相联系、互相制约的。其中，某种属性的存在往往决定了另一种属性的存在。为此，各种事物的现象或过程的相似性就成为运用类比法进行逻辑推理的客观基础。另外，类比是研究人员凭借自己头脑中积累的知识，与尚未认识或尚未充分认识的研究对象建立起来的一种条件联系，这种在头脑中形成的复杂的联结或联想，体现了人脑的生理结构和功能，这是类比方法的生理机制。

2.3.2 类比法的主要类型

类比法的类型较多，在武器装备论证中常用的有因果类比法、模拟类比法和相关类比法等。

1. 因果类比法

因果类比法是根据类比的两对象各自的属性可能具有同一种因果联系而进行的一种逻辑推理方法。

因果类比法的基本公式如下：

根据：A 对象中，属性 a、b、c 同属性 d 有因果联系；

B 对象中,属性 a′、b′、c′ 与 a、b、c 相同或相似。

推论:B 对象可能有 d′ 属性((d′ 与 d 相同或相似)。

例如,田忌在与齐王赛马时,由于采纳了孙膑的建议,科学地排列赛马顺序,因而以总体劣势战胜了总体优势。以此推理,作战是一种力量对比,部署兵力、兵器类似排列"赛马的顺序",如部署正确就能以劣势兵力战胜优势兵力之敌。写成推理式:

赛马时,对马进行科学排列组合,能以劣势战胜优势;

作战时,兵力部署可排列组合。

推论:正确地部署兵力,劣势兵力能战胜优势兵力之敌。

运用这种类比推理方法进行逻辑推理时,得出的结论还必须与研究对象的特殊性相结合,并经过充分论证。

2. 模拟类比法

模拟是根据相似理论,模仿客观事物的现象或过程而设计出与其相似的模型,然后通过对模型的实验和研究,找出被模仿原型的性质和规律的过程。模拟类比法是利用模拟原理将模型的实验和研究的结果与原型的某些属性相对照,推出与模型相应原型的性质和规律的一种研究方法。根据模型与原型之间的关系特点,可将模拟类比法区分为物理模拟类比、数学模拟类比和功能模拟类比三类。

物理模拟类比是以模型和原型之间的物理过程或几何相似为基础的一种类比方法。例如,战术模拟演习与其原型的类比就是典型的物理过程相似为基础的物理模拟类比。又如,沙盘、图上作业(演习)与其原型的类比就是几何相似的物理模拟类比。

数学模拟类比是以模型和原型之间在数学方程式相似的基础上进行模拟类比的一种方法。两个不同研究对象的不同物理过程,只要反映它们的数学方程式上有相似之处,研究人员便可用数学模拟类比法对其进行研究。

功能模拟类比法是以电子计算机和军事行动的某些行为相似为基础进行的类比方法。随着科学技术的发展,模拟类比法,特别是功能模拟类比法,在武器装备论证研究中将广为运用。

3. 相关类比法

相关类比法是根据两对象间存在的某些相同点或相似点,以一个研究对象为先导,对另一对象的发展方向或趋势进行类推,从而得出关于研究对象发展趋势的一种研究方法。例如,研究某些新的装备,由于缺乏必要的资料而无法进行分析,但可通过已有(包括借鉴外军的)类似的武器装备性能进行相关类比,从而对其发展趋势做出某种预测,得出相关的结论。相关类比法通常是在某种特定条件下使用的类比方法。

2.3.3 类比法在武器装备论证中的作用

1. 为作战模拟实验提供逻辑基础

类比法是一种逻辑理论思维和推理方法,而作战模拟则是运用电子计算机等先进的科学技术工具对武器装备作战效能进行间接实验的一种方法。两者表面上是不同的,但从实质来看,它们之间存有共同之处,即都是以两个事物相同性或相似性为依据进行比较,从而得出具有相同性或相似性的结论。因此,作战模拟实验是以类比推理方法为依据的,而模拟方法又是类比方法的具体运用。

2. 类比法是探索未知的有效方法

武器装备论证研究是一个由已知向未知探索的过程。在这一过程中,研究人员往往借助已有的知识,通过类比法及其他逻辑推理方法,把研究对象同已知的对象进行比较,进而从已知事物的现象或过程中推知未知事物的现象或过程。

3. 为装备预测提供合乎科学逻辑的线索

类比法广泛适用于各个学科领域,它能使武器装备研究从一个学科的观点或理论过渡到另一个学科的观点或理论。这种过渡的类比,两个对象既可以是同类的也可以是异类的,进行比较的属性和关系既可以是本质的也可是非本质的,只要它们具有某种相同或相似之处即可。这就为研究人员冲破学科或专业的界限,为装备论证研究中某些理论的预测,提供了合乎逻辑的线索。苏联的科诺普廖夫在《军事的科学预见》一书中指出:"类比使人有可能根据过去和现在已有的知识得出未来的结论""在预测兵器、战斗技术装备这些或那些型号的发展途径时,宜于采取比较法(类比法),即同可能的和最强大的敌人在这一领域现有的和要制造的兵器装备加以比较。"例如,在马岛战争中,阿根廷"超军旗"式飞机发射空舰导弹击沉英军"谢菲尔德"号战舰的战例,可以推出,未来战争中航空兵突击地面目标的方式由飞临目标上空直接投弹改为在几十千米外发射导弹实施攻击。又如,论证装甲车辆的可靠性指标时,也可根据装甲车辆母型参数用类比方法确定。

此外,类比法对于促进学科交叉、知识整合,以及研究内容和方法的移植、渗透也具有积极的作用。

类比法的运用需要两个条件:一是多方面掌握研究对象和用于比较对象的知识。因为掌握两个对象相同的属性越多,结论的可靠性越大;反之,对情况了解不多,把握不准,勉强类比,就很可能出现错误结论。二是以唯物辩证法为指导。因为唯物辩证法要求人们全面地看问题,用它指导类比推理,可以启迪人们的思路,便于科学地联想。因此,只有全面、深入地研究两个对象的各种属性,力求充分地掌握它们之间的相似点,才能增强类推结论的可靠性。

类比法的局限性主要表现在类比推理结论具有或然性。因为客观事物之间不仅有相似性的一面,而且有差异性的一面。这种差异使得类比推理所得出的结论不完全是正确的。因此,在武器装备论证中,既要注意运用这一方法,又要看到这一方法尚存在的某些缺陷。

2.4 归纳法与演绎法

归纳与演绎是理性思维中的两种主要的推理方法。

2.4.1 归纳法

归纳是从个别认识过渡到一般认识的思维方法。它将同类事物中的次要的、非本质的方面舍弃掉,而对其普遍的、本质的方面和特性加以概括,形成观点、结论。

1. 完全归纳法

根据对某类事物中的全体对象进行考察,而得出一般性结论的推理方法。因为完全归纳法是在研究了一切对象之后才得出一般性结论的,所以它的结论是可靠的。但由于这种方法要求考察某类事物的全部对象,而被考察的事物往往有无限多,不可能一一枚举并逐个分析研究,故在武器装备论证中这种方法用得不多。

2. 枚举归纳法

根据某类事物中所知的每一例都具有某种性质(或不具有某种性质)这一前提,推导出所有该类事物都具有某种性质(或不具有某种性质)的结论。这种方法适用于从对同类事物的研究中提取观点或发现规律。归纳推理是由个别到一般的推理,其主要特点是根据对某类事物的全部或部分对象的考察,发现它们均具有某种属性,而又没有遇到与此相矛盾的情况,从而得出关于该类事物的一般性结论,即该类事物都具有某种属性。枚举过程中的重复性和无矛盾是简单枚举归纳推理的最重要依据。

为了减少简单枚举归纳推理的或然性,在运用这种方法时必须正确估计和提高其可靠性。有四种方法:一是大量搜集有关的例子,使所观察到的单个对象的数字尽可能多;二是注意搜集素材、观察对象的时间、地点分布,使其分布面尽可能广,以便根据这些素材得出的结论具有普遍性;三是要仔细分析素材和观察对象,以保证至今没有与现有结论相矛盾的情况存在,如发现有相矛盾的情况,就必须及时修正结论;四是尽量与其他方法结合使用,以相互参照。

3. 科学归纳法

科学归纳法又称为判明因果归纳法,它是根据一类事物中部分事物具有(或不具有)的属性,与该类事物的本质具有必然的因果联系,得出一般性结论的推理方法。科学归纳法比简单枚举归纳法得出的结论更为可靠,是武器装备论证中常用的推理方法。科学归纳法按其判明因果关系的不同方式又分为五种形式：

（1）求同法：在武器装备论证中，如果发现凡被考察的某种现象或过程出现的场合，都有另外某个现象或过程出现，便可判断出它们之间有因果关系。例如，古代战术的发展是由兵器的发展决定的、中国现代战术的发展是由武器装备的发展决定的，外国战术的发展也是由武器装备的发展决定的。所以，技术的发展决定战术的发展。这就是运用求同法得出的结论。

（2）求异法：在武器装备论证中，如果某现象在其出现和不出现的两种场合下，其他条件都相同，唯独有一个条件不同，这个不同条件就是某种现象出现或不出现的原因。也就是说，求异法是从两种场合的差异性中找出其因果关系。例如，同一支坦克高射机枪在严寒条件下射击经常出现不连发的现象，而在正常气温下射击则不出现不连发的现象。根据这一情况可以断定，严寒条件是造成自动武器射击不连发的原因。这就是运用求异法得出的结论。

（3）同异并用法：把求同法和求异法两者结合起来，寻求研究对象的因果关系。运用这种方法，先以求同法把所考察事物的现象或过程出现的场合进行对比，然后用求异法把所考察事物的现象或过程不出现的场合进行对比，最后把两种对比的结果再加以比较，从中找出其因果关系。同异并用法在武器装备论证中应用颇多。

（4）共变法：根据某一事物的现象或过程发生变化，随之有另一事物的现象或过程发生变化，从而找出两个事物的现象或过程之间的因果关系的一种方法。例如，通过研究冷兵器时期、冷兵器与火器并用时期及火器时期的军队指挥手段时发现，指挥器材发生变化，指挥手段亦发生变化。由此可以得出指挥器材是决定指挥手段的主要因素。这就是运用共变法得出的。

（5）剩余法：在一组复杂的现象或过程中，把已有的因果关系的现象除外，探求其他现象产生的原因。例如，研究进攻战斗的主攻方向时，在敌情、我情、地形等客观因素基本相同的情况下，产生出两个不同的主攻方向。考察这一复杂现象时，可把选定主攻方向的依据和条件列出，把已知的客观因素（敌情、我情、地形等）与确定主攻方向的因果关系排除在外，探求其他因素，便可以发现，指挥员的主观意志与主攻方向的选定也有某种因果关系。这就是运用了剩余法得出的。

科学归纳法虽然比简单枚举法有一定的先进性，但结论尚不能回答因果关系的必然机制，因而该方法仍具有一定的或然性和局限性。

2.4.2 演绎法

演绎法与归纳法的逻辑推理相反，它是从已知的某些规律、原则、法则和概念出发，而得出新结论的一种逻辑思维方法和科学研究方法。演绎法的主要形式是三段论，由大前提、小前提和结论三部分组成。大前提是已知的一般原则，是全称判断;小前提是研究的特殊场合,是特殊判断;结论是把特殊场合归到一般原理之下,得出新的知识。演绎法是一种必然性推理方法。这是因为推理的前提是一般,推出的结论是个别,一般中概括了个别。所以,从一般中必然能推出个别。然而,推出的结论是否正确主要取决于推理的前提和推理的形式。论证人员在运用时,只要大前提正确,没有逻辑错误,就必然会得出正确的新结论。

1. 公理演绎法

以已知原理、基本观念等具有公理性质的理论为依据,顺次地、逐步地推导出有关个别事物的结论,称为公理演绎法。反映事物深刻本质的各种概念、原则、条令、方针、指导思想,均具有公理的性质,它们统摄大量个别事物,具有较强的演绎功能。公理演绎有时间推理和层次推理两种类型。时间推理即由过去、现在推知未来。层次推测法有两种:一是从高层次决策推测中层次的计划及低层次的落实情况;二是从低层次的活动推测高层次的决策情况。例如,我们研究某国裁军情况,既可根据该国政府的裁军方针推测其各军种及指挥机关可能的裁减情况,也可以根据其各军种及有关方面的具体裁减情况推测该政府的裁军方针。

2. 信息推理法

任何事物都不是孤立的,而是通过复杂的相关关系与无数其他事物联系在一起。当捕捉到一条信息时,不将思维停留在它本身,而是把它放在相关关系构成的大框架内进行考察,以此信息为基点,根据特定目的和已掌握的相关关系,进行多方位、有目的、合乎逻辑和连续性的思考。也就是说,从一条信息开始,利用相关理论将似乎毫不相干的信息联系起来进行一连串的推理,提出某种假设以及相应的对策,即推理在前,对策在后。这种方法具有发散性、跳跃性、目的性和超前性。

2.4.3 归纳法与演绎法的关系

两者的思维方向相反又相互补充。在归纳过程中离不开演绎,归纳需要演绎确定方向,归纳的结论需要演绎进行检验和修正。归纳法与演绎法具有对立统一关系。对立是指归纳法是从个别到一般,而演绎法是从一般到个别。统一是指两种方法是相互联系、相互依赖、相互补充和不可分割的。

1. 归纳与演绎相互依存和补充

首先,演绎要以归纳为基础。作为演绎出发点的大前提(一般的规律、原则、法则、概念)多是借助归纳法而来的。如果没有对大量个别事物和感性材料的归纳,就得不出一般原则和法则;而没有一般原则和法则,演绎推理就无法进行。其次,归纳要以演绎为指导。归纳的过程不是随机的、盲目的,归纳什么和怎样归纳都必须在一定的原则指导下进行。例如,在对经验材料进行归纳时需要进行选择,而选择又要在一定原则指导下进行;否则,归纳就无法得出正确的结论。指导归纳的某些原则往往又是运用演绎法得来的结论。因此,忽视归纳法和演绎法的内在联系或片面地夸大某一种方法的作用都是不对的。正如恩格斯所说:"归纳与演绎,正如分析与综合一样,是必然地相互联系着的。不应当牺牲一个,而把另一个捧到天上去,应当把每一个都用到该用的地方。要做到这一点,在使用中只有将它们相互联系,相互补充。"

2. 归纳与演绎能够相互转化

在研究方法上,归纳法与演绎法是两种推理形式。但在研究过程中,归纳与演绎反映了人们认识事物的两种相反的思维方式,而且这两种思维方式作为认识过程的两个阶段是可以相互转化的。在人们的思维过程中,归纳出来的结论转化为演绎的前提,归纳就转化为演绎;演绎的结论往往又是归纳的指导思想,演绎又转化为归纳。人们的认识就是在从个别到一般,又从一般到个别的循环往复的过程中逐步得到深化的。

演绎法与归纳法的对比:演绎法显得主动、活跃,具有跳跃性;归纳法较稳健,有滞后性。演绎法思考的方向性强,假说始终在前,引导着论证;归纳法在开始时方向性不很明确,事实始终在先,引导着论证。在思维特点上,演绎法具有发散性,归纳法显示出聚合性。

2.4.4 归纳法与演绎法在武器装备论证中的作用

1. 归纳法的作用

(1) 归纳法可以使认识逐步得到深化。论证人员围绕研究课题,搜集到某些资料和事实后,运用归纳法对这些资料和事实进行考察,便可找出研究对象的某种因果联系,使认识逐步深入,进而上升为学术观点或理论。上述科学归纳法所举例证都可以说明归纳法的这一作用。

(2) 运用归纳法可以提出假想。研究人员通过对一些资料和事实的加工整理,可以得到相应的启示,进而提出所研究课题的假想。

(3) 运用归纳法可以发现事物的规律性。世界上任何事物之间都是互相联系的,既有外在的联系也有内在的联系,既有偶然的联系也有必然的联系。只有内在的必然联系才是事物本质的因果联系,这种本质的因果联系就是事物规律性的反映。装备论证研究的实践表明,对军事领域中事物规律性的认识,多是在实践的基础上运用归纳法从无数个别中推出一般的原理、原则和规律。

2. 演绎法的作用

(1) 演绎是检验假想、学术观点和装备研究论点的必要环节。因为演绎法是从已知推导未知,所以研究人员可以运用演绎法检验所提出的假想、观点和理论。特别是许多假想和观点难以在实践中得到检验时,常需要运用演绎法对其得出推论,以对假想和观点得出可行性和科学性的结论。

(2) 演绎法是逻辑证明的工具。为装备论证研究的科学性提供逻辑证明,是演绎法的主要作用。装备论证及其相关各学科的原则和原理是否正确,一般是用普遍的、公认的原则、原理来证明,这就需要运用演绎法。演绎推理的证明还可以把有关的论证研究理论合理地联系起来,形成逻辑严密的理论体系。

(3) 演绎推理是做出科学预见的一种手段。把一般原则运用到具体场合并做出正确推理就是科学预见。由于正确理论往往是已被实践检验过的理性认识,因而由此得出的推论也是有科学根据的,它对实践具有指导作用。

归纳法与演绎法在武器装备论证中具有重要作用,但也有其局限性。以归纳法来讲,它是一种或然性推理方法,推理结果不一定完全可靠。就演绎法而言,如果前提正确,推理正确,那么得出的结论一定是正确的。但是前提是否正确的,并不是演绎法本身所能解决的问题,所以单靠演绎法本身不能够保证结论的正确性。

2.5 分析法与综合法

2.5.1 分析法

分析法是把研究对象由整体分解为各个组成部分、方面、因素、阶段,然后分别加以研究,以达到认识其本质的一种思维方法。任何事物都是由若干部分、方面、因素、阶段组成的,这些部分、方面、因素、阶段又错综复杂地联系着,形成统一的整体。当认识活动开始时,首要的问题是把握它的本质。为了认识研究对象的本质,必须把组成整体的各个部分、方面、因素、阶段暂时割裂开来,并对各个有关部分分别进行研究,才能揭示研究对象的本质或规律。这是人们认识事物的前提和基础。

针对研究对象和用途的差异,分析法可分为定性分析、定量分析、因果分析、结构分析、功能分析、比较分析、分类分析和数学分析等。随着现代科学的发展,又产生了系统分析法,这种方法与传统的分析法有着显著的区别,它是从整体出发再到局部的分析法。分析法在武器装备论证中,是把感性认识上升到理性认识的重要方法。

分析法与其他方法相比,有其自身的特点:一是深入事物的内部,了解和把握它的各个部分、方面、因素、阶段,揭示其本质属性和内在联系;二是暂时分割,暂时孤立地进行研究,化整体为部分,变复杂为简单,化难为易。

当然,分析法的最终目的并不在于孤立地研究事物分解出的各个属性,而是运用这种方法透过事物的现象揭示其本质或规律。要达到这一目的,就需要从矛盾分析入手,对具体问题进行具体分析。因为客观事物的性质是由其内部矛盾所决定的,只有运用矛盾分析法,并结合运用其他思维方法,才能真正地了解和把握研究对象的性质和规律。对具体问题进行具体分析,就要从研究对象的时间、空间等方面进行分析,防止抽象、呆板和脱离研究对象具体情况的分析;否则,同样无法弄清研究对象的本质或规律。

2.5.2 综合法

综合法是在分析的基础上,通过科学的概括和总结,把研究对象的各组成部分、要素再组合成有机的整体,从总体上揭示和把握事物性质或规律的一种思维方法。它是从研究对象的整体及内部的有机联系去研究和把握事物,是变局部为整体,变简单为复杂,进而达到特定的研究目的。综合不是把研究对象各组成部分机械地装配或拼凑起来,而是站在整体的高度,从研究对象各组成部分固有的内部联系上加以考察和概括,以再现事物的整体,进而认识研究对象的发展及其变化规律。

2.5.3 分析法与综合法的区别与联系

1. 区别

分析法与综合法是思维活动上相反的两种研究方法。分析法是变整体为部分,化全体为局部,由未知追溯到已知的方法。而综合法则是变部分为有机统一的整体,变局部为全体,由已知引导到未知的方法。

2. 联系

在思维和研究过程中,分析法与综合法是统一的,是相互联系、相互依赖、不可分割的。其原因如下:

(1) 分析是综合的基础。如果没有分析法把整体化为部分,把全体化为局部,综合法也就失去了前提。例如,人们研究战术问题,一般是把影响战斗的相关因素分为敌情、我情、地形、战斗企图和行动方法等方面进行分析。当然,在分析过程中,为了减少盲目性,还要注意以综合作指导。也就是说,从研究对象的整体要求上进行分析。

(2) 综合是分析的深化。武器装备论证的目的是揭示研究对象的本质或规律,要达此目的,就不能停留在分析的阶段上,而应在分析的基础上,运用综合法达到对研究对象的整体认识。如前所述,人们把战斗的相关因素分解为敌情、我情、地形、战斗企图和行动方法,在各方面所需结论分析出来后,还需将各结论联结成一个有机的整体,进行综合认识,得出从作战使用角度需要研制何种装备的结论,从而达到研究的目的。

(3) 综合与分析在探索的方向上相反,是在两个不同的方向上用力,存在着从宏观着眼、从微观着手的辩证关系,侧重面不一,但相辅相成。分析综合法体现了两者的有机结合,在分析的基础上,把事物的各个部分联结成一个整体,在诸多关系的总和上来把握事物的本质和规律。它可以克服单纯分析法所造成的孤立性和片面性,把握和恢复了事物各组成部分的固有联系和整体性。恩格斯曾说过:"思维既把相互关联的要素联合为一个统一体,同样也把意识的对象分解为它们的要素。没有分析就没有综合。"

(4) 分析与综合在一定条件下可以相互转化。在武器装备论证过程中,人们对研究对象的认识就是一个分析—综合—再分析—再综合的辩证发展过程。在研究思维的前期,一般以分析为主,当对事物的现象或过程的诸方面的本质有了认识后,综合在研究思维中将起主导作用,并得出相应的结论。随着认识的深入,当新的事实与原有的结论出现矛盾时,认识又可能在高层次上转入分析,这就使综合又转化为分析。人们的认识就在这种不断转化中逐步得到升华。

2.5.4　分析法与综合法在武器装备论证中的作用

1. 分析与综合是加工、整理资料的基本方法

在武器装备论证中,获得的经验信息往往是片断、零散、表面化的。依据这些信息,不可能对研究对象有正确的认识,更不能以此获得新知识。这就要通过分析与综合对经验信息逐一分析,揭示出它们之间的本质或规律。通过分析,可以将对研究对象的认识引向深入。但是这种认识还是部分的、分散的,而认识的目的是要揭示研究对象的规律性,这种规律性仍是整体上的本质联系。因此,又要运用综合法将各部分的本质与现象联系起来,从整体上认识它,使资料与事实跃升为新的学术观点或理论。

2. 分析与综合是形成和发展决策研究理论的基本方法

经验证明,装备论证及与其相关各学科理论体系的形成和发展离不开分析与综合的方法。只有通过分析,才能确定研究课题,揭示研究对象的本质联系,进而通过综合来解决问题。当装备论证研究发展到要建立新的理论体系时,也离不开分析与综合。理论体系是在概括各有关知识的基础上建立的,概括的过程就是反复地分析与综合的过程。特别是综合法其作用更大。这是因为决策研究的任务在于揭示事物的现象、过程的本质或规律,揭示的本质或规律越多、越深刻,它就越完善,价值就越高。

第3章
信息分析方法

信息工作是装备论证中的一项十分重要的工作。信息所涉及的种类繁多,数据量大,所以对原始资料必须进行分析筛选,以便去伪存真、去粗取精。信息的搜集、整理与分析,直接影响到装备论证的准确性和精确性。常见的信息分析方法有调查访谈法、文献分析法、统计分析法和数据挖掘法等。

3.1 调查访谈法

调查访谈主要通过问卷和访谈的方式进行。问卷是根据研究课题的需要而编制成的一套问题表格,由调查对象自行填写回答的一种收集资料的工具,同时可以作为测量个人行为和态度倾向的测量手段。访谈是访问者通过口头交谈的方式向被访问者了解管理情况的方法。

3.1.1 问卷调查

1. 问卷调查的特点

(1) 调查对象经过思考之后才对问卷做出反应。这一特点有助于获得真实、准确的资料。但是,往往由于受试者发现了某些属于敏感性的问题而加以回避,从而拒答或回答不真实,由此造成问卷回收率下降,或者资料可靠性下降,而研究者又无法作进一步的追索,单从回收的答卷上又无法判断答案的真伪,使回收的问卷失去了价值。因此,设计好问题,合理地安排问题顺序是问卷设计的重要任务。

(2) 问卷调查的样本可大可小。问卷调查与访问调查情况不同,访问调查必须面对面地提出问题,收集口述材料。由于人力、财力的原因,调查的样本数不可能太多,调查的地域不可能太广。而问卷调查是依赖调查对象自我填答,问卷可以通过邮寄发放,也可以面对面发放。因此样本数可多可少,有时仅选数十人做问卷调查。有些课题样本则多达数千人以至过万人。

(3) 有利于获得定量资料。问卷调查不仅能取得具有数量标志的数量资料,还可以获得有关属性、品质、态度为标志的计数资料。这些资料都能通过统计处理的方法进行量化分析，使结果更为客观、真实、系统、科学化，提高了研究结果的水平。

2. 问卷调查的优点与不足

优点：一是问卷调查可以面向众多的调查对象搜集信息；二是如果面向同样规模的调查对象搜集信息，采用问卷调查方法要比采用访谈法、观察法或实验法等节省资源；三是问卷调查通常具有较好的匿名性；四是问卷调查获得的信息通常要比其他一些方法获得的信息更为标准化、规范化；五是调查获得的信息通常比使用其他方法获得的信息，更便于进行定量处理和分析。

不足：一是问卷调查通常要预设研究者可以找到具有效度与信度的测量指标，但很多指标并不具有绝对的测量效度与信度；二是问卷调查通常是以研究对象能够一致地理解问卷内容为前提的，难以保证每个研究对象对于问卷的理解是一致的；三是问卷调查事实上假定调查对象愿意回答研究者的问题；四是问卷调查事实上难以完全控制调查对象对于问卷的回答不受调查情境的影响；五是问卷调查实际上假定研究对象的问答是真实的，但有些研究对象由于主观、客观的原因不说真话的情况常常存在；六是问卷调查实际上假定通过对于调查数据的分析，能够发现管理现象之间的关系，揭示管理的规律性，这是很多研究者采用问卷调查法的重要原因，但很多时间只能得出部分的、表层的、静态的认识。

3. 调查问卷的构成

问卷是问卷调查的主要工具，科学地设计问卷是问卷调查关键性的环节。问卷设计的质量直接影响到调查问卷的回收率、有效率以及被试者的回答质量。因此，对问卷的设计应给予足够的重视。

问卷是根据研究假设来设计问题的书面形式的表格。对于结构型问卷，其基本构成有问题与限制性答案两个方面。问卷通常包括以下五个基本部分：

（1）前言部分。前言为每一份问卷的开头，用以说明研究的目的，指导受试者作答，并对问卷给予某些必要的说明，以解除受试者的思想顾虑的导语。

（2）填答指南。填答指南是关于如何填答问卷的说明，一般有总体性的填答指南、问卷各部分的填答指南和个别问题的填答指南三种类型。总体性的填答指南适用于整个问卷，放在前言之后，标有"填答指南"或"问卷填写说明"的标题。问卷各部分的填答指南放在各部分内容的前面，指示被调查者进行思维转换。个别问题的填答指南针对可能使被调查者发生混淆的问题，一般用括号标示在相关问题之后。

（3）个人特征资料部分。在问卷设计时，个人特征资料往往是作为自变量中的变数而被使用的。研究中常以一些个人特征因素作自变量，如个人基本因素（年龄、性别、工作所在地、职业、岗位或职务、工作年限）、教育背景因素（教育程度、业余爱好）、家庭环境因素（家庭人口总数及构成、家庭成员受教育程度、家庭经济状况)等。

(4) 事实性问题部分。事实性问题是指要调查了解客观存在或已经发生的行为事实,它包括存在性事实和行为性事实两个方面。存在性事实问题用于调查"是否有""有多少"这方面的事实。行为性事实问题用于调查曾经发生过的行为,包括发生行为的时间、地点、行为方式等多方面的内容。

(5) 态度性问题部分。态度是人对某种现象的相对稳定的心理倾向。为了研究人的态度,因而要对态度进行测量。但态度作为一种心理倾向无法进行直接测量,只能从人的语言、行为以及其他方面加以间接的推断。通常较多采用李克特量表(Likert Scale)作为工具进行态度测量,设计态度测量量表时必须注意两个态度指标:态度的方向性,即喜欢或不喜欢、肯定或否定的正负方向;态度的强度,即喜欢或厌恶,肯定或否定的程度。态度的强度以态度等级来衡量,通常分有几种不同的等级。

4. 问卷设计

(1) 问题设计。问题的设计应遵循互斥和穷尽原则,问题的设计是整个研究过程中关键的一环。问题的形式包括开放式问题、封闭式问题和半封闭式问题。开放式问题是由被调查者自己填写答案,调查者不对问题提供任何具体答案,它有很强的灵活性和适应性,这种提问方式适合于调查者想深入了解被调查者的意见、建议,也可用于不想因为限定答案而出现诱导的错误的情况。开放式问题对调查者进行后期资料整理很不方便,很难进行编码整理,而且有时会因为填写费时费力而被调查者拒绝回答。封闭式问题是将问题的可能答案或者主要答案全部列出,供被调查者选择的一种提问方式,这种问题既有利于调查者整理资料和后期数据处理,也有利于被调查者填答。封闭式提问的设计比较困难,可能出现被调查者对列出的答案都不满意的情况,这样就会影响调查结果的准确性。限定答案的同时,其实也限定了调查的深度和广度。半封闭式问题即给出可能的答案,也可让被调查者进行补充回答。结合了开放式问题和封闭式问题的优点、缺点,适合于对问题没有绝对把握的调查,可以避免一些重大的遗漏。

(2) 设计表述问题的语句。在明确变量与变数后,可以采用不同的方式提出问题,通常是把变量以问题的形式表述,而有关的变数作为限制性答案以列举的形式来表述。问题与答案的表述方式可用选择式、评等量表式或排序等方式。问卷调查是通过问题来与被调查者沟通的。因此,如何用文字表述问题,使被调查者能理解问题和回答问题,是十分重要而又较为困难的。一般来说,表述问题语句的基本要求如下:

① 用词要通俗、易懂、准确、简短,不要使用过于专业化的术语。

② 不要使用模棱两可、含混不清或容易产生歧义的词或概念。

③ 不要使用诱导性或倾向性的词语,避免被调查者在这些词语的诱导下产生趋同心理,违背真实意愿而做出附和性回答。

④ 问题要具体,不要提出抽象的、笼统的或定义不明确的问题。
⑤ 对于敏感性强、威胁性大的问题,应在文字表述上努力减轻敏感程度和威胁程度,使被调查者敢于坦率做出真实的回答。

3.1.2 访谈调查

结构式访谈又称为标准化访谈,是一种高度控制的访谈,即按照事先设计的、有一定结构的访谈问卷进行的访谈。访问者有一张事先准备好的题项清单,按照事先设计好的问题来询问受访者,当受访者表达意见时,研究者会加以记录,同样的问题也可以相同的方式询问每个人。当得到足够信息时就可以结束访谈,并将信息列表显示,进行分析。

访谈法的优点是信息量大、灵活性高、适用范围广、控制性强,访谈法可以与其他方法相结合。访谈法的缺点是开放式的访谈标准不一、其结果难以进行定量研究、成本较高、访谈通常时间长、匿名性不够强、受访谈对象周围环境的影响大。访谈法比观察法更深入地了解被调查对象的内在信息,调查者常常也要观察被调查者非语言信息,最基本的获取信息途径是通过直接语言交流。访谈法有时候要利用问卷进行,这类访谈一般被称为问卷调查访谈,但很多时候调查者并不是按照事先拟订好的问卷来与被调查者访谈,而是围绕相关主题与被调查者进行比较自由、广泛和深入的交谈。

3.1.3 观察法

观察法是一种基本和常用的方法,其他的一些研究方法,或是从观察法发展而来(如实验法),或是建立在观察法所提供事实的基础上(如统计法、逻辑思维),从一定意义上讲,观察法是一切研究方法的前提,因此,观察法在方法体系中占有十分重要的地位。

观察法是通过观察具体的军事业务活动直接提出需求。在需求分析领域,军事需求分析人员可通过亲自参与具体的军事任务活动,对军事任务活动的具体过程或细节进行观察与记录,以掌握军事需求的准确信息。观察记录法一般用于系统层次的军事需求获取,可以获得比较具体的需求信息。在此方法中,注意观察的军事任务或业务活动要有代表性,能够代表所论证军事需求领域的普遍性,一般持续时间较长,力争发现规律性的需求信息。

实施大体可分为如下三个步骤:
(1)观察准备。做好观察前的准备工作是进行科学观察的基础,准备工作的好坏是观察成败的关键之一。准备工作包括:明确观察目的,通过观察需要获得什么材料、弄清楚什么问题,然后确定观察范围,选定观察重点,具体计划观察的步骤;制订观察计划,使观察有计划、有步骤、全面系统地进行。

(2) 实际观察。进行实际观察最重要是对材料的记录和整理,要在准确、完整、有序的基础上进行详尽准确、客观地观察记录,记录方式既可手记笔录也可借助现代化的仪器和设备。

(3) 观察整理。观察完毕后,要对获得的大量分散材料利用统计技术进行汇总加工,删去一切错误材料,然后对典型材料进行分析。观察报告中不仅要写清被视察对象的自然情况,还要写清观察过程出现的现象,包括观察现象所发生的背景以及观察资料的统计。结论既可以是发现的规律,也可以是发现的问题。总之,研究报告要详细,为其他研究者的重复研究和验证提供丰富的材料。

3.2 文献分析法

文献分析法是从记载各种信息的文献中分析出具有反映事物发展规律特性的研究资料的方法,主要是对现有信息资源进行统计分析。运用文献分析法旨在了解现有的技术水平、环境状况、对手情况等。同时,在文献分析中还有可能搜集到极有价值的信息。

3.2.1 文献分析的目的

文献分析的目的旨在整合此研究问题的特定领域中已被思考过与研究过的信息,并将此议题的权威学者所做的努力进行系统的展现、归纳和评述。在决定研究题目之前,通常必须关注三个问题:一是研究所属的领域或其他领域对此问题已经知道多少;二是已完成的研究有哪些;三是以往的建议与对策是否成功,有无建议新的研究方向和议题。

具体来讲,文献分析的目的在于:一是彰显对某一知识体系的熟悉程度,使他人能够对研究者的专业能力与知识背景做出判断,以取得他人的信任;二是显示过去的研究路线以及正在进行的研究与以往研究工作的关联性,找出有价值的主题;三是合并摘要某个领域内已知的研究成果,使人们认识到未来可能出现的研究方向,找"巨人的肩膀";四是向他人学习并刺激新观念的产生,指出盲点。

简而言之,文献分析的基本作用如下:

(1) 防止盲目的重复研究。

(2) 识别本领域研究前沿,弄清自己研究在什么层面上有所贡献。

(3) 构思论证主体的理论框架、论证技术及资料收集和分析方法。

(4) 弄清前人对该主题研究的观点或解释。

3.2.2 文献分析的方法

(1) 按时间顺序的先后将以往研究分成几个发展阶段,再对每个阶段的进展和主要成就进行陈述和评价。这种方法的优点是能较好地反映不同研究之间的前后继承关系,梳理出清晰的历史脉络。

(2) 以流派或观点为主线,先追溯各观点和流派的历史发展,再进一步分析不同流派、观点的贡献和不足,以及它们之间的批判与借鉴关系。这种方法的优点是能从横向的比较中发现问题与不足。

(3) 将历史的考察与横向的比较有机结合。这种方法的优点是既能反映历史的沿革,又能揭示横向的关联与互助。

3.2.3 文献分析的策略

有效地检索和筛选文献,根据研究需要限制条件并灵活变换检索要求,按主题对文献进行分类,找到有价值的文献。注意文献中的矛盾点,对不同观点和方法进行分析、比较找到研究中的矛盾。

分析现有研究的缺陷,可能是方法论的局限性、理论观点的片面性等,会影响研究结果的正确性和普遍性。找到缺陷可以使自己的研究有一个高起点,发现它要求研究者有新的视角,解决它需要有新的知识结构或新的研究手段。

寻找研究的空白点。抓住空白点进行研究可以避免重复性的研究,在选题上保持研究的创新性:一是寻找该领域尚未引起注意的问题;二是寻找引起注意但由于理论或技术困难而未解决的问题;三是关注由于研究者缺乏某种知识结构而未能解决的问题。

寻找课题新的生长点。分析课题的发展方向有利于追寻可以研究的新的生长点,注意研究中出现的新方向、新思维、新领域,对深入研究和拓展领域很有意义。

文献分析表述有三忌:一是讲义式,避免将研究课题的理论与学派简单地陈述;二是轻率设靶,如实描述前人的贡献,批评前人的不足或错误要慎重,不放弃不滥用批判权利;三是含糊不清,未注明文献来源与出处。

3.3 统计分析法

统计学提供了一种可以发现数据之间深层次含义的方法,研究者从而能更清楚地看清数据的含义,更好地理解数据之间的内在关系。运用统计学原理可对研究所得的数据进行综合处理,以揭示事物的内在数量规律。

在运用统计工具时,必须记住,统计数据从来不是研究的最终目的,也不是研究问题的最终答案。研究的最终问题是这些数据究竟说明什么,而不是统计数据的结构形态(它们在哪里聚合、分布的广度与相互关系等)。

统计分析是数据处理最基本也是最主要的方法。它不仅计算研究对象的特征样本平均值、方差或者所占百分比,而且更重要的是研究样本特征值与母体特征值的关系,研究变量之间的关系,特别是因果关系,从而发现被研究对象的发展规律,或者验证有关假想、结论是否成立,验证有关理论在新的时空中是否成立,进而可以针对深层原因,引出改变客观世界的策略。

统计有描述与推理两种功能。与此相对应有两种统计,分别是描述性统计(Descriptive Statistics)与推论性统计(Inferential Statistics)。描述性统计是概括所取得数据的共有性质。推论性统计帮助研究人员对数据做出判断。统计可以把一大堆数据压缩成一定量的信息,可以让人们很快地加以理解。它们会帮助研究人员认清数据的相互关系,而在其他方法中往往难以达到。统计帮助人的思维将那些似乎不相干的资料,构筑成一个有条理的整体来加以认识。

3.3.1 描述性统计

描述统计是用数学语言表述一组样本的特征或样本各变量之间的关联特征。由于测量的数据众多,无法从单个测量数据中来反映多个数据的整体特征而描述性统计可将众多数据融为一体,对这些数据的集合形成新的认识。

描述性统计分析针对的是单一变量。但是,在装备研究工作中,许多时候要分析多个变量之间的关系,如装备结构与装备性能之间联系多少。

1. 集中趋势分析

集中量数也称为集中趋势量数,是用一个数值代表一组数据的一般水平。常用的集中量数有平均数、中位数和众数。平均数是所有测量数据的算术平均值。中位数是将测量数据按大小顺序一分为二的变量属性值,即位于排列顺序中间位置的数值。众数是测量数据中出现频率最高的数值。例如,有一组数据是9位工人本月的产量:96、96、97、99、100、101、103、104、155。则平均数为105.5,中位数为100,众数为96。

2. 离散趋势分析

离散趋势分析是反映测量数据的分散程度,其常用指标有极差(Range)与标准差(Standard Deviation)。极差是测量数据中的最大值与最小值之间的差异,由两个极端值来决定,只适用于定距与定比数据。标准差综合反映所有数据的分散程度,与平均数配套使用,适用于定距与定比数据。其计算式为

$$s = \sqrt{\frac{\sum (x_i - \bar{x})^2}{N}}$$

式中：s 为标准差；x_i 为样本值；$\bar{x}$ 为平均数；N 为样本总数。

3. 频数与频率分析

为直观地反映一组测量数据的分布状况，经常用频数与频率分析。频数分布描述测量值中各属性值出现的次数。频率分布则是用比率的形式来表示，各属性值除以样本总数即可得到该属性值的频率。频数分布也能转化为可视化的表达方式，如长条图、直方图、饼图。

3.3.2 推论性统计

描述性统计分析针对的是单一变量。但是，在研究中许多时候要分析多个变量之间的关系。事实上，事物之间的联系无处不在，推论统计的两大功能是从随机样本中推断总体参数特征和以统计为基础验证假设。

在统计学中，事物之间的相关程度称为相关度，用相关系数（Correlation Coefficient）来表示，相关系数介于 $-1 \sim +1$ 之间。它反映了变量之间的两个特征，即方向与强度。方向反映事物之间是正相关（符号为正）还是负相关（符号为负）。强度反映事物之间的相关程度，系数越接近于 ± 1，表明相关程度越高。值得注意的是，相关并不一定反映问题的起因。只有经过论证与计算之后，才能得出结论：一个变量对另一个变量的影响究竟有多大。

例如，双变量的回归分析与相关分析

回归分析（Regression Analysis）是确立 Y 与 X 之间函数具体形式的方法，一元线性回归方程为

$$Y = a + bX$$

式中：b 为回归系数，表示 X 每变化一个单位时，Y 会变化多少。

这一方程有描述性和推论性价值，既是 X 与 Y 两变量之间关联形态的数学描述，又可在已有值的条件下得出推测值。值得注意的是，回归系数并不适合度量两变量之间的关联强度，只表示因变量随自变量变化而产生的关联变化量。

具有共变特点的关系，都可以应用相关分析（Correlation Analysis）。相关分析的目的是了解两个变量之间的关系密切程度，但从本质上说，相关分析只是对客观事物的一种描述。要分析两变量之间的相关强度，就必须进行关联强度相关分析。实际上，就是回归直线与散点图中的数据贴近程度。若数据与回归直线离得越远，二者的关联强度就越弱；反之，就越强。皮尔逊积矩相关系数（Pearson Product-Moment Correlation Coefficient，PPMCC）是应用最为广泛的度量变量之间关联强度的统计量，任何回归直线都可以计算出其相关系数。相关系数的概念是从回归方程因变量的偏差分析中推导出的，其公式无须记忆，许多统计分析软件都可以输出该系数，这里不对软件进行介绍。

3.4 数据挖掘

3.4.1 数据挖掘概述

数据挖掘是从大量数据中获取有效的、新颖的、潜在有用的、最终可理解的模式的过程。在装备论证领域,由于各种军事数据库的急剧增加,存在大量情报数据需要分析。可以预见,其应用必将越来越广泛,也是武器装备论证未来需要重点加以重视的一项关键性方法。

1. 数据挖掘的定义

文献中关于数据挖掘的定义各式各样,主要有:数据挖掘是在大型数据存储库中自动地发现有用信息的过程;数据挖掘是对观测到庞大的数据集进行分析,目的是发现未知的关系和以数据拥有者可以理解并对其有价值的新颖方式总结数据;数据挖掘是通过利用全自动化或者半自动化的工具对大量数据进行探索和分析的过程,其目的是发现其中有意义的模式和规律;数据挖掘是为了发现事先未知的规则和联系而对大量数据进行选择、探索和建模的过程,目的在于得到对数据库的拥有者来说清晰而有用的结果。综合上述的定义可以发现,数据挖掘具有三大特点:一是处理大量的数据;二是发现未知的、有价值的模式或者规律等;三是一个对数据处理的过程有特定的步骤。

数据挖掘发现的知识有很多种表现形式,通常包括概念(Concept)、规则(Rule)、规律(Regularitie)、模式(Pattern)、约束(Constraint)以及可视化(Visualization)等形式。

2. 数据挖掘的过程

数据挖掘不是一个简单的由数据到模型,再由模型到结果的简单公式套用过程,而是一个循环往复、逐步精益求精的过程。现在数据挖掘行业广泛采用的是1996年由SPSS公司、NCR公司和DaimlerChrysler公司等提出的数据挖掘跨行业标准过程(Cross Industry Standard Process for DataMining,CRISP-DM)。数据挖掘过程如图3-1所示。

CRISP-DM 数据挖掘过程如下。

(1)业务理解(Business Understanding):主要是对要挖掘分析的业务所要达到的目标和成功标准有明确的认识,并能将业务问题转换为数据挖掘的问题(如采用什么样的数据挖掘方法等)。该阶段大约占整个项目15%的时间。

(2)数据理解(Data Understanding):主要是收集项目相关的数据,并对数据进行熟悉、检查,以确认数据的质量。该阶段大约占整个项目5%的时间。

(3)数据准备(Data Preparation):对整个数据挖掘过程相当重要,也是最耗时

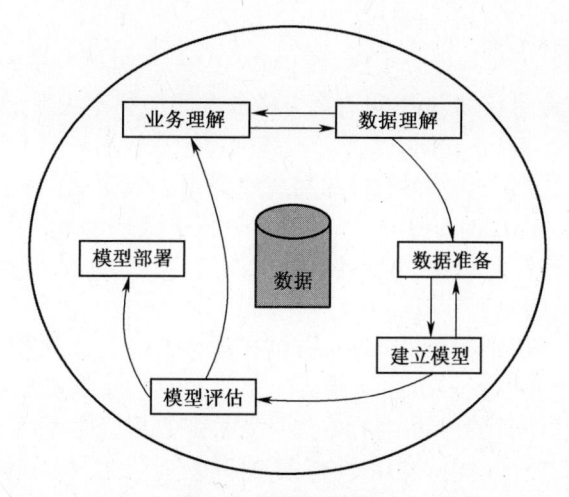

图 3-1 数据挖掘过程

的一个阶段,通常主要包括数据选择、数据清理、数据集成和数据转换等子任务。该阶段大约占整个项目 60% 的时间。

(4) 建立模型(Modeling):首先选择合适的建模算法,并设置算法参数,另外根据算法对数据形式的特殊要求,可能要返回步骤(3)对数据进行重新处理。该阶段大约占整个项目 5% 的时间。

(5) 模型评估(Evaluation):根据具体实际采用不同的方法(如实际数据验证或小规模市场调研等)对模型进行评估,根据评估结果的情况,确定是继续进行下一阶段,还是返回之前的步骤重新开始。该阶段大约占整个项目 5% 的时间。

(6) 模型部署(Deployment):将模型应用于实际工作中,根据应用将结果反馈上来,进而对模型进行改进、维护。该阶段大约占整个项目 10% 的时间。

3. 数据挖掘的任务

一般而言,数据挖掘任务可以分为如下两大类:

(1) 描述型任务:对数据库中数据的一般性质进行描述,通常是探查性的,目标在于导出概括数据中存在潜在联系的模式(如相关、趋势、聚类等),通常需要后处理技术验证和解释结果。

(2) 分类预测型任务:从已知的已分类的数据中学习模型,然后新的未知分类的数据使用该模型进行解释,得到这些数据的分类,也可以根据数据的其他属性对特定属性进行预测。

4. 数据挖掘的方法

(1) 分类分析(Classifiers Analysis):分类技术是一种根据输入数据建立分类模型的系统方法。分类即找出一个类别的概念描述,通过描述构造模型,即分类模型。分类模型可以用作解释性的工具,用于区分不同类中的对象,这种分类模型也

035

可以用于预测未知记录的类标号。

在分类分析中,用于构造分类模型的方法很多,常见的有决策树分类法、前馈神经网络方法、支持向量机方法、贝叶斯分类法和粗糙集方法等。

(2) 关联分析(Association Analysis):数据库中存在着一类重要的并可被发现的知识,即数据关联。关联分析的目的是找出数据中项集之间存在的潜在联系和关联,即关联规则(Association Rule)。关联规则最早由 Agrawal 等人于 1993 年首先提出,它能够预测任何属性,不同的关联规则可以揭示出数据集的不同规律,是数据挖掘中最活跃的研究领域之一。

(3) 聚类分析(Clustering Analysis):将物理或抽象对象的集合分成相似的对象类的过程称为聚类(Clustering)。聚类分析是根据样本间关联的量度标准将其分成几个群组,使得同一个群组的样本都具有很强的相似性,而术语不同时群组的样本相异的一种方法。组内的相似性越大,组间差别越大,聚类就越好。聚类分析已经广泛应用于市场研究、模式识别、数据分析等领域。常用的聚类分析主要有 k 平均方法、k 中心点方法、PAM 算法、STING 算法、CURE 算法和 CLIQUE 算法等。

(4) 偏差分析(Deviation Analysis):偏差包括很多隐式的知识,例如观测结果与预测值之间的偏差、分类中存在的特殊反常实例等。偏差分析的目的是找出存在的异常情况,引起人们的注意,减少不必要的风险。

(5) 时序模式(Time-series Patterns):通过时间序列搜索出重复发生概率较高的模式。与回归类似都是用已知的数据进行预测,但时序模式预测的数据强调与时间的关联,侧重于分析数据间的序列关系。

3.4.2 数据预处理技术

没有高质量的数据,就不可能挖掘出高质量的结果,通常为了提高数据挖掘的效率,必须在挖掘分析之前预先对数据进行处理,即数据预处理(Data Preprocessing),主要包括数据选择、数据清理、数据集成和转换等子任务,一系列处理的目的就在于把数据转换为适合数据挖掘应用的数据形式。

1. 数据对象存在的问题

数据挖掘的数据对象主要存在以下问题:

(1) 杂乱性。每个应用系统基本都有自己的参照标准,因此不同的应用系统之间数据存储的结构存在很大的差异,数据也存在很大的不一致性,甚至可能包含不相容或者歧义的数据,往往不能直接提供作为数据挖掘使用。

(2) 重复性。数据对象的重复性包含两方面,即属性重复和数值重复,有可能出现对同一客观事物有两个或多个相同或相似的物理描述,形成信息的冗余。

(3) 不完整性。数据的不完整性一方面可能由于实际系统本身在设计上有所缺陷,另一方面可能是由于人为的操作错误或其他因素干扰,导致数据记录中缺少一些关键的属性或者缺少属性值,造成数据存在很大的模糊性。

(4) 含噪声。数据对象含噪声是指可能由于数据传输或者人工输入问题等因素,造成数据中存在着错误或异常的属性值。

2. 数据选择

数据选择(Data Selection)主要是在明确数据挖掘任务基础之上,对与挖掘任务相关的数据进行收集和分析,形成目标数据(Target Data)。

3. 数据集成

数据集成(Data Integration)是让来自多种数据源的数据组合在一起,形成一致的数据存储格式。在此过程中主要考虑解决两个问题:

(1) 模式集成问题。即怎样使来自多个不同数据源,而在现实世界中等价的实体相互匹配。例如在需求数据合并过程中,可能有的数据表中存储的名称是"武器装备建设需求",有的则存储的是"装备建设需求",其实对同一个专业来说,这两个实质指的是同一事物,即相互匹配,信息可以合并进行统一分析。

(2) 冗余问题。若一个属性可由其他属性推演出来,则该属性是冗余属性。例如,在经费数据表中,装备的总经费可由其所有项目经费之和得到,则总经费为冗余数据。大量的冗余数据会降低数据的挖掘速度,还可能会误导挖掘进程,所以在数据集成过程中应删除冗余数据。

4. 数据清洗

数据清洗(Data Cleaning)主要是针对目标数据中属性值为空的情况,也就是缺失值,以及对噪声数据的处理。对缺失值的处理的方法主要包含两大类:

(1) 删除元组。即将包含有属性值空缺的元组直接删除。在对象有多个属性值都缺失,被删除的对象数量与信息表的总数量相比很小时,该方法很有效。

(2) 补齐数据。该方法是使用特定的属性值去填充空缺的值,使数据信息表完备化。数据挖掘中应用最多的数据补齐方法包括:

① 人工填写缺失值。人工将最接近事实的数据值填写在属性值为空的地方。用户对数据的认识最清楚,所以该方法产生的数据偏离将是最小的,填充效果也是最好的。虽然该方法理论可行,但对于数据规模很大的情况尤其是空缺值很多时,该方法将会浪费大量的时间,在某种程度上不可行。

② 特殊值填充。将空缺值用一个全局常量来填充。例如在里程表中对里程为空的数据直接用0或"—"或NULL来填充,该方法虽然简单,但可能导致数据严重偏离,最后导致挖掘结果不可靠。

③ 平均值填充。使用属性的平均值对属性为空的值进行填充。例如在对论证费用的处理中,如果四年论证中有一年其经费使用为空,则可以用另外几次的平均值来填充,或者根据同类型设备、装备的论证经费使用情况来进行处理。

④ 使用最可能的值进行填充。使用决策树或其他数据挖掘手段进行预测来填充缺失值。

5. 数据变换

数据变换(Data Transformation)是将数据变换或者统一成适合挖掘的形式,主要是对数据进行规范化。例如,将数据的属性值缩小,使之落在一个特定的小区间内,或者把连续值数据转换成为离散型数据等。针对论证管理中的数据,可能涉及将数据进行分区间、分数离散化或将论证评价分等级等。

3.4.3 关联规则理论

1. 关联规则基本概念

设 $I=(i_1,i_2,\cdots,i_m)$ 是 m 个不同项目的一个集合,称为数据项集,简称项集。每个事务 t_i(Transaction)包含的项集都是 I 的子集,即 $t_i \subseteq I$,都有唯一的标识符 TID,$T=\{t_1,t_2,\cdots,t_n\}$ 是所有不同事务构成的事务数据库。项集中包含数据项(Item) i_k ($k=1,2,\cdots,m$) 的个数称为项集的长度,长度为 k 的项集称为 k-项集(k-Itemset)。

设 X、Y 都是 I 上的非空子集,即 $X \subseteq I, X \neq \varnothing$,$Y \subseteq I, Y \neq \varnothing$ 且 $X \cap Y = \varnothing$,则可得出关联规则挖掘领域的如下概念:

(1) 关联规则(Association Rule):形如 $X \Rightarrow Y$ 的规则,表示如果项集 X 在某一事务中出现,必然导致项集 Y 也会在同一事务中出现,X 称为规则的先决条件,Y 称为规则的结果。

(2) 关联规则的支持度(Support):$X \Rightarrow Y$ 的支持度,其含义是指 T 事务数据库中同时包含 X 和 Y 的事务个数与 T 事务数据库中包含所有事务的数量之比,即

$$\mathrm{Support}(X \Rightarrow Y) = P(X \cup Y)$$

(3) 最小支持度(Minimum Support):由用户定义的,用来衡量项集频繁程度的一个阈值,记作 minsup。支持度大于或等于最小支持度 minsup 的非空子集称为频繁项集(Frequent Itemset)。在频繁项集中,所有不被其他元素包含的频繁项集称为最大频繁项集(Maximum large Itemset)。

(4) 关联规则的置信度(Confidence):$X \Rightarrow Y$ 的置信度,表示同时包含 X、Y 的事务个数与所有包含 X 的事务个数之比,即

$$\mathrm{Confidence}(X \Rightarrow Y) = \frac{\mathrm{Support}(X \Rightarrow Y)}{\mathrm{Support}(X)} = P(Y \mid X)$$

置信度描述的是规则的可靠程度。

(5) 最小置信度(Minimum Confidence):由用户定义的一个置信度阈值,表示关联规则所必须满足的最低可靠度,记作 minconf。

(6) 强关联规则(Strong Association Rule):既满足最小支持度阈值又满足最小置信度阈值的关联规则。

(7) 项目集格空间理论:

定理 3.1　如果项集 X 是频繁项集,则它的所有非空子集都是频繁项集。
定理 3.2　如果项集 X 是非频繁项集,则它的所有超集都是非频繁项集。

2. 关联规则挖掘过程

关联规则的挖掘过程实质上就是寻找强关联规则的过程,主要由两个阶段来实现:

(1) 迭代识别所有的频繁项集。这一阶段要做的主要工作是根据用户给定的最小支持度 minsup,从原始数据集合中找出所有支持度 Support 大于或等于 minsup 的项集,通常这些找出来的项集可能具有包含关系,我们只关心不被其他项集包含的集合,即层层递进,找到不被其他任何项集包含的最大频繁项集的集合。目前大量的研究工作都集中在这一阶段,这一阶段要解决的问题是关联规则挖掘算法的核心。

(2) 由频繁项集产生强关联规则。这一阶段是在第一阶段的基础上,根据用户给定的最小置信度 minconf,在找出的最大频繁项集集合中寻找置信度 Confidence 大于或等于 minconf 的强关联规则。

3. 频繁项集挖掘算法

(1) Apriori 算法是 1994 年由 R. Agrawal 和 R. Srikant 提出的,它使用的是深度优先的迭代搜索方法,即 K 项集用于探索 $(K+1)$ 项集。主要步骤:首先通过扫描数据库,找到频繁 1 项集集合 F_1,用 F_1 查找频繁 2 项集集合 F_2,再用 F_2 查找 F_3,依次循环的方式,直到不能找到频繁 K 项集为止。这其中还有一个很重要的步骤,即利用项目集格空间理论中对至少有一个非频繁项目子集的候选项进行剪枝。

(2) FP-Growth (Frequent Pattern Growth,)算法是 J. Han 等人在 2000 年针对 Apriori 算法的固有缺陷提出的,该算法是一种不产生候选集,而直接生成频繁项的频繁模式增长算法。该算法采用分而治之的策略:在第一遍扫描之后,把数据库中的所有频繁集压缩进一棵频繁模式树(FP-tree),形成投影数据库,同时保留其中的关联信息,之后将该模式树分化成一些条件树,再分别对分化出来的这些条件树进行挖掘。有关实验表明,该算法对不同长度的规则都具有比较好的适应性,大部分情况下能产生更有效的关联规则。

4. 频繁项集挖掘算法

由频繁项集生成关联规则可以通过两步实现:

(1) 对于每个频繁项集 l,产生 l 的所有非空子集;

(2) 对于 l 的每个非空子集 s,若 $Confidence(s \Rightarrow (1-s)) \geq minconf$,则输出 $s \Rightarrow (1-s)$。

第4章
预测分析方法

由于装备论证的很多特征和要求是对未来发展趋势及规律的把握,因此需要大量运用预测分析方法。预测方法中,凭借经验对未来无法做出足够精确的预测,需要加强定量分析,但必须看到定量分析无法完好地表达诸如工作经验、战斗精神等主观性因素,需要与定性方法相互结合。随着现代装备论证范围和领域的扩展,所处理的系统越来越错综复杂,特别是面临诸多不断发展变化的问题,要做出预测通常面临诸多挑战,更加需要加强装备论证领域的预测。预测方法主要有专家预测法、德尔菲法、交叉影响分析法、时间序列分析、平滑预测法、回归分析法等。

4.1 专家预测法

专家预测法是以专家的创造性逻辑思维获得未来信息的一种方法。其方法可分为两大类:以专家个人"微观智能结构",通过创造思维来获取未来信息的方法,称为个人判断预测法,也称为个人头脑风暴法;以集体的"宏观智能结构"(通过专家"微观智能结构"之间的信息交流互相启发,引起"思维共振",互相补充,产生组合效应,形成宏观智能结构),通过创造性的逻辑思维来获取未来信息的方法,称为专家"会议"法,也称为集团头脑风暴法。集团头脑风暴法又分为直接头脑风暴法和质疑头脑风暴法。集团头脑风暴法是通过共同讨论具体问题,发挥宏观智能结构的集体效应,进行创造性思维活动的一种专家集体评估、预测的方法。质疑头脑风暴法是一种同时召开两个专家会议而集体产生设想的方法,第一个会议完全遵从直接头脑风暴法原则,第二个会议则是对第一个会议提出的设想进行质疑。

专家预测是根据预测对象的外界环境(社会环境、自然环境)组织各领域的专家运用专业方面的知识和经验,通过直观归纳预测对象的过去与现在,以及运动变化、发展的规律,从而对预测对象未来发展趋势及状态做出判断。因此,要求这些专家不仅在该预测对象方面,而且在相关学科研究方面都应具备相当的学术水平,并应具备一种在大量感性资料中看到事件"本质"的能力(从大量现实随机现象中抓住不变的规律,即找到它们之间的某些相关性,从而能够对未来做出判断)。

4.1.1 个人判断预测法

个人判断预测是指依靠专家对预测对象未来的发展趋势及状况做出个人的判断。专家实质上是一种个人的"智能结构"。因此,专家个人判断预测法的最大特点是能够最大限度地发挥专家个人智能结构的效应,充分利用个人的创造能力。这种方法对被征求意见的专家来说,不受外界环境的影响,没有心理上的压力。但是,个人判断法往往受到专家个人智能结构的限制,即受到专家知识面、知识深度、占有资料的多少以及对预测对象兴趣大小等因素的限制,难免带有片面性。

4.1.2 集团头脑风暴法

头脑风暴法(Brain Storming)是借助于专家的创造性思维来索取未知或未来信息的一种直观预测方法。这种方法的原意是指精神病患者在精神错乱时的胡言乱语,后转用来指无拘无束、自由奔放地思考问题。头脑风暴法早在20世纪50年代就在国外得到普及,甚至被看作一种万能的方法。60年代后,随着运筹学和决策学的发展,这种方法开始从作为"找到决策捷径的最重要思想和方法来源",变为分析和决策时的一种辅助工具。

采用头脑风暴法组织专家会议时,应遵守如下原则:

(1) 严格限制预测对象的范围,以便于参加者把注意力集中于所涉及的问题。

(2) 要认真对待和研究专家组提出的任何一种设想,而不管这种设想是否适当和可行,不能对别人的意见提出怀疑。

(3) 鼓励参加者对已经提出的设想进行补充、改进和综合。

(4) 使参加者解除思想顾虑,创造一种自由发表见解的气氛,以利于激发参加者的积极性。

(5) 发言力求简短精练,不需详细论述,拖长发言时间将有碍创造思维活动的进行。

(6) 不允许参加者宣读事先准备好的发言稿。

为了提供一个良好的创造性思维环境,必须确定专家会议的最佳人数和会议进行的时间。经验已经证明,专家小组规模以10~15人为宜,会议时间一般以20~60分钟效果最佳。

头脑风暴法可以排除折中方案,对所论问题通过客观的、连续的分析找到一组切实可行的方案,因而近年来头脑风暴法在军事预测和民用预测中得到了较广泛的应用。例如,在美国国防部制定长远科技规划时,曾邀请50名专家采取头脑风暴法开了两周会议,参加者的任务是对事先提出的长远规划提出异议。通过讨论,得到一个使原规划文件变为协调一致的报告,在原规划文件中只有25%~30%的意见得到保留。由此可以看到头脑风暴法的价值。

4.2 德尔菲法

4.2.1 概述

德尔菲(Delphi)是古希腊传说中能够预卜未来的神谕之地,以德尔菲命名的德尔菲法具有预测性的特点。德尔菲法是一种直观型预测方法,主要在数据资料掌握不多的情况下,进行时间、相对重要性、比例、择优等内容的预测,以便取得决策所需的原始数据。

德尔菲法是在专家个人判断和专家会议调查的基础上发展起来的。专家个人判断法仅仅依靠专家个人的分析和判断进行预测,容易受到专家个人的经历、知识面、时间和所占有的资料的限制,因此片面性和误差较大。专家会议调查法在某种程度上弥补了专家个人判断的不足,但仍存在如下缺陷:召集的会议代表缺乏代表性;专家发表个人意见时易受心理因素的影响(如受会议"气氛"的影响);由于自尊心的影响而不愿公开修正已发表的意见;等等。德尔菲法针对这些缺陷做了重大改进,它能够集中众人智慧进行准确预测。它重视专家的长期经验和丰富的巨大潜在记忆集合形成的对未来事件的判断能力,但它不是采用专家会议的形式,而采用函询调查,分别向与预测课题相关领域专家提出问题,而后将他们的回答意见进行综合、整理、归纳,匿名反馈给有关专家,再次征求意见,经过几次往返,最后形成比较一致的意见。

归纳起来,德尔菲法主要有五个方面的用途:一是对达到某一目标的条件、途径、手段及它们的相对重要程度做出估计;二是对未来事件实现的时间做出概率估计;三是对某一方案在总体方案中所占的最佳比例做出概率估计;四是对研究对象的动向和在未来某一时间所能达到的状况、性能等做出估计;五是对方案做出评价,或对若干个备选方案评价出相对名次,选出最优者。近年来,随着科学技术的高速发展,科学技术日趋朝着多目标和多方案方向发展。为了用有限的资金和人力确保重点,有必要对众多目标和方案的相对重要性进行评价,这是近年来德尔菲法的一项重要发展。

4.2.2 德尔菲法的基本程序

德尔菲法预测程序如图 4-1 所示。
1. 成立预测领导小组
领导小组的主要任务是对预测工作进行组织和指导,包括:明确预测目标;选择参加预测的专家;编制调查表进行反馈调查;对各轮回收的专家意见进行汇总整理、统计分析与预测;编写和提交预测报告。该小组的成员主要由信息分析与预测人员构成。

2. 明确预测目标

德尔菲法的预测目标通常是在实践中涌现出来的大家普遍关心且意见分歧较大的课题。此阶段的主要任务是选择和规划预测课题,明确预测项目。

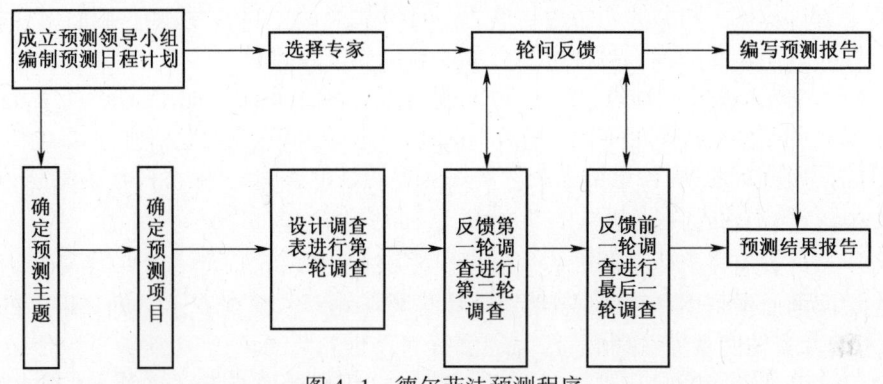

图 4-1 德尔菲法预测程序

3. 选择参加预测的专家

专家的任务是对预测课题提出正确的意见和有价值的判断。专家的选择是否恰当直接关系到德尔菲法应用的成败。选择专家应注意以下原则:

(1) 专家的代表面应广泛。除信息分析与预测专家外,还应包括对预测目标比较了解并有丰富的实践经验或较高理论水平的本专业的部队、院校、研究所和高层决策人员以及相关领域和边缘学科的有关专家。

(2) 专家的权威程度要高。但这里的"权威"并不是指其职称高或职务高,而是指其熟知预测目标,并有独到的见解,如富有多年工作经验的专业人员。

(3) 专家应有足够的时间和耐心填写调查表。经典的德尔菲法进行四轮征询,其间还包含着大量的信息反馈,因此,要求受邀的专家应有足够的时间和耐心接受征询。

(4) 专家的范围应有所限制。例如,当征询的问题涉及本部门的机密时,应注意从本部门内部挑选专家;当征询的问题涉及广泛的社会现象时,应注意同时从部门内外挑选专家。

(5) 专家人数一般控制在 15~50 人。人数太少缺乏代表性,起不到集思广益的作用。人数太多难以组织,意见难集中,专家意见的处理复杂。如果课题很大,15~50 人仍缺乏代表性,起不到集思广益的作用,可以考虑分成若干个专家小组,但每个小组的人数仍保持在 15~50 人。

(6) 应事先邀请专家,不要向外透露参与征询调查这件事,以免相互商量,答案雷同,起不到德尔菲法应起到的作用。

4. 编制调查表

调查表是获取专家意见的工具,是进行信息分析与预测的基础。调查表设计的好坏,直接关系到预测的效果。在制表前,设计人员应对课题及其相关背景情况进行调查,以保证提问的针对性和有效性。在设计调查表时,应注意以下几点:

(1) 提问必须非常清楚,用词要确切。

(2) 问题要集中。问题要集中并有针对性,不要过于分散,以便使各个事件构成一个有机整体。问题要按等级排队,先整体,后局部。同类问题中,先简单,后复杂。这样由浅入深的排列易于引起专家回答问题的兴趣。

(3) 问题的数量不要太多。问题的数量不仅取决于应答要求的类型,而且取决于专家可能做出应答的上限。如果问题只要求做出简单的回答,则数量可多些。如果问题比较复杂,则数量可少些。严格的界定是没有的,一般可以认为问题数量的上限以 25 个为宜,以便每一位专家在 2 小时内回答完问题。

(4) 调查表要简化。调查表应有助于专家做出评价,应使专家把主要精力用于思考问题而不是用在理解复杂的、混乱的调查表上。调查表还应留有足够的地方,以便专家阐明意见或理由。

(5) 调查表中的内容要分类。设计调查表时,要对内容进行分类。一般来说,调查表包括下面几类:

① 目标—手段问题调查表。目标—手段问题调查表要求专家根据预测对象,确定预测的总目标、子目标和达到目标的手段。

调查表设计者在分析研究已掌握情况的基础上,确定预测对象的目标(含总目标及其分解而成的若干子目标),并提出达到这些目标所可能采取的各种措施和方案。将目标列入调查表的横栏,措施和方案列入纵栏,就构成了目标—手段调查表。专家对这种表的回答很简单,只需在相应的目标和手段重合处打勾,或者对所提出的手段在达到目标过程中的地位打分(一般采用百分制),见表 4-1。

表 4-1　目标—手段问题调查表示例

手　段 || 总　目　标						
		子目标 A	子目标 B	子目标 C	子目标 D	子目标 E	子目标 F
所 需 手 段	手段 a						
	手段 b						
	手段 c						
	手段 d						
	手段 e						
	手段 f						
	手段 g						
	手段 h						
	手段 i						

② 预测事件问题调查表。预测事件问题调查表要求应答专家根据主持者所提出的预测主题,确定德尔菲预测专家组所应预测的各个具体事件,见表4-2。

表4-2 预测事件问题调查表示例

事 件		主 题			
		分主题 A	分主题 B	分主题 C	分主题 D
事件	事件 a				
	事件 b				
	事件 c				
	事件 d				
	事件 e				
	事件 f				

③实现时间问题调查表。实现时间问题调查表要求应答专家就事件实现时间做出概率估计,见表4-3。在有些德尔菲预测中,由于预测对象不同,要求应答专家做出定量估计的除实现日期和时间外,还有技术参数值、各因素相互影响的百分比等,也可用该表的格式进行定量估计。

表4-3 实现时间问题调查表示例

事 件		实现时间		
		10%概率	50%概率	90%概率
事件	事件 a			
	事件 b			
	事件 c			
	事件 d			
	事件 e			
	事件 f			

④肯定式应答问题调查表。肯定式应答问题调查表一般指不附带条件的回答,目的在于征求应答专家就某些解决问题的措施或方案,某些事件发生的状况等,做出肯定回答,见表4-4。

⑤ 条件式应答问题调查表。条件式应答问题调查表和肯定式应答问题调查表在格式上都是相同的,只不过是在问题一栏,所提的问题前者为如果在……前提下,你认为下列方案(状况)中,哪种方案(状况)最佳(或会发生);后者为了……,你认为下列方案(状况)中,哪种方案(或状况)最佳(或会发生)。

表 4-4　肯定式应答问题调查表示例

方案		问　题
		为了……,你认为下列方案中哪一种最佳
方案	方案 a	
	方案 b	
	方案 c	
	方案 d	
	方案 e	
	方案 f	

不管是何种格式的问题调查表,根据预测需要,可繁可简,可减少或增加内容。实际上,德尔菲预测问题调查表一般比上述基本格式复杂一些,往往把许多内容加在一起制表,其中包括专家的自我评定在内。

(6) 领导小组意见不应强加于调查表中。为了保证预测结果的可靠性,领导小组不要把自己的观点加在调查表中,作为反馈材料提供给应答专家。这样处理势必出现诱导现象,导致预测结果不可靠。

5. 进行反馈调查和专家意见的汇总整理、统计分析与预测

德尔菲预测法的经验表明,超过四轮以后,预测结果将不会发生重大变化。因此一般使用德尔菲法进行预测通过四轮询问后,便告结束。

常规德尔菲法各轮的内容如下:

(1) 第一轮:由预测组织者提出预测主题,通过邮寄方式送至专家小组成员的手中。各专家可以根据所要预测的主题以各种形式提出有关的预测事件,并把自己的意见邮寄给预测组织者,预测组织者把所有专家提出的事件进行综合整理,相同的事件统一起来,次要的事件排除掉,用准确的术语提出一个"预测事件一览表"。

(2) 第二轮:预测组织者把综合归纳好的"预测事件一览表"再发送给专家小组的成员,要求专家对表中所列各个事件做出评价,对事件可能发生的时间做出预测,并相应地提出其评价及预测的理由。把自己的结果寄回预测组织者,组织者根据再次返回来的调查表,统计出每一事件发生日期的中位数和上、下四位点,以及整理出最早和最晚预测日期的理由的综合材料,并将此结果再返回专家小组的各个成员手中。

(3) 第三轮:专家组的成员对得到的综合统计报告给出的论据进行评论,并重新进行预测和陈述其理由。专家组各成员把自己重新评价和论证的结果再次返回给预测组织者。预测组织者计算出中位数和四分点,并综合各方论证,产生新的综合统计报告,再次返回给专家们。

(4) 第四轮:专家组各成员再次进行预测,并按预测组织者的要求做出或不做出新的论证。预测组织者根据专家们的回答再次进行计算,求出每一事件发生时

间的中位数和四分点,得出最终的带有相应中位数和四分点日期的事件一览表。

通过以上四轮,对专家意见的征询一般可以得出相当协调一致的预测结果。

6. 编写和提交预测报告

专家意见收敛后,组织者应将最终的统计分析与预测结果进行进一步的加工,形成正式的预测报告。

4.2.3 预测结果的表示以及处理方法

1. 预测结果的表示

1) 列表形式

列表形式是一种最简单的表达预测结果的形式。表中列有事件的名称和预测结果相应的中位数和四分点范围。表中的最后两栏是同种事件在不同出现概率情况下的预测时间表。一般而言,这种概率是某预测者根据自己的意见提出的主观概率。表4-5是该形式的一个示例。

表4-5 部分环境技术预测结果

序号	事 件	该事件以60%的概率出现中位数和四分点/年	该事件以80%的概率出现中位数和四分点/年
1	没有污染的内燃机	1976—1980—1990	1978—1984—1995
2	为经济增长而搞经济增长的观念将过时	1979—1980—2000	1980—1983—2007
3	烟气分离实用而经济的技术与实施	1978—1980—1985	1980—1984—1987
4	有效地控制石油意外泄漏的危害	1978—1980—1985	1980—1983—1987
5	世界范围环境的监视和警报机构的建立	1985—1990—2000	1989—1995—2003
6	公路和空中航线噪声的控制	1986—1990—更晚	1989—1995—更晚
7	人类在大城市大量人口的条件下的生存能力将大大地下降	2000—2010—更晚	2009—2020—更晚

2) 图形直观表示

在预测结果的图形直观表示中有多种方法,如直方图、楔形图、截角楔形图等。最常用的是截角楔形图。截角楔形图的绘制一般在一个矩形框内(用绘图纸完成),矩形的下边框线为时间轴,下边框的长度与所预测的时间界限有关。矩形的高度与预测事件的多少及选择的事件所占的高度有关。选好矩形以后,在一边框上标注时间,根据预测结果一览表把各事件(按概率)分别绘制在方框内,一般是按事件的序号由上到下排列。

2. 预测结果的处理方法

经过几轮调查,专家们不再改变自己的观点,为了得到预测结论,需要对专家们最后的意见进行分析和处理。当专家们的意见比较统一时,一般是将统一的意见作为预测结果加以报告。当专家们的意见不能趋于统一时,为了得出预测结果,需要对专家们的意见进行综合处理。对预测结果的要求不同,采用的处理方法也常常不同。

1) 对数量和时间答案的处理

当预测结果需要用数量或时间表示时,专家们的回答将是一系列可比较大小的数据或有前后顺序的时间排列,可用取中位数和上、下四分点的方法处理专家们的答案。中位数代表专家们预测的协调结果,用上、下四分点代表专家们意见的分散程度。如果将专家们预测的结果在水平轴上按顺序排列,并分成四等份,则中分点值称为中位数,表示专家中有一半人估计的时间早于它,而另一半人估计的时间晚于它。先于中分点的四分点为下四分点,后于中分点的四分点为上四分点。例如,对于某预测对象,从13名专家成员回答的预测年代所得到的统计结果如下:

下四分点　　　　中位数　　　　上四分点
↓　　　　　　　↓　　　　　　　↓

1995,1997,2000,2000,2000,2000,2002,2005,2005,2007,2007,2010,取中位数和上、下四分点的方法,可用公式表示如下:

假设有 n 个专家,共有 n 个答数排列为

$$x_1 \leqslant x_2 \leqslant \cdots \leqslant x_{n-1} \leqslant x_n$$

则其中位数为

$$\bar{x} = \begin{cases} x_{k+1}, & n = 2k+1 \\ \dfrac{x_k + x_{k+1}}{2}, & n = 2k \end{cases} \quad (k\text{ 为正整数}) \tag{4-1}$$

上四分点为

$$x_{上} = \begin{cases} x_{\frac{3k+3}{2}}, & n = 2k+1 \quad (k\text{ 为奇数}) \\ \dfrac{x_{\frac{3}{2}k+1} + x_{\frac{3}{2}k+2}}{2}, & n = 2k+1 \quad (k\text{ 为偶数}) \\ x_{\frac{3k+1}{2}}, & n = 2k \quad (k\text{ 为偶数}) \\ \dfrac{x_{\frac{3}{2}k} + x_{\frac{3}{2}k+1}}{2}, & n = 2k \quad (k\text{ 为偶数}) \end{cases} \tag{4-2}$$

下四分点为

$$x_{下} = \begin{cases} x_{\frac{k+1}{2}}, & n = 2k+1 \quad (k\text{ 为奇数}) \\ \dfrac{x_{\frac{k}{2}} + x_{\frac{k}{2}+1}}{2}, & n = 2k+1 \quad (k\text{ 为偶数}) \\ x_{\frac{k+1}{2}}, & n = 2k \quad (k\text{ 为奇数}) \\ \dfrac{x_{\frac{k}{2}} + x_{\frac{k}{2}+1}}{2}, & n = 2k \quad (k\text{ 为奇数}) \end{cases} \tag{4-3}$$

预测学家 E·Jantsch 通过大量的数据统计,总结了时间中位数和上、下四分点的近似数学关系。若以 M 表示中位数年份与进行预测年份之间的距离,则下四分点位于 $\frac{2}{3}M$ 处,上四分点位于 $\frac{5}{3}M$ 处。例如,在 1980 年预测某项新技术可在生产中得到广泛应用的年份是 2000 年,则 $M = 20$。下四分点是 $1980 + \frac{2}{3} \times 20 = 1993$ (年);上四分点是 $1980 + \frac{5}{3} \times 20 = 2013$(年)。

2) 对等级比较答案的处理

在采用德尔菲法时,常常请专家对某些项目的重要性进行排序。对排序结果可采用评分方法进行处理。假设参加比较的项目总数为 m,要求对其中的 n 个项目进行排序,可给排在第 1 位的 n 分,第 2 位的 $n-1$ 分,……,第 n 位的 1 分。然后运用下面的公式计算出各个目标的重要程度:

$$s_j = \sum_{i=1}^{n} B_i N_i, \quad j = 1, 2, \cdots, m \tag{4-4}$$

式中:B_i 为排在第 i 位的得分;N_i 为赞同某一项目应排在第 i 位的人数,$\sum_{i=1}^{n} N_i = m$。

$$k_j = \frac{s_j}{m \cdot \sum_{i=1}^{n} i}, \quad j = 1, 2, \cdots, m \tag{4-5}$$

式中:m 为参加比较的项目总数;s_j 为第 j 个项目的总得分;k_j 为第 j 个项目的得分比例,$\sum_{j=1}^{m} k_j = 1$。

3) 对择一答案的处理

当预测对象的发展有多种可能的结果,需要预测它会实现哪种结果时,往往要请各位专家从中选出一个他认为最可能实现的结果。可用专家们最后回答的频率去预测各种结果出现的概率。例如,当对有 3 种可能结果的事物进行预测时,100 位专家中有 75 位认为发生第一种结果,22 位认为会发生第二种结果,3 位认为会发生第三种结果,则对 3 种结果的回答频率分别是 75%、22%、3%。这可当作 3 种结果出现的概率。

4) 对专家学识、经验、能力的加权

由于各个专家所具有的经验、对问题了解的程度和判断能力等往往有所差别,将他们的回答等同对待往往会造成偏差。若能对水平不同的专家给予不同的权数,用以对他们的回答进行处理,可能会使预测结果更准确。对专家的权数的评定一般可采取两种方法:一是由预测组织者根据对专家的了解,将他们进行适当地分等,并给以不同的权数;另一种方法是在调查表中列出专家自我评定栏,并给各种评定加以适当的分数,见表4-6。

表4-6 专家自我评定加权

专家自我评定	很有研究	有研究	较熟悉	基本了解	初步了解	未做评定
分　　数	1.00	0.95	0.90	0.85	0.80	0.70

5) 相对重要性的处理

相对重要性的处理主要用于多方案排队选优。假设有 n 个专家对 m 个方案进行选优。第 $i(i=1,2,\cdots,n)$ 个专家对第 $j(j=1,2,\cdots,m)$ 个方案打分为 $C_{ij} \in [0,100]$。按打分的高低将 m 个方案分成 m 等,j 方案等级为 R_{ij}(R_{ij} 取值为 1, 2,$\cdots$,m)。1 等级最高,m 等级最低。如果某专家在 m 个方案中给出相同评价,则相同评价的方案等级应当相等,即等于自然数列相应数的算术平均值。

专家组对各方案相对重要性的意见集中程度,一般以每一个方案比分的算术平均值、满分频率和评价等级和表示。专家组对某一方案的协调程度,一般以变异系数和协调系数表示。

(1) 专家意见集中程度。

① 计算某方案的算术平均值。各方案的算术平均值为

$$M_j = \frac{1}{n}\sum_{i=1}^{n} C_{ij}, j=1,2,\cdots,m \qquad (4-6)$$

式中:M_j 为 j 方案的算术平均值。M_j 越大,方案的重要性越高。

② 方案的满分频率。满分频率是对 j 方案给满分的专家数与对 j 方案做出评价的专家总数之比。其计算公式为

$$K_j = \frac{n_j}{n} \qquad (4-7)$$

式中:K_j 为 j 方案的满分频率;n_j 为给 j 方案满分的专家数。

K_j 可以作为 M_j 的补充指标。K_j 越大,说明对该方案给满分的专家人数越多,因而方案的重要性可能越大。

③ 方案的等级总和。专家对 j 方案的等级和计算公式为

$$S_j = \sum_{i=1}^{n} C_{ij} \qquad (4-8)$$

很明显,S_j 越小,方案越重要。

(2) 专家意见协调程度(一致性):

① j 方案评价结果的变异系数(j 方案标准差和期望之比)。变异系数的计算公式为

$$v_j = \frac{s_j}{\overline{M_j}}, \quad j=1,2,\cdots,m \qquad (4-9)$$

式中：v_j 为 j 方案评价的变异系数；M_j 为 j 方案的算术平均值；$\bar{s}_j$ 为 j 方案的标准差，$\bar{s}_j = \sqrt{\dfrac{1}{n-1}\sum\limits_{i=1}^{n}(C_{ij}-M_j)^2}$。

v_j 表明了专家们对 j 方案相对重要性的波动程度，也就是协调程度。v_j 越小，表明 j 方案专家意见协调程度越高。

② 专家意见协调系数（了解专家对全部方案的协调程度）。设 W 为所有专家对全部方案的协调系数，则计算公式为

$$W = \frac{\sum\limits_{j=1}^{m} d_j^2}{\max \sum\limits_{j=1}^{m} d_j^2} \tag{4-10}$$

式中：$\sum\limits_{j=1}^{m} d_j^2$ 为各个方案的等级与全部方案等级和算术平均值的方差和，且有

$$\sum_{j=1}^{m} d_j^2 = \sum_{j=1}^{m}(S_j - M(S_j))^2 \tag{4-11}$$

其中：S_j 为 j 方案的等级和，$S_j = \sum\limits_{i=1}^{n} R_{ij}$；$M(S_j)$ 为全部方案的算术平均值（等级），$M(S_j) = \dfrac{\sum\limits_{j=1}^{m} S_j}{m}$。

$\max \sum\limits_{j=1}^{m} d_j^2$ 为所有专家的意见完全一致时 $\sum\limits_{j=1}^{m} d_j^2$ 的取值，即当所有专家的意见完全一致时，$\sum\limits_{j=1}^{m} d_j^2$ 取极大值，且有

$$\max \sum_{j=1}^{m} d_j^2 = \sum_{j=1}^{m}\left(j \cdot n - \frac{n}{m}\sum_{j=1}^{m} j\right)^2 = \frac{1}{12}n^2(m^3 - m) \tag{4-12}$$

由式(4-10)、式(4-12)可得

$$W = \frac{12}{n^2(m^3 - m)}\sum_{j=1}^{m} d_j^2 \tag{4-13}$$

当有相同等级时，式(4-13)的分母要减去修正系数 T_i，则式(4-13)变为

$$W = \frac{12}{n^2(m^3 - m) - n\sum\limits_{i=1}^{n} T_i}\sum_{j=1}^{m} d_j^2 \tag{4-14}$$

式中：T_i 为第 i 位专家评价的相同等级指标，且有

$$T_i = \sum_{\lambda=0}^{L}(t_\lambda^3 - t_\lambda) \qquad (4-15)$$

其中：L 为 i 专家评价中的相同评价组数；t_λ 为第 λ 组相同评价组中的相同等级数。

4.2.4 德尔菲法的不足之处

德尔菲法的不足之处有以下四点：

(1) 整个过程的领导者对选择条目及工作方式起较大的影响，有可能使结果产生偏差。

(2) 它只是专家意见一致性的反映，在理论上并不能说明其结果的正确性。尤其是在一些新思想与保守观念难以定论时，也会出现结果的偏差。

(3) 没有考虑到未来发生事件的交叉影响。

(4) 事物发展的过程过分依赖内部时，效果不好。

尽管德尔菲法有这些不足，但目前仍不失为主要预测方法之一。这除了因为德尔菲法简单易行外，还因为有些技术领域只能用直观法进行预测，如对于过去没有足够信息的技术领域预测，以及需要对很多相关因素的影响做出判断的技术领域；对于科技发展在很大程度上取决于技术政策和主观能动性，而不是取决于技术自身可能性的技术领域预测。

4.3 交叉影响分析法

4.3.1 交叉影响分析法的概念

交叉影响分析（Cross impact Analysis）法是 20 世纪 70 年代由美国加利福尼亚大学首先研究的，后来美国未来研究所的戈登（Gordon）博士对此进行了总结和推广，并在导弹的研究开发和应用上成功地进行了验证。

交叉影响分析法是根据若干个事件之间的相互影响关系，分析当某一事件发生时，其他事件因受到影响而发生何种形式变化的一种方法。由于事件之间的相互影响关系通常用矩阵的形式来表达，而各个事件的变化程度又是用概率值来描述的，故这种方法又称为交叉影响矩阵法或交叉影响概率法。

交叉影响分析法的最初目的是为了弥补德尔菲法的不足。因为在应用德尔菲法对未来事件进行预测时，通常只是简单地要求专家估计各个事件在未来某个时间发生的概率或在规定的概率下事件发生的时间，而没有考虑各个事件之间可能发生的相互交叉影响。德尔菲法的这一不足限制了其在实际预测中的推广应用。

因为从实践上看,经常会出现这样的情形,即在若干个相互联系的事件中,当其中的某一事件发生后,其他事件往往会受到程度不同的影响。例如,技术的快速发展促进了新材料的生产、研制,为武器装备提供新材料易于实现、保障更加方便等。可见,当求某事件发生的概率时,不能仅仅考虑该事件本身,还要考虑其他一些已经发生或者尚未发生的事件可能造成的影响。

若干个事件之间的相互影响关系通常分为有影响、无影响及正影响、负影响。其中:有影响表示某一事件的发生会引起另一事件发生的概率产生变化,无影响表示某一事件的发生不引起另一事件发生的概率产生变化(或者变化极小,可以忽略不计);正影响表示某一事件的发生会使受影响的另一事件发生的概率提高,负影响表示某一事件的发生会使受影响的另一事件发生的概率降低。

交叉影响分析法除了要定性地研究事件之间有影响或无影响、正影响或负影响外,还要定量地研究事件之间影响的程度。具体来说,假设若干个相互联系的事件为 $D_i(D_1,D_1,\cdots,D_m,\cdots,D_n)$,在未考虑交叉影响时,其原估计发生的概率为 $P_i(P_1,P_1,\cdots,P_m,\cdots,P_n)$。现在考虑事件之间的交叉影响,例如假设已知 D_m 发生($P_m = 100\%$),且它的发生会对事件 D_i 产生影响,那么,D_i 的发生概率必定会产生变化,假设 P_i 变为 P_i',则 P_i' 就是 P_i 的修正概率。当 $P_i' > P_i$ 时,表示正的影响;当 $P_i' < P_i$ 时,表示负的影响;$P_i' = P_i$ 时,表示无影响。交叉影响分析法要确定 D_m 发生后 P_i' 与 P_i 之间的定量变化关系。

4.3.2 交叉影响分析法的应用

在预测分析中,通常会遇到被研究的若干个事件之间存在某种影响关系的情形。例如,大规模的技术引进制约了技术开发的进程,商品供过于求时价格下降,科技的发展促进了生产和经济的发展,等等。将交叉影响分析法引入预测领域,可以定量地考察被研究的各个事件之间的相互影响关系。从实践上看,此分析方法主要在以下三个方面发挥作用:

(1) 对历史事件进行验证。例如,美国曾利用交叉影响分析法对研制"民兵式"导弹的发生概率做了研究。根据当时的知识,人们认为在不考虑交叉影响时,该事件发生的概率仅为 0.20,是其他一系列相关事件的影响把这一数值提高到 0.729。这一结论与客观事实大致相符;

(2) 对未来事件进行预测。例如,日本曾有学者利用交叉影响分析法对与 2000 年的运输发展状况有关的 72 个相互联系的事件之间的交叉影响关系进行了研究,并得出了相应的结论。

(3) 方案评价。例如,将 R&D 投资重点放在某一方案上后对其他方案可能产生的影响的评价;开发、引进或改造某种技术后对社会上各种因素和其他技术可能产生的影响的评估;等等。

4.3.3 交叉影响分析法的程序

应用交叉影响分析法进行预测分析的大致程序包括:确定影响关系;评定影响程度;计算影响值;分析并得出预测结果。

1. 确定影响关系

影响能源政策的因素很多,为讨论方便起见,这里仅将三个主要因素作为被预测的事件组:D_1,用钛金属代替原有铝合金;D_2,降低铝合金价格;D_3,控制飞机质量和重量。

假设这三个事件在不考虑交叉影响时原估计发生的概率分别为:

$P_1 = 0.8, P_2 = 0.4, P_3 = 0.3$(由专家估计)。显然,这一组数据在考虑事件之间的交叉影响后要发生变化。

交叉影响矩阵见表 4-7

表 4-7 交叉影响矩阵表

如事件发生	原估计发生概率	对其他事件的影响		
		D_1	D_2	D_3
D_1	0.8	—	↑	↑
D_2	0.4	↓	—	
D_3	0.3	↓	↓	—

注:"↑"表示正影响;"↓"表示负影响;"—"表示无影响(包括可以忽略不计的极小影响)

例如,如果 D_1 发生,将导致进一步用钛金属代替原有铝合金材料(D_2)以及制定更加控制飞机质量和重量的标准(D_3)。

2. 评定影响程度

在评定事件之间的影响程度时,一般要预先制定一个影响程度分档表,然后确定具体的影响程度。影响程度的确定一般采用主观概率法或德尔菲法。

1) 制定影响程度分档表

为了便于判断,采用 7 个档次的影响程度分档表,表 4-8 将 10 位专家意见汇总,并将结果反馈给每位专家,反复征求四轮意见使意见收敛。

表 4-8 影响程度分档表

序号	影响程度档次	影响程度 S
1	无影响	0
2	较小负影响	-0.5
3	较小正影响	+0.5

(续)

序号	影响程度档次	影响程度 S
4	较强负影响	-0.8
5	较强正影响	+0.8
6	极强负影响	-1.0
7	极强正影响	+1.0

2) 影响程度调查

影响程度经常采用德尔菲法调查。在德尔菲法中,经常设计如表 4-9 所列的调查表。

表 4-9 影响程度调查表

如事件发生	原估计发生概率	对其他事件的影响		
		D_1	D_2	D_3
D_1	0.8	—	S_{12}	S_{13}
D_2	0.4	S_{21}	—	—
D_3	0.3	S_{31}	S_{32}	—

表中 $S_{mi}(m \neq i)$ 表示事件 D_m 发生时对其他事件 D_i 的影响程度。例如 S_{12} 表示 D_1 发生时对 D_2 的影响程度。S_{mi} 的值由专家根据自己对 D_m 与 D_i 之间定性影响程度的分析从表 4-10 所列出的分档标度中择一填写。

表 4-10 影响程度表

专家编号	D_1 的影响		D_2 的影响		D_3 的影响	
	S_{12}	S_{13}	S_{21}	S_{23}	S_{31}	S_{32}
1	+0.5	+0.8	-0.8	0	-0.5	-0.5
2	+0.5	+0.8	-0.5	-0.5	-0.5	0
3	+0.5	+0.5	-0.8	-0.5	-0.5	-0.5
4	+0.5	+0.5	-0.5	-0.5	0	0
5	0	+0.8	-0.8	-0.5	0	0
6	0	+0.8	-0.5	0	-0.8	0
7	0	+0.8	-0.8	0	-0.5	0
8	0	+1.0	-0.8	0	-0.5	0
9	0	+1.0	-0.5	0	-0.5	0
10	0	+1.0	-0.8	0	-0.5	0
	+0.2	+0.8	-0.68	-0.2	-0.43	-0.1

3. 计算影响值

1) 经验公式

当 D_m 发生并对 D_i 产生影响后,假设 D_i 的概率由 P_i 变为 P_i',则其间的关系可由下列经验公式来表示:

$$P_i' = P_i + SP_i(1 - P_i) \tag{4-13}$$

式中:P_i 为 D_i 的原估计发生的概率;P_i' 为考虑交叉影响后的修正概率;S 为影响程度。

P_i 与 P_i' 之间的关系可用图 4-2 反映出来。显然,P_i' 的取值范围介于 $S=1$ 和 $S=-1$ 时的两条拍线之间的区域。

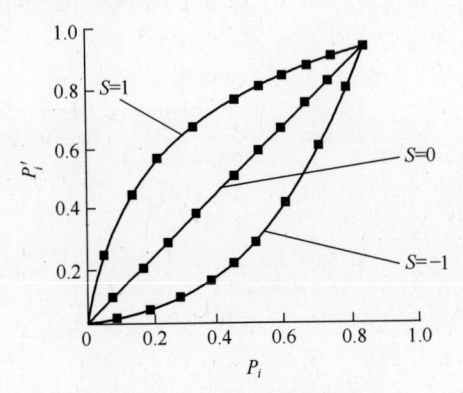

图 4-2 P_i 与 P_i' 之间的关系

2) P_i' 值的计算

假设表 4-11 中提供的数据是德尔菲法收敛后的最终专家意见,则可考虑取该表中的平均值为 S 的值。于是,可由式(4-13)计算 P_i' 的值。

(1) D_1 对 D_2、D_3 的影响值:

$$P_{12}' = P_2 + S_{12}P_2(1 - P_2) = 0.4 + 0.2 \times 0.4 \times (1-0.4) = 0.448$$

$$P_{13}' = P_3 + S_{13}P_3(1 - P_3) = 0.3 + 0.8 \times 0.3 \times (1-0.3) = 0.468$$

(2) D_2 对 D_1、D_3 的影响值:

$$P_{21}' = P_1 + S_{21}P_1(1 - P_1) = 0.8 + (-0.68) \times 0.8 \times (1-0.8) = 0.691$$

$$P_{23}' = P_3 + S_{23}P_3(1 - P_3) = 0.3 + (-0.2) \times 0.3 \times (1-0.3) = 0.258$$

(3) D_3 对 D_2、D_1 的影响值:

$$P_{31}' = P_1 + S_{31}P_1(1 - P_1) = 0.8 + (-0.43) \times 0.8 \times (1-0.8) = 0.731$$

$$P_{32}' = P_2 + S_{32}P_2(1 - P_2) = 0.4 + (-0.1) \times 0.4 \times (1-0.4) = 0.376$$

4. 分析并得出预测结果

上面的影响值是根据专家评定的影响程度计算的,而向专家调查并获取影响程度的前提是假定某一事件肯定发生。可是,从实践上看,该事件还存在着可能不发生或不完全发生的情形,因此需要对上述影响程度和影响值做进一步的分析和修正。

1) D_2、D_3 对 D_1 的影响分析

由 $P_1 = 0.8$、$P'_{21} = 0.691$、$P'_{31} = 0.731$ 可知,D_2、D_3 对 D_1 的影响是负影响。但 P_{21}（或 P_{31}）是在假设 D_2（或 D_3）肯定发生的前提下得出的修正概率。如果经过认真分析,认为降低钛金属价格（D_2）的可能性不大,则应否定掉 P'_2 这个修正概率,而取 $0.731 \sim 0.8$ 作为 D_1 发生概率的预测区间。

2) D_1、D_3 对 D_2 的影响分析

由 $P_2 = 0.4$、$P'_{12} = 0.448$、$P'_{32} = 0.376$ 可知,D_1 对 D_2 是正影响、D_3 对 D_2 是负影响,但影响的程度均不太大。D_1 与 D_2 是一种倒因果关系:铝合金价格上涨将迫使钛金属代替原有铝合金;而以钛金属代替原有铝合金,则又可反过来缓和铝合金的涨价,或者创造一些使铝合金降价的条件。D_3 对 D_2 的影响是很小的间接影响,但也能起到一定程度的影响作用。因此,可考虑取 $0.376 \sim 0.448$ 作为 D_2 发生概率的预测区间。

3) D_1、D_2 对 D_3 的影响分析

由 $P_3 = 0.3$、$P'_{13} = 0.468$、$P'_{23} = 0.258$ 可知,D_1 对 D_3 是正影响、D_2 对 D_3 是负影响(但很小)。在表 4-12 中,由于 D_2 对 D_3 的影响是用"—"表示的,即从经验来看,D_2 对 D_3 无影响(或有可以忽略不计的极小影响),因此,可以考虑忽略掉 D_2 的影响,取 $0.3 \sim 0.468$ 作为 D_3 的发生概率的预测区间。

从以上实例可以看出,由于在计算过程中涉及的两组数据 P_i 和 S 均通过主观估计由专家给定的,因此交叉影响分析法主要还是一种依靠经验和直观判断进行分析预测的方法,多用于数据掌握不多的情形。

4.4 时间序列分析

经典的统计分析都假定数据序列具有独立性,而时间序列分析则侧重研究数据序列的互相依赖关系。后者实际上是对离散指标的随机过程的统计分析,所以又可看作随机过程统计的一个组成部分。时间序列分析在第二次世界大战前就已应用于经济预测。第二次世界大战中和战后,在军事科学、空间科学和工业自动化等领域的应用更加广泛。

4.4.1 基本步骤

基本步骤如下:
(1) 用观测、调查、统计、抽样等方法取得被观测系统时间序列动态数据。

(2) 根据动态数据作相关图,进行相关分析,求自相关函数。相关图能显示出变化的趋势和周期,并能发现跳点和拐点。跳点是指与其他数据不一致的观测值。如果跳点是正确的观测值,在建模时应考虑进去。如果是反常现象,则应把跳点调整到期望值。拐点则是指时间序列改变趋势的点,如突然从上升趋势转变为下降趋势的点。如果存在拐点,则在建模时必须用不同的模型去分段拟合该时间序列,如采用门限回归模型。

(3) 辨识合适的随机模型,进行曲线拟合,即用通用随机模型去拟合时间序列的观测数据。对于短的或简单的时间序列,可用趋势模型和季节模型加上误差来进行拟合。对于平稳时间序列,可用通用自回归滑动平均(ARMA)模型及其特殊情况的自回归模型、滑动平均模型或 ARMA 模型等来进行拟合。当观测值多于50个时,一般采用 ARMA 模型。对于非平稳时间序列,则要先将观测到的时间序列进行差分运算,转化为平稳时间序列,再用适当模型去拟合这个差分序列。

4.4.2 基本特征

基本特征如下:

(1) 时间序列分析法是根据过去的变化趋势预测未来的发展,它的前提是假定事物的过去延续到未来,根据客观事物发展的连续规律性,运用过去的历史数据,通过统计分析,进一步推测未来的发展趋势。

(2) 时间序列数据变动存在着规律性与不规律性。时间序列中的每个观察值大小,是影响变化的各种不同因素在同一时刻发生作用的综合结果。从这些影响因素发生作用的大小和方向变化的时间特性来看,这些因素造成的时间序列数据的变动分为四种类型:

① 趋势性:某个变量随着时间推进或自变量变化,呈现一种比较缓慢而长期的持续上升、下降、停留的同性质变动趋向,但变动幅度可能不相等。

② 周期性:某因素由于外部影响随着自然季节的交替出现高峰与低谷的规律。

③ 随机性:个别为随机变动,整体呈统计规律。

④ 综合性:实际变化情况是几种变动的叠加或组合。预测时设法过滤除去不规则变动,突出反映趋势性和周期性变动。

4.4.3 主要用途

主要用途如下:

(1) 系统描述。根据对系统进行观测得到的时间序列数据,用曲线拟合方法对系统进行客观的描述。

(2) 系统分析。当观测值取自两个以上变量时,可用一个时间序列中的变化说明另一个时间序列中的变化,从而深入了解给定时间序列产生的机理。

(3) 预测未来。一般用 ARMA 模型拟合时间序列,预测该时间序列未来值。

(4) 决策和控制。根据时间序列模型可调整输入变量使系统发展过程保持在目标值上,即预测到过程要偏离目标时便可进行必要的控制。

4.5 平滑预测法

4.5.1 方法概述

平滑预测法通常包括全期平均法、移动平均法和指数平滑法。简单的全期平均法是对时间数列的过去数据一个不漏地全部加以同等利用。移动平均法不考虑较远期的数据,并在加权移动平均法中给予近期数据更大权重。指数平滑法兼容了全期平均和移动平均所长,不舍弃过去的数据,但是仅给予逐渐减弱的影响程度,即随着数据的远离,赋予逐渐收敛为零的权数。

4.5.2 典型方法

1. 简单平均法

简单平均法在时间序列表现为随机变动时采用,通过求均值得到预测值,计算公式为

$$\bar{X} = \frac{1}{n}\sum_{i=1}^{n} x_i$$

该方法的不足是仅能反映出一段时间内的平均情况,无法反映出数据变化的趋势以及极值。

2. 移动平均法

平均数可以消除随机变动对时间序列的影响,移动平均法采用平均数方法,按照时间顺序逐次推进,每推进一个周期,舍弃前一个周期的数据,增加一个新周期的数据,在此基础上进行平均。

设时间序列 $\{x_1, x_2, \cdots, x_n\}$,对其中连续 $N(\leq n)$ 个数据点进行算术平均,得 t 时点的移动平均值,记为 M_t,则有

$$M_t = \frac{x_t + x_{t-1} + \cdots + x_{t-n+1}}{N}$$

式中:M_t 为预测值,下标 t 为周期数;x_t 为 t 周期内的数据;n 为分段内的数据点数。

当用移动平均法进行超前一个周期预测时,采用移动平均值作为预测值

$\hat{x}_{t+1}$，即有

$$\hat{x}_{t+1} = M_t = \frac{x_t + x_{t-1} + \cdots + x_{t-n+1}}{N}$$

$$= M_{t-1} + \frac{x_t - x_{t-N}}{N}$$

$$= \hat{x}_t + \frac{x_t - x_{t-N}}{N}$$

移动平均法具有两个优点：一是可以削弱随机变动的影响，具有平滑数据的作用；二是能够正确确定分段内的数据点数 n（通常 $n=3\sim20$），n 增大，平滑作用增强，但对新数据的敏感度下降，且变化滞后于实际数据的变化。如果一次移动平均效果不理想，则还可以使用二次移动平均。

3. 指数平滑法

指数平滑法是在加权平均法的基础上发展起来的，是对移动平均法的改进。为体现近期数据的影响程度，指数平滑采用时间序列数据非等权值的加权平均方法处理数据。

一次指数平滑的计算公式为

$$M_t = ax_t + a(1-a)x_{t-1} + a(1-a)^2 x_{t-2} + \cdots$$

式中：$a(0<a<1)$ 为平滑系数。

可见，权系数为指数几何级数，距当前时刻越远的数据，其权重值越小。

一次指数平滑法是以最近一次指数平滑值作为下一周期的预测值，即

$$x_{t+1} = M_t = ax_t + (1-a)M_{t-1}$$

其中：当 $a=1$ 时，$x_{t+1}=x_t$，即预测值等于当前值；当 $a=0$ 时，$x_{t+1}=M_t=M_{t-1}$，即预测值等于上一周期的预测值。

由此可以看出，平滑系数 a 的选择将直接影响预测效果：如果时间序列的长期趋势比较稳定，a 应较小值；如果时间序列具有迅速明显的变动趋势，a 取较大值。这样能够使时间序列中近期数据的作用更多地反映在预测值中。

当实际数据具有明显的线性增长或非线性增长趋势时，采用一次指数平滑方法得到的预测值将偏低，应该采用二次指数平方方法或者三次指数平滑方法。

4.6 回归分析法

回归分析法即建立回归数学模型进行预测，其模型又分为线性回归和非线性回归两种类型。

线性回归是反映事物变化中一个因变量与一个或多个自变量之间相互关系，一个因变量与一个自变量的相关关系称为一元线性回归，一个因变量与多个自变

量之间的相关关系称为多元回归。这两种方法在论证工作中有着广泛的应用,下面对其进行概要分析和阐述。

4.6.1 一元线性回归模型

1. 建立一元线性回归方程

一元线性回归分析又称为直线拟合,是处理两个变量之间关系的最基本模型。该问题虽然简单,却包含了回归分析方法的基本思想、方法和应用模式。

设有一组实验数据,实验值为 x_i、y_i ($i=1,2,\cdots,n$),其中 x 为自变量,y 为因变量。若 x,y 符合线性关系,或已知经验公式为直线形式,都可拟合为直线方程,即 $\overline{y_i} = a + bx_i$,其中,$a$ 和 b 为回归系数,$\overline{y_i}$ 为对应自变量 x_i 代入回归方程的计算值,称为回归值。

通常将函数计算值 $\overline{y_i}$ 与实验值 y_i 的偏差称为残差,由 e_i 表示,$e_i = y_i - \overline{y_i}$。显然,只有当各残差平方和最小时,回归方程与实验值的拟合程度最好。令

$$SS_e = \sum_{i=1}^{n} e_i^2 = \sum_{i=1}^{n} (y_i - \overline{y_i})^2 = \sum_{i=1}^{n} [y_i - (a + bx_i)]^2$$

SS_e 为残差平方和,其中 x_i,y_i 为已知实验值,因此 SS_e 为 a 和 b 的函数,为使 SS_e 达到最小,根据最小二乘原法则,可得

$$\begin{cases} \dfrac{\partial(SS_e)}{\partial a} = -2\sum_{i=1}^{n}(y_i - a - bx_i) = 0 \\ \dfrac{\partial(SS_e)}{\partial b} = -2\sum_{i=1}^{n}(y_i - a - bx_i)x_i = 0 \end{cases}$$

对方程组求解,可得到回归系数 a 和 b 的计算式,即

$$b = \frac{n\sum_{i=1}^{n} x_i y_i - (\sum_{i=1}^{n} x_i)(\sum_{i=1}^{n} y_i)}{n\sum_{i=1}^{n} x_i^2 - (\sum_{i=1}^{n} x_i)^2} = \frac{\sum_{i=1}^{n} x_i y_i - n\overline{x}\overline{y}}{\sum_{i=1}^{n} x_i^2 - n(\overline{x})^2}, \quad a = \overline{y} - b\overline{x}$$

式中:$\overline{x}$、$\overline{y}$ 分别为实验值 x_i 和 y_i 的算术平均值。

为了便于计算,令

$$L_{xx} = \sum_{i=1}^{n} (x_i - \overline{x})^2 = \sum_{i=1}^{n} x_i^2 - n(\overline{x})^2, \quad L_{xy} = \sum_{i=1}^{n} (x_i - \overline{x})(y_i - \overline{y}) = \sum_{i=1}^{n} x_i y_i - n\overline{x}\overline{y}$$

因此,$b = \dfrac{L_{xy}}{L_{xx}}$。

利用最小二乘法,根据实验数据建立回归方程的基本步骤如下:

(1) 根据实验数据绘制散点图。
(2) 确定经验公式的函数类型。
(3) 通过最小二乘法得到正规方程组。
(4) 求解正规方程组,得到回归方程的表达式。

2. 一元线性回归效果的检验

我们不仅建立从经验上认为有意义的方程,而且对其置信度和拟合效果进行检验或测量。

下面介绍相关系数检验法。相关系数是用于描述变量 x 与 y 的线性相关程度的,常用 r 来表示。设有 $n(n > 2)$,对实验值 x_i、y_i,则相关系数的计算式为

$$r = \frac{L_{xy}}{\sqrt{L_{xx}L_{yy}}}$$

式中:$L_{yy} = \sum_{i=1}^{n}(y_i - \bar{y})^2 = \sum_{i=1}^{n} y_i^2 - n(\bar{y})^2$

将 $b = \dfrac{L_{xy}}{L_{xx}}$ 与 $r = \dfrac{L_{xy}}{\sqrt{L_{xx}L_{yy}}}$ 相比,可得

$$r = \frac{L_{xy}}{\sqrt{L_{xx}L_{yy}}} = b\sqrt{\frac{L_{xx}}{L_{yy}}}$$

相关系数 r 的平方称为决定系数 r^2。相关系数 r 具有如下特点:

(1) $|r| \leq 1$。
(2) 如果 $|r| = 1$,则表明 x 与 y 完全线性相关。
(3) 大多数情况下 $0 < |r| < 1$,即 x、y 存在某种线性关系,此时直线的斜率为正,y 随着 x 的增大而增大。当 $r > 0$ 时,称为 x 与 y 正线性相关。当 $r < 0$ 时,称为 x 与 y 负线性相关,y 随着 x 的增大而减小。
(4) 当 $r = 0$ 时,表明 x 与 y 没有线性关系,但并不意味着 x 与 y 不存在其他类型的相关关系。

综上所述,相关系数 r 越接近 1,x 与 y 的线性相关程度越高。为定量评价 x 与 y 之间的相关程度,需要对相关系数进行显著性检验。对于给定的显著性水平 α,可查表获得 r_{min},当 $|r| > r_{min}$ 时,才说明 x 与 y 之间存在密切的线性关系,或者说用线性回归方程描述变量 x 与 y 之间的关系才有意义。

4.6.2 二元线性回归模型

通常来讲,事物的变化比较复杂,有时为了突出主要矛盾,抓住次要矛盾,运用一元回归方程模型进行预测是可以的,但是多数情况下要考虑到多因素的因果关系。其中二元回归就是反映两个自变量(X_1、X_2)与一个因变量(Y)的线性关系。

由于多考虑了一个变量,有可能使预测更能符合实际,当然,在计算程序上也就复杂一些。下面将二元回归模型的预测程序和计算公式简要列举如下。

1. 二元线性回归模型

$$Y = a + b_1 X_1 + b_2 X_2$$

式中:Y 为因变量;X_1、X_2 为自变量;a 为回归系数。

可见,由于二元回归有三个变量,因此点的分布是三维空间,虽然仍是线性分布,但已经不在一条直线,而是一个回归平面,所以 a 已不是直线在 Y 轴的截距,而是回归平面在 Y 轴的截距。

b_1、b_2 称为偏回归系数,b_1 的含义是当 X_2 保持不变时,在 X_1 的每一变化下的预测值 Y 的变化量;b_2 的含义是当 X_1 保持不变时,在 X_2 的每一变化下的预测值 Y 的变化量。因此,b_1 和 b_2 成为偏回归系数。

2. 计算回归系数 a、b_1 和 b_2 的公式

与一元回归模型回归系数求法一样,仍然利用最小二乘法的原理,使全部数据回归平面上下的垂直离差平方之和最小,推导出联立方程来求解三个系数:

$$\sum Y = na + b_1 \sum X_1 + b_2 \sum X_2$$

$$\sum X_1 Y = a \sum X_1 + b_1 \sum X_1^2 + b_2 \sum X_1 X_2$$

$$\sum X_2 Y = a \sum X_2 + b_1 \sum X_1 X_2 + b_2 \sum X_2^2$$

三个方程中其他常数均可通过所收集数据点的值列表计算得到。如果数据多,计算量大,解联立方程就比较麻烦。为此,也可以选用另一组计算公式:

$$b_1 = \frac{\sum X_2^2 \sum X_1 Y - \sum X_1 X_2 \sum X_2 Y}{\sum X_1^2 \sum X_2^2 - (\sum X_1 X_2)^2}$$

$$b_2 = \frac{\sum X_1^2 \sum X_2 Y - \sum X_1 X_2 \sum X_1 Y}{\sum X_1^2 \sum X_2^2 - (\sum X_1 X_2)^2}$$

3. 利用模型进行预测

将预测的基础数据 X_1、X_2 值代入预测模型中,可计算出所需要的预测值。

4. 确定置信区间

标准误差为

$$S_{Y,X} = \sqrt{\frac{\sum (Y - Y_i)^2}{n - K}}$$

式中:Y 为数据点 X_1、X_2 对应的值;Y_i 为与 X_1、X_2 相对应的预测值;n 为数据点数;K 为回归方程变量的数目。

为了简化上式中计算,可以使用下式:

$$S_{Y,X} = \sqrt{\frac{\sum Y^2 - b_1 \sum X_1 Y - b_2 \sum X_2 Y}{n - K}}$$

第5章
优化分析方法

优化方法已经成为一个重要的数学分支,它所研究的问题是探讨如何在众多的方案中选择最优的方案。这类问题在论证中普遍存在。例如,多种设计方案的优选、工程设计参数的最优设计、作战指挥中的作战方案制定等,都需要进行最优化计算。

装备论证工作的很多问题都可以归结为权衡优化问题,论证人员解决实际优化问题的手段通常可以分为三类:一是经验判断,即凭借经验的积累,进行主观判断;二是实验比较,即通过实验选方案,比较优劣做出决策;三是数学寻优,即建立数学模型,从中求解最优策略。随着数学方法和计算机技术的进步,最优化理论和算法已经成为一门新兴学科,可以作为求解实际论证问题的有力工具。在数学方法和计算机技术进步的推动下,采用建模与数值模拟解决优化问题的方法显示出良好的适用性。因此,将数学寻优作为权衡优化的主要内容,下面分析阐述装备论证工作中常用的典型方法。

5.1 网络计划评审技术

5.1.1 方法概述

网络计划评审技术是公认的行之有效的管理规划方法,早在20世纪50年代,西方国家就开展了相关研究,提出了一种能够关联任务和时间的网络图制定方法,称为关键路径法。1958年,又提出了计划评审技术,这种方法成功地应用于"阿波罗登月计划"的组织管理。后来又在这两种方法的基础上发展了概率型网络计划法,即图解评审技术、决策关键路径法。我国是在20世纪60年代初,由钱学森教授倡导,网络计划方法首先在国防关键工程中采用,并由华罗庚教授结合我国实际,推广到国民经济的各个部门和多个领域。

5.1.2 网络计划图

网络计划图是以计划图的形式来表示项目中计划要完成的各项工序,其间必然存在先后顺序以及相互依赖的逻辑关系,这些关系用节点、箭线来构成网络图,在网络上标注时标和时间参数的进度计划图,实质上是有时序的有向赋权图。在此给出一套专用的术语和符号。

(1) 节点、箭线是网络计划图的基本组成元素,分别用"○"和"→"表示。

(2) 工序也称为活动,将整个项目按需要的粗细程度分解成若干需要耗费时间或需要耗费其他资源的子项目或子单元,是网络计划图的基本组成部分。

(3) 线路是指在网络图中从起始节点事件开始,顺着箭头方向,通过一系列的活动和箭线不断达到终点的一条通路。

网络计划图有双代号网络计划图和单代号网络计划图两种。前者用箭线表示工序,箭尾的节点表示工序的开始点,箭头的节点表示工序的完成点。绘制网络计划图有一套严格的规则,网络计划图示例如图 5-1 所示。

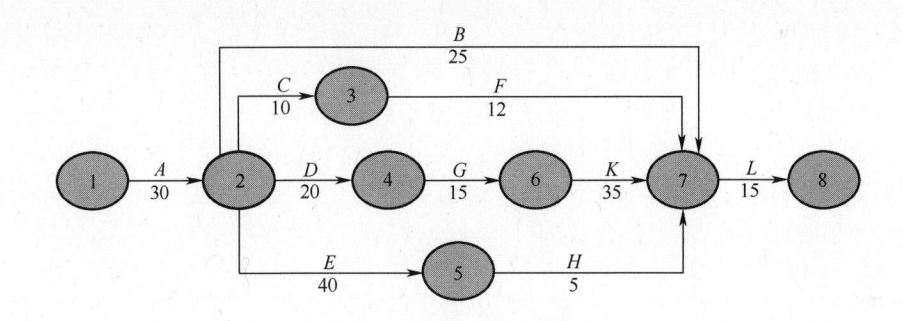

图 5-1 网络计划图示例

其中持续时间最长的路线就是关键路线,或称为主要矛盾线,关键路线上的各工序为关键工序,关键路线的持续时间决定了整个项目的工期。

5.1.3 时间参数及其估计

每一项工序都需要对时间的计算,从而计算出完成整个项目所需的时间。具体包括三项工作:一是工序时间的计算,有一点时间估计法和三点时间估计法两种方法;二是时间参数计算,包括事项的最早时间、事项的最迟时间、工序总时差和工序单时差的估算;三是关键路线的确定,总时差为零的工序,开始和结束时间没有一点机动空间,由这些工序组成的路线就是网络中的关键路线。

5.1.4 网络优化

通过绘制网络图、计算网络时间和确定关键路线,可得到一个初始计划方案,但是还要根据计划要求,综合考虑进度、资源利用和降低费用等目标,即进行网络优化。

(1) 时间优化:指在资源允许的条件下,采取各种有效措施,缩短关键工序的工期,提高效率。

(2) 时间—资源优化:指编制网络计划安排工程进度时,尽量合理利用现有资源,缩短工程周期。

(3) 时间—费用优化:指研究如何实现完工时间短、费用少,或者在保证完成既定完工时间的条件下,所需的费用最少,或者在限制费用的条件下,完工时间最短等,主要包括直接费用和间接费用的优化。

5.2 数学规划

数学规划包括线性规划、非线性规划、整数规划、目标规划等内容。这类统筹规划的问题用数学语言表达,先根据问题要到达的目标选取适当的变量,目标通过变量的函数形式表示(称为目标函数),对问题的限制条件用有关变量的等式或不等式表达(称为约束条件)。其中线性规划是指当变量连续取值,目标函数和约束条件均呈线性变化;而非线性规划则指线性规划模型中目标函数或约束条件不全是线性的。

5.2.1 线性规划

论证中经常需要解决多目标问题的线性规划问题,即目标规划问题。一般地,求线性目标函数在线性约束条件下的最大值或最小值的问题,统称为线性规划问题。满足线性约束条件的解称为可行解,由所有可行解组成的集合称为可行域。决策变量、约束条件、目标函数是线性规划的三要素。线性规划法就是在线性等式或不等式的约束条件下,求解线性目标函数的最大值或最小值的方法。其中目标函数是决策者要求达到目标的数学表达式,用一个极大或极小值表示。约束条件是指实现目标的能力资源和内部条件的限制因素,用一组等式或不等式来表示。

$$\begin{cases} \max c_1 x_1 + c_2 x_2 + \cdots + c_n x_n \\ \text{s. t.} \\ a_{11} x_1 + a_{12} x_2 + \cdots + a_{1n} x_n = b_1 \\ a_{21} x_1 + a_{22} x_2 + \cdots + a_{2n} x_n = b_2 \\ \quad\quad\quad\quad\quad \vdots \\ a_{m1} x_1 + a_{m2} x_2 + \cdots + a_{mn} x_b = b_m \\ x_i \geq 0, i = 1, 2, \cdots, n \end{cases} \quad (5-1)$$

也可以表示为矩阵形式：

$$\begin{cases} \max \boldsymbol{C}^\mathrm{T} \boldsymbol{X} \\ \text{s. t.} \\ \boldsymbol{AX} = \boldsymbol{B} \\ \boldsymbol{X} \geq 0 \end{cases} \quad (5-2)$$

式中：$\boldsymbol{C} = (c_1, c_2, \cdots, c_n)^\mathrm{T}$；$\boldsymbol{A} = (a_{ij})_{m \times n}$；$\boldsymbol{B} = (b_1, b_2, \cdots, b_m)^\mathrm{T}$ 为已知系数；$X = (x_1, x_2, \cdots, x_n)^\mathrm{T}$ 为决策向量。

在式(5-2)中，所有决策变量 $x_i(i=1,2,\cdots,n)$ 均假定非负的。在实际问题中这一假定通常是成立的。倘若不然，也可将其化成符合这一假定的等价的线性规划。例如，若变量 x_i 没有非负性假设，则可以用 $x_i' - x_i''$ 取代它，其中 x_i' 和 x_i'' 是两个新的变量，且 $x_i' \geq 0$ 和 $x_i'' \geq 0$，，这样，线性规划问题被转化为具有非负变量的等价的线性规划。

在许多问题中，一些约束含有不等式符号"≤"和"≥"。对于含有"≤"的约束，可在约束左端加上一个非负变量使其成为等式约束。同样地，对含有"≥"的约束，可在约束左端减去一个非负变量使其成为等式约束。在约束中新增加的变量称为松弛变量，而原来的变量称为结构变量。

一个解 x 称为式(5-2)的可行解，如果 X 满足 $\boldsymbol{AX} = \boldsymbol{B}$，且 $x_i \geq 0 (i = 1, 2, \cdots, n)$。由所有可行解构成的集合称为可行集。一个可行解 X^* 称为式(5-2)的最优解，如果对所有的可行解 X，有 $\boldsymbol{C}^\mathrm{T} \boldsymbol{X} \leq \boldsymbol{C}^\mathrm{T} \boldsymbol{X}^*$ 成立。

欧氏空间 R^n 的子集 S 称为凸的，如果 S 中任意两点的连线也在 S 中，即 S 是凸的当且仅当对任意的 $X_1, X_2 \in S$ 和 $\lambda \in [0, 1]$，有 $\lambda X + (1 - \lambda) X \in S$。设 X_1 和 X_2 是式(5-2)的任意两个可行解，及 $0 \leq \lambda \leq 1$，则：

$$\begin{cases} AX_2 = B \\ A(\lambda X_1 + (1 - \lambda) X_2 = \lambda AX_1 + (1 - \lambda) \\ \lambda X_1 + (1 - \lambda) X_2 \geq \lambda 0 + (1 - \lambda) 0 = 0 \end{cases}$$

这意味着，$\lambda X_1 + (1 - \lambda) X_2$ 对于式(5-2)是可行的。因此，线性规划的可行集永远是凸的。

一个点 X 称为凸集 S 的极点，如果 $X \in S$，且 X 不能表示成 S 中其他任何两点的凸组合。已经证明,在可行集 S 有界的情况下,式(5-2)的最优解一定是可行集中的一个极点。这一事实奠定了求解线性规划非常有效且广泛使用的方法——单纯形法的理论基础。简单地说,单纯形法仅检查可行集的极点,而不是所有的可行解。首先单纯形法选择一个极点作为初始点,然后选择另一个极点,以改善目标函数值。重复以上过程,直到目标函数值不能改进为止。最后的一个极点就是最优解。为了解决大规模的或特殊结构的线性规划问题,一些学者相继提出了先进的技术,如修正单纯形法、对偶单纯形法、原始对偶单纯形法、Wolfe-Dantzing 分解法以及 Krumarkar 内点算法。详细内容,读者可以查阅有关线性规划的书籍和论文。

5.2.2 整数规划

整数规划是一种特殊的数学规划,其所含变量均假定取整数值。如果数学规划中既含整数变量又含普通变量,则这种数学规划称为混合整数规划。这样,整数规划可分为(混合)线性整数规划、(混合)非线性整数规划、(混合)多目标整数规划和(混合)目标整数规划。

假定所有变量取值为 0 或 1,则该数学规划称为 0-1 规划。

理论上,解决整数规划可以使用枚举法,但真正使用这种方法求解实际问题是不现实的。目前,求解整数线性规划比较有效的方法是由 Balas 和 Dakin 提出的分支定界法。分支定界法首先求解相应的线性规划,如果该问题证明无可行解,则原来的问题也无可行解,说明原来的问题是不合理的。如果找到整数解,则它一定是原来问题的最优解。如果所得的解是一个分数,则将其标记为节点 1(一个等待节点)。在等待节点,一定存在一个分量,记为 x,取值分数。这个变量称为分支变量。那么可以在目前的线性规划问题中加上 $x \geqslant [x] + 1$,其中 $[x]$ 表示 x 的整数部分,这样有两个分支方向,两种选择可能性,从而产生两个新的问题。可以分别使用以上过程解决两个新的问题。当不存在更多的等待节点时,终止整个过程。在所有找到的整数解中,最好的解作为最优整数解。如果没有找到整数解,说明原来问题无解。解决线性整数规划的另一种技术是割平面法,由 Gomory 提出。割平面法适用于一般的混合线性整数规划。使用这种方法求解线性整数规划时,先放宽可行域条件,把它当作一个线性规划来解。如果对应的线性规划的解是一个整数,则它也是原来线性整数规划的最优解。否则,在原问题中添加一些额外约束(割平面),得到一个新的问题。对新的约束问题求解,得到一个新的解。重复以上过程直到找到整数解或证明问题不可行为止。

对于一个含有上千万个变量的线性规划,数字计算机可以在合理的时间内求得其最优解。但对整数规划,没有那么幸运。实际上,我们并没有一个很好的求解整数规划的方法。不同的算法通常适用不同类型的问题,尤其是一些特殊结构的问题。

5.2.3 非线性规划

非线性规划是用来处理在非线性等式及不等式组约束条件下,求非线性函数极值问题的方法。很多实际问题可以归结为非线性规划问题。非线性规划的一般形式可以描述为

$$\begin{cases} \min f(X) \\ \text{s.t.} \\ g_j(X) \leq 0, j = 1,2,\cdots,p \end{cases} \quad (5-3)$$

即在一组约束下,极小化(有时是极大化)一个函数。如果在式(5-3)中没有约束,则称为无约束非线性规划。如果函数 $f(X)$ 可以表示为

$$f(x) = f_1(x_1) + f_2(x_2) + \cdots + f_n(x_n)$$

则式(5-3)称为可分离规划。如果函数 $f(X)$ 是二次的,并且所有函数 $g_j(X)$ ($j=1,2,\cdots,p$) 都是线性的,则式(5-3)称为二次规划。如果函数 $f(X)$ 和 $g_j(X)$ ($j=1,2,\cdots,p$) 的形式是 $\sum_j a_j \prod_i^n x_i^{b_{ij}}$,且对所有的序号 j, $a_j > 0$,则称式(5-3)为几何规划。

在式(5-3)中,$X = (x_1, x_2, \cdots, x_n)$ 称为决策向量,其中变量 $x_1, x_2, \cdots, x_n$ 称为决策分量。决策向量 X 的函数称为目标函数。集合

$$S = \{X \in \mathbf{R}^n \mid g_j(X) \leq 0, j = 1,2,\cdots,p\} \quad (5-4)$$

称为可行集。满足条件 $X \in S$ 的解称为可行解。非线性规划问题的目的在于找到一个解 $X^* \in S$ 使得

$$f(X^*) \leq f(X), \forall X \in S \quad (5-5)$$

如此的解 X^* 称为最优解,这种情况下的最优解也成为极小解,最优解 X^* 所对应的目标值 $f(X^*)$ 称为最优值。

对于一个极大化问题

$$\begin{cases} \max f(x) \\ \text{s.t.} \\ g_j \leq 0, j = 1,2,\cdots,p \end{cases} \quad (5-6)$$

可以通过把目标函数乘以 -1,变成在同样约束下的极小化问题,而两个数学规划具有同样的最优解。有时,约束集合中不仅含有不等式,而且含有等式,例如

$$\begin{cases} g_j(x) \leq 0, j = 1,2,\cdots,p \\ h_k(x) = 0, k = 1,2,\cdots,q \end{cases}$$

显然,q 个等式意味着可以删除非线性规划中的 q 个变量,即可以用余下的变量表示这 q 个变量。可以通过解方程组 $h_k(x) = 0$, ($k = 1, 2, \cdots q$) 做到这一点。所以,在此使用式(5-3)作为单目标非线性规划的标准形式。

对一些结构特殊的非线性规划模型,通过数学理论分析问题的结构,已经建立了大量的经典方法。在理论方面,Kuhn-Tucker 条件占有一席之地。下面对这一理论做简单介绍。首先给出一些概念。不等式约束 $g_j(x) \leq 0$ 称为在点 X^* 是起作用的约束,如果 $g_j(x^*) = 0$。一个满足 $g_j(x^*) \leq 0$ 的点 X^* 称为规则的,如果所有起作用的约束的梯度向量 $\nabla g_j(X)$ 是线性独立的。假设 X^* 是式(5-3)的规则点,并假设所有函数 $f(X)$ 和 $g_j(X)(j = 1,2,\cdots,p)$ 可导。如果 X^* 是局部最优解,则存在拉格朗日算子 $\lambda_j(j = 1,2,\cdots,p)$ 使下面的 Kuhn-Tucker 条件成立:

$$\begin{cases} \nabla f(X^*) + \sum_{j=t}^{p} \lambda_j \nabla g_j(X^*) = 0 \\ \lambda_j g_j(X^*) = 0, j = 1,2,\cdots,p \\ \lambda_j \geq 0, j = 1,2,\cdots,p \end{cases} \quad (5-7)$$

如果所有函数 $f(X)$ 和 $g_j(X^*) = 0(j = 1,2,\cdots,p)$ 均为凸的,并且可导,X^* 满足式(5-7),则可以证明点 X^* 是式(5-3)的全局最小解。

现在考虑一个无约束问题,即在区域 R^n 极小化一个实值函数。在实际问题中,当函数的一阶导数或二阶导数计算比较困难或根本无法计算时,通常无法使用经典方法。无论导数存在与否,通常的方法是首先选择 R^n 中一个点,尽可能地将该点选择在最小值存在的地方。如果没有任何这方面的信息,则可以随机地选取。然后,由该点出发,通过分析该点处函数的性质,沿着使目标函数改善的方向,产生下一个点,接着重新分析函数的性质,这个过程一直延续到终止条件满足为止。基于这种思路的求解方法统称为上升法。根据目标函数 f 的性质方面的信息,可分为直接法、梯度法和 Hessian 法。直接法仅要求函数在各点有意义。梯度法要求函数 f 一阶导数存在。Hessian 法则要求二阶导数存在。众所周知,直接法是一种模式搜索方法,其目的是沿着有利的方向进行加速搜索,Rosenbrock 法、Powell 法、Brent 法、Stewart 法等均为此类搜索。共轭梯度法属于梯度法这一类。Hessian 方法包括牛顿法、Raphson 法和变尺度法。这些方法都有自己的使用范围,并不是对所有的问题都有效,有效与否一般依赖于目标函数的性质。

对解决约束最优化问题,一般使用可行方向法、梯度投影法、罚函数法和线性近似法。这类方法通常会收敛到局部最优解,而非全局最优解。

对优化问题,也涌现了一批新的算法,如神经元网络法、模拟退火法以及遗传算法等,而且这些方法受到了越来越多的重视。

5.2.4 目标规划

目标规划可以看成多目标优化问题的一个特殊的妥协模型,目前已广泛应用到实际问题中。在多目标决策问题中,假设决策者对每一个目标设计了一个目标值,其思想是极小化各目标函数与目标值的偏差(正偏差、负偏差或正负偏差)。在实际问题中,一个目标通常只有在牺牲另外一些目标的情况下才能实现,而这些目标一般是不相容的。因此,在这些不相容的目标之间,根据其重要性,建立一个优先级是非常必要的,并按照这个优先级为所有目标排序,尽可能地实现更多的目标。为了平衡多个冲突的目标,根据决策者的目标值和优先结构,一些实际的管理问题可以建模为目标规划模型。目标规划的一般形式可以表示为

$$\begin{cases} \min \sum_{j=t}^{t} P_j \sum_{i=1}^{m} (u_{ij}d_i^+ + v_{ij}d_i^-) \\ \text{s. t.} \\ f_i(X) + d_i^- - d_i^+ = b_i, i = 1,2,\cdots,m \\ g_i(X) \leqslant 0, \qquad j = 1,2,\cdots,p \\ d_i^+, d_i^- \geqslant 0, \qquad i = 1,2,\cdots,m \end{cases} \quad (5-8)$$

式中:P_j 为优先因子,表示各个目标的相对重要性,且对所有的 j,有 $P_j < P_{j+1}$;u_{ij} 为对应优先因子 j 第 i 个目标正偏差的权重因子;v_{ij} 为对应优先因子 j 第 i 个目标负偏差的权重因子;d_i^+ 为目标 i 偏离目标值的正偏差;X 为 n 维决策向量;f_i 为目标约束中的函数;g_j 为系统约束中的函数;b_i 为目标 i 的目标值;l 为优先级个数;m 为目标约束个数;p 为系统约束个数;d_i^+ 为目标 $0i$ 偏离目标值的正偏差;d_i^- 为目标 i 偏离目标值的负值偏差;且有

$$d_i^+ = \begin{cases} f_i(X) - b_i, f(X) > b_i \\ 0 \qquad f(X) \leqslant b_i \end{cases} \quad (5-9)$$

$$d_i^- = \begin{cases} f_i(X) - b_i, f(X) > b_i \\ 0 \qquad f(X) \leqslant b_i \end{cases} \quad (5-10)$$

式(5-9)也可以写成

$$\begin{cases} \operatorname{lexmin}\{\sum_{i=1}^{m}(uild_i^+ v_{il}d_i^-),\cdots,(uild_i^+ v_{il}d_i^-)\} \\ \text{s. t.} \\ f_i(X) + d_i^- - d_i^+ = b_i, i = 1,2,\cdots,m \\ g_i(X) \leqslant 0, \qquad j = 1,2,\cdots,p \\ d_i^+, d_i^- \geqslant 0, \qquad i = 1,2,\cdots,m \end{cases} \quad (5-11)$$

式中:lexmin 为按字典序极小化目标向量。

解决线性目标规划的一个成功的方法是单纯形法。Sabet 和 Ravindran 总结了求解非线性目标规划的方法,这些方法的有效性各不相同,可将它们分类如下:

(1) 基于单纯形的方法:如可分离规划技术、渐进规划方法、二次目标规划技

术。这些方法的主要思想是把非线性目标规划转化为一组近似的线性目标规划，以便使用目标规划单纯形法。

（2）直接搜索法：如修正模式搜索算法和梯度搜索算法。在这种方法中，把给定的非线性目标规划问题转化为一组单目标非线性规划问题，然后使用解决单目标非线性规划时已经讨论过的直接搜索方法加以解决。

（3）基于梯度的方法：这种方法的思想是利用约束的梯度确认一个可行的方向，然后以可行方向法为基础求解目标规划。

（4）人机交互法：在多次重复的人机交互过程中，因为决策者参与了求解的过程，因此可以得到满意解。

（5）遗传算法：这种方法可以处理结构复杂的非线性目标规划模型，但是所花费的 CPU 时间比较多。

5.2.5 多目标规划

非线性规划是在一组约束条件下，极大化（有时是极小化）一个实值目标函数。然而，很多实际决策问题中，通常包含多个不相容的目标，而且要求同时考虑。作为单目标规划的推广，多目标规划定义为在一组约束条件下，极大化（或极小化）多个不同目标函数。其一般形式为

$$\begin{cases} \max[f_1(\boldsymbol{X}), f_2(\boldsymbol{X}), \cdots, f_m(\boldsymbol{X})] \\ \text{s. t.} \\ g_j(\boldsymbol{X}) \leq 0, j = 1, 2, \cdots, p \end{cases} \tag{5-12}$$

式中：$X = (x_1, x_2, \cdots, x_n)$ 为 n 维决策向量；$f_i(X)$ 为 $(i=1,2,\cdots,m)$ 目标函数；$g_j(X)(j=1,2,\cdots,p)$ 为系统约束。

当目标函数处于冲突状态时，不存在最优解使所有目标函数同时最优化。对这种情况，使用有效解这一概念，表示在不牺牲其他目标函数的前提下，不可能再改进任何一个目标函数。具体地说，一个解 X^* 称为有效解，如果不存在 $X \in S$ 使

$$f_i(X) \geq f_i(X^*), i = 1, 2, \cdots, m$$

且不等号至少对一个序号 j 成立。众所周知，在连续的情况下，全部有效解构成的集合实际上是一个有效前沿面。一个有效解也称为非支配解、非劣解或 Pareto 解。

如果决策者把 m 个目标函数集成在一起构成一个实值偏好函数，则可以在相同的约束条件下极大化偏好函数。这个模型称为妥协模型，而其解称为妥协解。第一个常见的妥协模型是通过对目标函数进行加权而建立起来的。第二种方法是极小化 $(f_1(x), f_2(x), \cdots, f_m(x))$ 到一个理想的向量 $(f_1^*, f_2^*, \cdots, f^*m)$ 的距离函数，其中 $f_i^*(i=1,2,\cdots,m)$ 分别是第 i 个目标在不考虑其他目标时的最优值。第三种是利用人机交互法去寻找妥协解。目前已得到各种各样的人机对话法，如可行区域削减法、加权向量空间削减法、准则锥削减法和线性搜索法。

5.3 演化计算

随着当今科学技术的不断发展和相互渗透,以及人类生存空间的扩大和人们认识世界范围的拓宽,对科学计算机提出了更高的要求。经典的数学规划方法在一些复杂的问题上由于其本身所固有的缺点和限制已远远不能适应当今科学计算的要求。为此,需求一种适于大规模并行且具有某些智能特征的算法,如自组织、自适应、自学习等。如何构造这样的算法,大自然的演化过程,即自然界经过漫长的自适应过程所提供的答案方式,为人们解决某些实际复杂问题提供新的契机,演化计算正是基于这种思想而发展起来的一种通用的问题解决方法。

5.3.1 演化计算概述

1. 演化计算的特点

演化计算最为本质的特点是并行性和智能性。

并行性主要表现在两个方面:一是算法本身非常适合于大规模并行计算。一个问题的求解完全可以同时在数百个处理器(并行计算机或分布式处理系统)上并行实现,最后再对其并行实现结果进行比较而选择最佳结果。二是表现在计算机的组织搜索方式上,它可以同时并行地搜索解空间的多个区域,并相互交流信息,这种搜索方式使得其演化计算能以较少计算获得较大收益。

演化计算的智能性主要表现在其算法的自组织、自适应和自学习。应用演化计算求解问题时,它采用简单的编码技术来表示各种复杂问题的结构,并通过构造适应值函数描述种群对环境的适应能力,同时构造多种进化遗传算子,按照优胜劣汰的大自然演化原则,有指导地学习和确定解的搜索方向,从而最终给出问题的求解。

演化计算区别于传统优化方法的显著特点是解空间的搜索方式。传统优化方法的搜索方式为解析法和枚举法。解析法一般采用梯度下降的搜索方式,使得对多峰函数的情形往往容易陷入局部最优。同时,解析法在求解问题的过程中还要求使用的目标函数有一阶导数、二阶导数。枚举法带来的是计算量的剧增,有时甚至无法得到问题的求解。演化计算则不同,它采用自学习功能的随机搜索方法,计算时能同时在整个解空间的多个区域内进行搜索,并且能以较大的概率跳出局部最优,以找出整体最优解。

演化计算与传统搜索方法相比具有以下不同点:

(1) 演化计算不是直接作用在解空间上,而是利用解的某种编码来表示。
(2) 演化计算从一个种群,即多个点而不是一个点开始搜索,这是它能以较大概率找到整体最优解的主要原因之一。

(3) 演化计算只使用解的适应性信息(目标函数),并在增加收益和减少开销之间进行权衡,而传统搜索算法一般要使用导数等其他辅助信息。

(4) 演化计算使用随机转换规则而不是确定性的转移规则。

2. 演化计算研究的主要内容

从一般演化计算的演化过程分析,演化计算主要是根据大自然的演化特点,在设计其具体算法上组成其主要研究内容。它包括:

(1) 演化计算的基本概念和基本理论分析。从理论上研究其具体算法的收敛性,搜索模型的分析等。

(2) 编码设计。设计演化计算的一个重要步骤是对所解问题的变量进行编码表示,编码表示方案的选取很大程度上依赖于问题的性质及遗传算子的设计。实际上,在设计演化算法时,编码表示与遗传算子的设计是同步考虑的。目前根据不同的具体问题,最为常用的编码表示有二进制编码、Gray 编码、实数编码、有序编码和结构式编码。

(3) 适应性的度量。自然界中,个体的适应值是其繁殖的能力,是衡量一个个体对环境适应能力的标准。在演化计算中,适应函数是用来区分种群中个体好坏的标准,是算法演化过程的驱动力,是进行自然选择的唯一依据。改变种群内部结构的操作皆通过适应值加以控制。

目前,适应函数的选择有两种:原始适应函数,即直接利用求解问题的目标函数的一种适应函数;标准适应函数,在演化计算中某些选择策略往往要求适应函数是非负的,而且适应值越大,越能表明个体的性能好。这就要求将原始的适应函数做适当的变换以转化为标准的度量方式,即皆为极大化情形并且适应值非负。此外,为避免特别个体由于适应值大大超过种群中的其他个体的适应值,而使得这个个体很快繁殖并占该种群的绝对比例,进而导致算法较早地收敛于一个局部最优点等,需要在演化计算的过程中对适应值进行调节。

(4) 选择策略。如何从一代种群中,根据其种群中不同个体的适应值选择出下一代的父代个体的复制数目和分配关系。这就是选择策略问题。选择策略一方面考虑算法的收敛速度,另一方面考虑种群的多样性,避免算法的过早收敛。

目前,常见的选择算法有:基于适应值比例的选择算法,包括繁殖池选择、转盘式选择;基于排名的选择算法,该算法不仅考虑个体的适应值,而且考虑该个体适应值在种群中排名顺序来决定其被选择的概率,其优点是无论对极小化问题或极大化问题,不需要进行适应值的标准化和调节,包括线性排名选择、非线性排名选择;基于局部竞争机制的选择算法,包括锦标赛选择、(μ, λ) 和 $\mu+\lambda$ 选择等。

(5) 演化算子的设计。演化算子主要包括杂交(交叉)算子和变异算子两种。具体算子的设计首先取决于演化编码的表示形式,编码结构不同演化算子也不同。

对二进制编码,其杂交算子多采用点式杂交和均匀杂交两种。变异算子多根据一定的变异概率选择个体进行位取反,0 变 1、1 变 0 的变异计算。

对实数编码,其杂交算子有离散杂交、算术杂交算子;变异算子有均匀性变异、正态性变异、非一致性变异、自适应性变异,多级变异等算子。具体算子的算法描述这里不再展开。

(6) 演化算法控制参数的选取。演化算法的参数主要包括种群的规模 N、杂交概率 p_c 和变异概率 p_m。参数的选取方法主要有试验法、经验法。目前,经验的取值范围一般为: $N = 20 \sim 100, p_c = 0.60 \sim 0.95, p_m = 0.001 \sim 0.01$。同时,在演化过程中,可以根据具体情况,通过人机交互对其控制参数进行自适应调节。

3. 演化计算的一般步骤

(1) 确定编码方案。根据具体问题实现解空间到编码空间的映射。
(2) 确定适应函数。适应值应反应种群中每个个体对环境的适应能力。
(3) 确定选择策略。应体现优胜劣汰的选择机制。
(4) 确定控制参数的选取。应考虑算法的收敛性问题,可在演化过程中做自适应调节。
(5) 遗传算子的设计。主要包括杂交算子和变异算子的设计。
(6) 确定算法的终止准则。解的适应值不再有明显的改进或连续若干代以后终止演化过程。
(7) 编程上机运行。具体的演化计算实现。

目前演化计算主要有三大分支,即遗传算法、演化规划和演化策略。考虑到本书内容的应用范围,这里仅对遗传算法和演化规划做一总结与讨论。

5.3.2 遗传算法

遗传算法是一种通过模拟自然进化过程搜索最优解的方法。在解决复杂问题,如最优控制、运输问题、旅行商问题、调度、生产计划、资源分配、统计及模式识别等全局优化方面得到了广泛应用。

1. 问题的描述

一般地假设函数的优化问题为

$$\max_{x \in S} f(x) \tag{5-13}$$

其中: $S \in R^n$ 称为搜索空间, $f: S \rightarrow R$ 称为目标函数。如果优化问题为 $\min_{x \in S} f(x)$,则可等价于函数 $g(x)$ 的最大值优化问题,即

$$\min_{x \in S} f(x) = \max_{x \in S} g(x) = \max_{x \in S} \{-f(x)\}$$

为保证 $\max_{x \in S} f(x)$ 非负,可以在目标函数中追加一正常数 c,即

$$\max_{x \in s} f(x) = \max_{x \in s} f\{(x) + c\}$$

现设 $x \in R^n$,并且对任意 $x_i(i=1,2,\cdots,n)$,有 $D_i = [l_i, u_i] \in R$ 使得 $f(x_1, x_2, \cdots, x_n) > 0$。这里,$l_i$、$u_i$ 分别表示 $x_i(i=1,2,\cdots n)$ 的取值范围。我们的目的是在解空间 S 中寻找 x^*,使得 $f(x) \leq f(x^*)$。

基于遗传算法的问题描述可表示为

$$GA = (P(0), N, l, s, g, p, f, t)$$

其中:$P(0) = (V_1(0), V_2(0), \cdots, V_N(0)) \in I^N$ 为初始种群,$I = B^l = \{0,1\}^l$ 为长度 l 的二进制串全体,称为位串空间;N 为种群中含有个体的个数;l 为二进制串长度;$s: I^N \to I^N$ 为选择策略;g 为遗传算子,通常包括杂交算子和变异算子;p 为遗传算子的控制参数,包括杂交概率 p_c、变异概率 p_m 和种群大小 N;$f: I \to R^+$ 为适应函数;$t: I^N \to \{0,1\}$ 为终止准则。

2. 算法实现

(1)编码设计。由 $x_i \in D_i = [l_i, u_i]$,设精度要求为 10^{-6},则 x_i 需用 m_i(最小)长度的二进制串表示,m_i 满足

$$(u_i - l_i)10^{-6} \leq 2^{m_i-1}$$

例如,$-3.0 \leq x_i \leq 2.1$,这时,$m_i = 18$。

$$x_i = l_i + \text{decimal}(1001\cdots110_2) \frac{u_i - l_i}{2^{m_i} - 1}$$

(2)初始化种群。设种群大小为 N,种群中每个个体的二进制长度 $m = \sum_{i=1}^{k} m_i$,这时可随机产生 $N \times m$ 个 0 或 1 值来初始化种群,得到 $P(0) = \{V_1(0), V_2(0), \cdots, V_N(0)\}$,这里 $V_i(0) = \{x_1^i(0), x_2^i(0), \cdots, x_k^i(0)\}(i=1,2,\cdots,N)$。

(3)设适应函数 $\text{eval}(V_i) = \max_{x \in S} f(V_i)$,计算种群中每个个体的适应函数值 $\text{eval}(V_i)(i=1,2,\cdots,N)$,并求得 $F = \sum_{i=1}^{N} \text{eval}(V_i)$,$p_i = \text{eval}(V_i)/F$ 和 $q_i = \sum_{j=1}^{i} p_j$。

(4)选择策略。基于转盘式选择策略,以 q_i 作为转盘刻度,随着产生一随机数 $r(r \in [0,1])$,则当 $r < q_1$ 时,选择个体 V_1 进入下一代种群;当 $q_{i-1} < r < q_i$ 时,选择个体 V_i 进入下一代种群。

重复上述过程 N 次,可以得到 $P(t+1) = \{V_1(t+1), V_2(t+1), \cdots, V_N(t+1)\}$,并且由 q_i 和 $\text{eval}(V_i)$ 的值保证了优胜劣汰的选择原则。

(5)杂交算子的实现。将新的种群实现两两配对,给出杂交算子控制参数杂交概率 p_c。对每一配对产生一随机数 $r(r \in [0,1])$,如果 $r < p_c$,则完成下列杂交计算:

产生一整数 $\text{pos}(\text{pos} \in [1, m])$,使得

$$(b_1 b_2 \cdots b_{\text{pos}} b_{\text{pos}+1} \cdots b_m)$$

$$(c_1c_2\cdots c_{pos}c_{pos+1}\cdots c_m)$$

杂交得到种群中的新个体为

$$(b_1b_2\cdots b_{pos}b_{pos+1}\cdots c_m)$$
$$(c_1c_2\cdots c_{pos}b_{pos+1}\cdots b_m)$$

重复上述过程,直到两两配对后的父代都根据 p_c 来决定是否完成杂交计算。

(6) 变异算子的实现。对实现杂交算子后种群的每一个体 V_i 的每一个二进制位,根据给定的变异控制参数变异概率 p_m,完成变异操作,即 0 变 1、1 变 0 的位操作。具体地,对每一个体 V_i 的每一个二进制位,产生一随机数 $r(r\in[0,1])$,当 $r<p_m$ 时,完成变异操作。重复上述过程 $m\times N$ 次,必将有 $p_m\times m\times N$ 位的二进制位以相等的概率实现变异操作。

(7) 重新计算 $\text{eval}(V_i)$,求得 $\text{eval}(V_i)*(t+1)$,判断 $\text{eval}(V_i)*(t+1)$ 到 $\text{eval}(V_i)*(t)$ 的变化幅度是否满足具体精度要求或迭代次数 t 是否小于预制的循环次数,从而决定计算是否终止,如不终止返回(3)。

应该注意的是,目前的遗传算法已不再局限于二进制编码,在 5.3.1 节讨论的其他编码表示方式与遗传算子的结合也可完成遗传计算,且效率往往会根据实际问题有很大提高。

5.3.3 演化规划

函数优化问题分为线性优化及非线性优化问题,对线性优化问题目前已有较为成熟的理论和方法。但非线性优化问题,只有那些函数性质比较好(如可微)的情形,才能获得满意的结果。对于复杂的函数优化问题,一般采用基于迭代原理的数值解法,但这些解法通常难以找到全局最优解,而且仍然要对求解函数的性质做诸多的限制。对于这些需要进行全局优化和函数难以进行解析处理的问题,演化算法通常能发挥它的优势。

1. 演化规划的问题描述

一般函数的优化问题可以描述为

$$\begin{cases} \max_{x\in s}f(x) \text{ 或} \min_{x\in s}f(x) \\ \text{s.t} \\ g_i(x) \geq 0 \quad i=1,2,\cdots,m \\ h_i(x) = 0 \quad i=1,2,\cdots,m \end{cases} \quad (5-14)$$

式中:$S\in R^n$ 为搜索空间;$f:S\to R$ 为目标函数,$X=(x_1,x_2,\cdots,x_n)$,并且 $l_i\leq x_i\leq u_i(i=1,2,\cdots,n)$。

$F=\{x\in S;g_i(x)\geq 0,i=1,2,\cdots,m,h_i(x)=0,i=1,2,\cdots,l\}$ 称为可行点集或可行域。$g_i(x)\geq 0$ 为不等式约束;$h_i(x)=0$ 为等式约束。

2. 约束的处理

演化规划的关键是约束的处理问题。除传统的惩罚函数或障碍函数法之外，演化规划对约束的处理更加灵活。目前，基于演化规划的算法特点所用到的有关约束处理的方法如下：

1) 算子修正法

设可行域 F 为凸集，$f(x_1,x_2,\cdots,x_n) \in \mathbf{R}$，其中，$(x_1,x_2,\cdots,x_n) \in F$，并且有 $l_i \leq x_i \leq u_i(i=1,2,\cdots,n)$。若 x_k 的可行区间为 $[l_k,u_k]$，可通过设计的逻辑操作保证在 $x_k(i=1,2,\cdots,k-1,k+1),n$ 在取值范围内某点固定不变时，x_k 满足 $x_k \in [l_k,u_k]$ 且均落在可行域 F 之中。即在求解函数优化过程中，始终控制其算子在搜索空间 S 的可行域 F 上操作。

2) 惩罚函数法

惩罚函数即是在目标函数中加上一个反映点是否位于约束集内的惩罚项来构成一个广义目标函数，从而使得算法在惩罚项的作用下找出原问题的最优解。

对于形如 $g_i(x) \geq 0(i=1,2,\cdots,m)$ 与 $h_i(x) = 0(i=1,2,\cdots,l)$ 的约束条件，惩罚函数定义为

$$\phi(x) = \sum_{i=1}^{m} \alpha_i |\min\{0,g_i(x)\}|^p + \sum_{j=1}^{l} \beta_i |h_j(x)|^p \tag{5-15}$$

式中：p 为正整数，一般取 1 或 2。

于是，广义目标函数定义为

$$f(x) + \theta\phi(x) \tag{5-16}$$

其中：θ 为惩罚因子，$\theta>0$。可以证明，当 $\theta \to +\infty$ 时，广义目标函数的解将收敛于原来的解。θ 选择十分重要；θ 太小会影响惩罚项在目标函数中的比例，从而使得较难产生可行解；θ 太大会使解较早收敛于某个局部最优解。一般情况下，θ 应随着演化的推进动态地增大。

3) 静态惩罚函数

(1) 对每个约束，确定 l 个区间 $(a_0,a_1],(a_1,a_2],\cdots,(a_{l-1},a_l]$，以度量惩罚函数值偏离可行区域的程度。

(2) 对每个约束及偏离程度，创立一个惩罚因子 $\theta_{ij}(i=1,2,\cdots,l;j=1,2,\cdots,m)$。偏离的程度越高，惩罚因子越大。

(3) 随机产生一个初始种群，种群内的个体可以是可行解，也可以是非可行解。

(4) 演化该种群，并使用下式计算个体的适应值：

$$ff(x) = f(x) + \sum_{j=1}^{m} \theta_j f_j^2(x) \tag{5-17}$$

式中：$ff(x)$ 为适应函数；θ_j 由 $f_j(x)$ 的偏离程度确定，如果 $f_j(x) \in (a_{i-1},a_i]$，则 $\theta_j = \theta_{ij}$。该方法的优点是简单、直接，易于实现。

4) 动态惩罚函数

构造适应函数：

$$ff(x) = f(x)(ct^\alpha)\sum_{i=1}^{m} f_i^\beta(x) \tag{5-18}$$

式中：t 为迭代（演化代）数；c、α、β 为常数，一般取 $c=0.5$，$\alpha=\beta=2$。

分析可知，随着 t 的增大，演化的推进，惩罚量越来越大，较静态惩罚函数易实现。但由于 $(ct)^\alpha$ 的增大过于迅速，有可能搜索难以从局部极小中跳出。

5) 退火惩罚函数

构造适应函数：

$$ff(x) = f(x) + \frac{1}{2T_k}\sum_{i=1}^{m} f_i^2(x) \tag{5-19}$$

设 T_0 为初始温度，T_f 为凝结温度。一般取 $T_0=1$，$T_f=10^{-7}$。冷却方案为 $T_{k+1}=0.1T_k$，以实现惩罚。这与动态惩罚函数的本质是一样的。

6) 自适应惩罚函数

构造适应函数：

$$ff(x) = f(x) + \lambda(t)\sum_{i=1}^{m} f_i^2(x) \tag{5-20}$$

式中：$\lambda(t)$ 与演化代 t 有关，具体地有

$$\lambda(t+1) = \begin{cases} (1/\beta_1)\lambda(t), & \text{对} i \in [t-k+1, t] \text{都有 best}(i) \in F \\ \beta_2\lambda(t), & \text{对} i \in [t-k+1, t] \text{都有 best}(i) \in S-F \\ \lambda(t), & \text{其他} \end{cases}$$

其中：$\text{best}(i)$ 表示在第 i 代时上述目标函数值是最好的个体。$\beta_1, \beta_2 > 1$ 且 $\beta_1 \neq \beta_2$。上式表明，如果在前 k 代，最好个体都是可行解，则减小目标的惩罚因子；如果在前 k 代中，最好个体既有可行解又有非可行解，则保持惩罚因子不变。

通过上述定义的惩罚因子，便可实现自适应地调节惩罚量。

7) 启发式惩罚函数

构造适应函数：

$$ff(x) = f(x) + \theta\sum_{i=1}^{m} f_i(x) + \lambda(t,x) \tag{5-21}$$

式中：θ 为常数，$\theta > 0$；$\lambda(t,x)$ 与演化代数 t 有关，并直接影响到非可行解的适应值的计算，且有

$$\lambda(t,x) = \begin{cases} 0, & x \in F \\ \max\left\{0, \max_{x \in F}\{f(x)\} - \min_{x \in S-F}\left\{f(x) + \theta\sum_{i=1}^{m} f_i(x)\right\}\right\}, & \text{其他} \end{cases}$$

于是，对非可行解都要增加其惩罚量，这样使它们的适应值比最差的可行解的

适应值还要大。

8) 双重惩罚法

构造适应函数：
$$ff_i(x) = f(x) + p_i(x), i = 1,2 \tag{5-22}$$

式中：$p_1(x)$ 较 $p_2(x)$ 惩罚力度小。对种群中以每个个体都进行两种适应值的计算，因而产生两个个体排名表（根据 $ff_i(x)$ 的适应值），下一代父代的选择则在两个排名表中交替地选择最好的个体，从而实现基于 $ff_1(x)$ 选择到的个体将很可能落在非可行区域内，而基于 $ff_2(x)$ 选择到的个体则可能在可行区域内，进而使整个搜索过程从可行区域边界的两边到达最优可行点。

9) 逐次惩罚法

(1) 随机初始化种群，种群内的个体为可行解或不可行解。

(2) 置 $i=1$（i 作为约束计数器）；以 $ff(x)=f_i(x)$ 作为适应函数演化种群，直至对此约束，种群内的可行解达到某一百分比 ϕ。

(3) 置 $i=i+1$。

(4) 将当前种群作为下一演化步的初始点，并取 $ff(x)=f_i(x)$。演化时，从种群内剔除掉不满足第 1 至第 $i-1$ 个约束中的任何一点。停止准则是当种群内满足第 i 约束的个体所占百分比不小于 ϕ。

(5) 如果 $i<m$，则重复上述过程；否则，以 $ff(x)=f(x)$ 作为目标函数演化得到其最优解，并排除非可行解。

10) 障碍函数法

构造适应函数：
$$ff(x) = f(x) + \theta \Gamma(X) \tag{5-23}$$

式中：$\Gamma(x) = \sum_{i=1}^{m} \log[g_i(x)], g_i(x) \geq 0 (i=1,2,\cdots,m)$；$\theta$ 为障碍因子。同样可以证明：当 $\theta \to \infty$ 时，广义目标函数的解将收敛于原来的解。

此外，有关约束条件处理的方法还有基于传统确定性搜索策略与演化计算特点的混合法等，此处不再讨论。

3. 算法实现

由以上分析可知，演化规划是讨论具有约束条件下的各种复杂优化问题的求解方法。由于存在约束使得其优化方法变得十分复杂，进而在上述约束处理方法的基础上，如果仍采用二进制位串的形式映射其解空间，必将使得算法更加困难，计算量大大增加。因此，这里给出基于十进制浮点数的演化算法。

基于十进制的演化算法，其初始化种群的算法及适应函数的选择，在演化计算研究的主要内容中已经做了详细讨论。在选择策略上仍可基于转盘式选择策略或根据 5.3.1 节中讨论的其他选择策略决定，这里仅给出基于十进制综合编码的杂交算子和变异算子的讨论。

1）杂交算子

杂交算子常使用算术杂交,而算术杂交又分为部分算术杂交和整体算术杂交。其中,部分算术杂交是指在父解向量中选择一部分分量进行算术杂交。算术杂交的算法是设 s_v 和 s_w 进行杂交,则有

$$\begin{cases} s_v^{t+1} = \alpha s_w^t + (1-\alpha) s_v^t \\ s_w^{t+1} = \alpha s_v^t + (1-\alpha) s_w^t \end{cases}$$

式中:s_v、s_w 分别为两个个体中的某一分量,不同个体中不同分量的杂交因子 α（$0<\alpha<1$）可以取不同或相同值。

2）变异算子

常用的变异算子有如下四种:

(1) 均匀性(一致性)变异。设 $S=(s_1,s_2,\cdots,s_n)$ 为父代；$Z=(z_1,z_2,\cdots,z_n)$ 为变异后产生的后代,均匀性变异即首先在父代解向量中随机地选择一个分量,假设是第 k 个,然后在该分量定义的区间 $[l_k,u_k]$ 中均匀随机地取一个数 s_k' 代替 s_k,以得到 z_k^*。

(2) 非一致性变异。同理设 $S=(s_1,s_2,\cdots,s_n)$ 为父代,分量 $s_k's_k$ 进行变异,则变异后的子代为

$$S = (s_1, s_2, \cdots, s_{k-1}, s_k', s_{k+1}, \cdots, s_n)$$

式中

$$s_k' = \begin{cases} s_k + \Delta(t, u_k - s_k) & \mod(2) = 0 \\ s_k - \Delta(t, s_k - l_k) & \mod(2) = 0 \end{cases}$$

其中:$\mod(2)$ 为将随机均匀地产生的正整数模 2 所得的结果；t 为当前演化代数。

$$D(t,y) = y\left(1 - r^{\left(1-\frac{t}{T}\right)^\lambda}\right)$$

式中:T 为程序运行前所设置的最大代数；λ 为控制参数,λ 为 2~5。

(3) 自适应性变异。设 $S=(s_1,s_2,\cdots,s_n)$ 为解空间的一个向量,$f(S)$ 为它的适应值,$f_{\max}$ 为所解问题的最大适应值,定义变异温度:

$$T = 1 - \frac{f(S)}{f_{\max}}$$

对一般问题,由于 $f_{\max}$ 是难以确定的,所以常取当前种群中的最大适应值作为 $f_{\max}$ 使用。而后的变异同非一致性变异算子,仅是 $\Delta(\cdot)$ 函数用下式表达:

$$D(t,y) = y(1 - r^{T^\lambda})$$

(4) 正态性变异。在正态性变异算子中,种群中的每一个体向量 $S=(s_1,s_2,\cdots,s_n)$ 都将联合一摄动向量 $s=(s_1,s_2,\cdots,s_n)$。摄动向量的作用是变异解向量的控制参数,并且 σ 向量本身也要不断进行变异。假设 (S,σ) 是被选进行变异的个体,则有

$$\sigma_i' = \sigma_i \exp(N_i(0, \Delta\sigma))$$

$$s_i' = s_i + N(0, \sigma_i'), i = 1, 2, \cdots, n$$

式中:$\Delta\sigma$ 为步长控制参数,$\Delta\sigma \in \mathbf{R}$;$N_i(0, \sigma_i')$($i=1,2,\cdots,n$)为相互独立的均值为 0、方差为 $\Delta\sigma$ 的正态分布随机数。

至此,有了基于浮点数的编码表示,适应值函数的构造及相应的遗传演化算子(杂交算子和变异算子),即可根据 5.3.1 节中演化计算的一般步骤进行程序设计,进而完成演化规划的优化计算。

5.4 神经网络法

5.4.1 概述

神经网络是一种信息处理系统,它由许多非常简单的、彼此之间高度连接的处理单元组成,这些基本单元是模仿大脑中的神经细胞(神经元)设计成的,也称为神经元或人工神经元或处理单元。这些处理单元通常线性排列成组,称为层。每一个处理单元有许多输入量 X_i,而对每一个输入量都相应有一个相关联的权重 W_i。处理单元将经过权重的输入量 $X_i \cdot W_i$ 相加(权重和),计算出唯一的输出量 Y_j。这个输出量是权重和的函数 f。如图 5-2 所示。

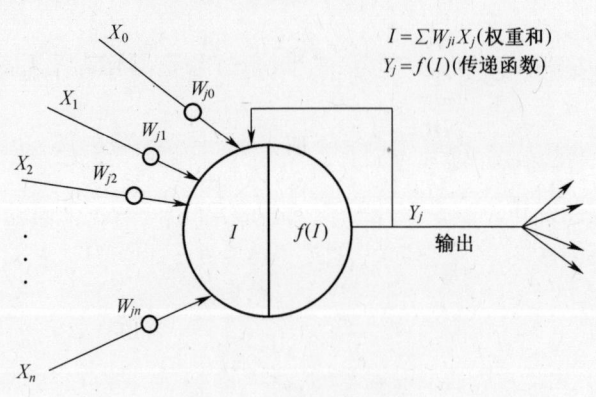

图 5-2 处理单元模型

图 5-2 中所示的函数(f)为传递函数。对于大多数神经网络,当网络运行时,传递函数一旦选定,就保持不变。权重 W_i 是变量,可以动态地进行调整,产生一定的输出 Y_j。这种通过改变权重来影响处理单元修改对输出的响应的能力,就是学习。

在神经网络中,处理单元从输入端直接接收输入的激励,并且转换这种输入激

励为输出响应,然后将此输出响应借输出连接向后传递。将输入激励转换为输出响应的过程由三步组成:

第一步处理单元计算它从所有的输入连接处接收的全部加权过的输入,或称为激励水平。一般表达式为

$$I_i = \sum_{j=1}^{n} W_{ij} X_j \tag{5-24}$$

式中:I_i 为处理单元 i 从前面 n 个处理单元的输出连接所得到的总权重输入;X_j 为从第 j 个单元得到的输入信号;W_{ij} 为从 j 单元到 i 单元间连接的权重。

第二步是由传递函数将输入权重和 I_i 转换为单元的输出信号。在大多数网络中,传递函数采用 S 函数,其函数曲线为 S 形。最常用的形式为

$$f(I) = \frac{1}{1 + e^{-I}} \tag{5-25}$$

这种函数很有用的特点是导数易于计算

$$\frac{df(I)}{dI} = f(I)[1 - f(I)] \tag{5-26}$$

S 函数是单调增函数,且具有下限和上限。如采用上面的形式,函数下限为 0.0,上限为 1.0。

第三步是将单元的激励水平转换为单元的信号输出。常用的形式为

$$Y_i = \begin{cases} f(I), & f(I) > T \\ 0, & \text{其他} \end{cases} \tag{5-27}$$

式中:T 为阈值。

该式可以表述为只要单元的激励水平超过阈值,其输出值等于激励水平。若激励水平不大于阈值,则单元输出为 0。

神经网络由排列成层的处理单元组成,接收输入信号的单元层称为输入层,输出信号的单元层称输出层,不直接与输入输出发生联系的单元层称中间层(或隐含层),如图 5-3 所示。

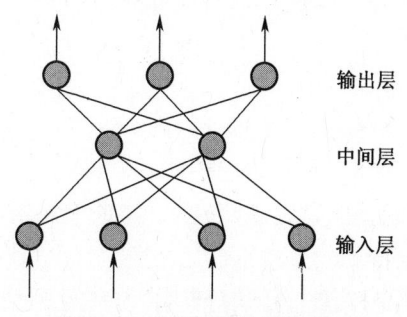

图 5-3 典型的神经网络模型

如果输入网络一组数据(或输入模式)，在网络输入层的每个单元都接收到输入模式的一小部分。然后输入层将输入通过连接传递给中间层。中间层接收到整个输入模式，但因输入信号要通过单元间加有权重的连接的传递，到中间层的输入模式已被改变。由于权重的影响，中间层单元产生导出更加活动。中间层单元的输出就与输入层大不相同。有的单元没有输出，有的则输出很强。一般情况下，中间层单元将输入信号传递给输出层的全部单元。输出单元从中间层单元接收输出活动的全部模式，但中间层往输出层的信号传递仍要经过有权重的连接，所以输出层单元接收到的输入模式已与中间层的输出不同。输出层单元有的激发，有的抑制，产生相应的输出信号。输出层单元输出的模式就是网络对输入模式激励的总的响应。

5.4.2 神经网络的学习方法

神经网络通过学习来达到正确处理信息的目的。学习和训练几乎对所有的神经网络来说都是最基本的。训练是网络的学习过程，学习是此过程的结果。学习过程是神经网络修改它的权重而响应外部输入的过程。对每一个处理单元而言，若假设其传递函数不变，其输出由两个因素来决定，即输入数据和与此处理单元连接的各输入量的权重。因此，若处理单元要学会正确地反映所给数据的模式，唯一用以改善处理单元性能的元素就是连接的权重。

神经网络学习的方式有有指导的学习和没有指导的学习两种。

有指导的学习是指网络按照一定的学习算法，不断调整权重以减少网络应有的输出与实际输出之间的误差。对于有指导学习的神经网络，在实际应用之前必须进行训练。训练的过程是用一组输入数据与相应的输出数据输进网络。网络根据这些数据来调整权重。这些数据组称为训练数据组。在训练过程中，每输入一组输入数据，也同时告诉网络相应的输出应该是什么。网络经过训练后，若认为网络的输出与应有的输出间的误差达到了允许范围，权重就不再改动。这时的网络可用新的数据检验。

没有指导的学习又称为自组织学习，是指网络不靠外部的影响来调整权重。也就是说，在网络训练过程中，只提供输入数据而无相应的输出数据。网络检查输入数据的规律或趋向，根据网络本身的功能来进行调整，并不需要告诉网络这种调整是好还是坏。这种没有指导的学习算法，强调一组组处理单元间的协作。如果输入信息使处理单元组的任何单元激活，整个处理单元组的活性就增强。然后处理单元组将信息传送给下一层单元。

在神经网络中，使用各种学习规则，常用的学习规则如下：

(1) Hebb 规则：可以简单地归纳为如果处理单元从另一个处理单元接收到一个输入，并且如果两个单元都处于高度活动状态，这时两单元间的连接权重就要被加强。

（2）Delta 规则：最常用的学习规则，其要点是改变单元间的连接权重来减小系统实际输出与应有输出间的误差。

（3）梯度下降规则：对减小实际输出和应有输出间误差方法的数学说明。其要点为在学习过程中，保持误差曲线的梯度下降。误差曲线可能会出现局部的最小值。在网络学习时，应尽可能摆脱误差的局部最小值，而达到真正的误差最小值。

（4）Kohonen 规则：只用于没有指导学习的网络。在学习过程中，处理单元竞争学习的机会。具有高输出的单元是胜利者，有能力阻止它的竞争者并激发相邻的单元。只有胜利者才能有输出，也只有胜利者与其相邻单元可以调节权重。在训练周期内，相邻单元的规模是可变的。一般的方法是从定义较大的相邻单元开始，在训练过程中不断减小相邻的范围。胜利单元可定义为与输入模式最为接近的单元。

（5）后传播的学习方法：一般采用 Delta 规则，学习过程分为两步：一是正反馈，当输入数据输入网络，网络从前往后计算每个单元的输出，将每个单元的输出与应有的输出进行比较，并计算误差；二是向后传播，从后向前重新计算误差，并修改权重。完成这两步后，才能输入新的输入数据。后传播的学习方法一般用在三层或四层神经网络。

（6）Grossberg 学习方法：将每个神经网络划分为由星内单元和星外单元所组成。星内单元是接收许多输入的处理单元，星外单元是指其输出发送到许多其他处理单元的单元。如果一个单元的输入和输出活动强烈，其权重的改变就大。如果总的输入或输出小，权重的变化就很小。对不重要的连接，权重可能接近于 0。

5.4.3 常用神经网络模型

常用神经网络模型可分为前馈网络和有反馈网络两大类。若没有一个处理单元的输出与本层或前一层的处理单元相连接，这种神经网络称为前馈网络。若输出可直接返回为同层或前一层处理单元的输入，则这种神经网络称为有反馈网络。感知器网络、Adaline 网络、反向传播（BP）网络、玻耳兹曼机网络等均为前馈网络；Hopfield 网络等为有反馈网络。下面介绍具体的网络模型。

1. 感知器网络

感知器是一个有指导学习的两层或多层前馈网络。它将输入的样本通过一个简单权向量集的超平面，分离成两种模式类型，如"0"类或"1"类。感知器网络可用于线性可分问题的目标分类。图 5-4 是两层感知器的结构。

两层感知器网络的学习算法如下：

（1）初始化。设输入层到输出层的连接权值用 w_{ij} 表示，将 w_{ij} 在 [-1,1] 范围内随机取值。

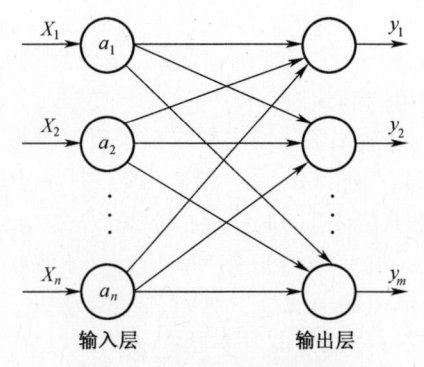

图 5-4　两层感知器的结构

（2）计算输出层处理单元的输出值。计算公式为

$$y_j = \begin{cases} 1, & \sum_{i=1}^{n} w_{ij} a_i \geq 0 \\ 0, & \sum_{i=1}^{n} w_{ij} a_i < 0 \end{cases} \quad j = 1, 2, \cdots, m$$

式中：a_i 为输入层第 i 个处理单元的输出值。

计算误差：

$$d_j = Y_j - y_j, \quad j = 1, 2, \cdots, m$$

式中：Y_{ji} 为输出层第 j 个处理单元的正确输出值（训练期间提供）。

若 $d_j = 0 (j=1,2,\cdots,m)$，则算法结束；否则，转（3）。

（3）调整输入层与输出层间的连接权重。计算公式为

$$w_{ij}(t+1) = w_{ij}(t) + a_i d_j, \quad i = 1, 2, \cdots, n, \quad j = 1, 2, \cdots, m$$

式中：$w_{ij}(t)$ 为输入层第 i 个处理单元与输出层第 j 个处理单元原有的连接权重；$w_{ij}(t+1)$ 为输入层第 i 个处理单元与输出层第 j 个处理单元修改后的连接权重；a_i 为输入层第 i 个处理单元的输出值；d_j 为输出层第 j 个处理单元的输出误差。

转（2）。

2. Adaline 网络

Adaline 网络是一个两层前馈网络，其特点是输入层具有多个处理单元，输出层仅有一个处理单元，其结构如图 5-5 所示。Adaline 网络可以对输入样本进行自适应的线性聚类，主要用于自适应系统的线性可调过程。它可以将一些模式向量分为 A 与 B 两个类型。这些模式向量可能随时变化，Adaline 网络通过不断的学习以适应这些变化，并使模式分类误差尽可能小。Adaline 网络的学习和训练采用有指导的 Delta 学习规则。下面是 Adaline 网络的学习算法。

Adaline 网络算法如下：

（1）初始化。将输入层到输出层间的连接权重 w_{ij} 在 $[-1, 1]$ 范围内随机

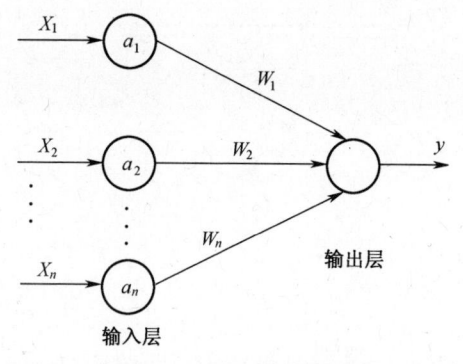

图 5-5 Adaline 网络结构

取值。

(2) 计算输出层处理单元的输出值。计算公式为

$$y = \mathrm{sgn}\left(\sum_{i=1}^{n} w_i a_i\right)$$

式中:$\mathrm{sgn}(\cdot)$为符号函数,$\mathrm{sgn}(u) = \begin{cases} 1, & u \geq 0 \\ -1, & u < 0 \end{cases}$;$a_i$ 为输入层第 i 个处理单元的输出值。

计算误差:

$$E = Y - y$$

式中:Y 为输出层处理单元的期望输出值;y 为输出层处理单元的实际输出值。

若 $E=0$,则算法结束;否则回转(3)。

(3) 调整输入层与输出层间的连接权重。计算公式为

$$w_i(t+1) = w_i(t) + \frac{\beta E a_i}{\sum_{i=1}^{n} a_i^2}$$

式中:$w_i(t+1)$ 为输入层第 i 个处理单元与输出层修改后的连接权重;$w_i(t)$ 为输入层第 i 个处理单元与输出层原有的连接权重;β 为 0~1 间的常数,称学习速率;a_i 输入层第 i 个处理单元的输出值。

转(2)。

3. 反向传播网络

BP 网络是一个多层感知器的前馈网络。它在有指导学习方式下,根据反向传播误差学习准则,寻求最佳权集以实现网络的正确输出。BP 网络可用于炮兵战场目标图像的分类、射表函数的拟合等。图 5-6 是三层 BP 网络结构。

对于在闭区间内的一个连续函数都可以用一个三层 BP 网来逼近。在具体应用过程中,输入层的处理单元数取决于所逼近函数的自变量个数,输出层的处理单

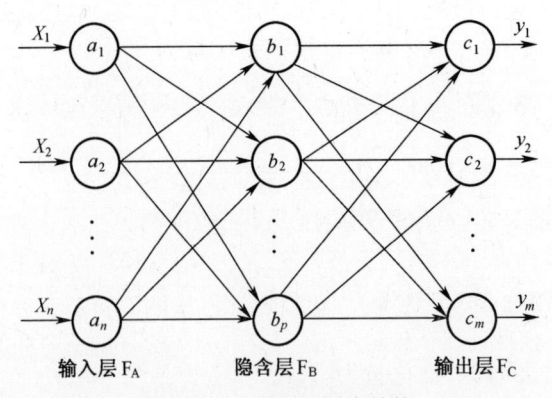

图 5-6 三层 BP 网络结构

元数取决于所求量的个数,隐含层的处理单元数取决于所逼近函数的精度要求以及函数本身的性质。

三层 BP 网络的反向传播学习算法如下

(1) 初始化。对每层的权值和阈值进行初始化,同时设定期望误差最小值 ε。设 F_A 层~F_B 层间的连接权值用 v_{ij} 表示,F_B 层~F_C 层的连接权值用 w_{ij} 表示,将 v_{ij},w_{ij} 在 $[-1,1]$ 范围内随机取值;令 F_B 层各处理单元的阈值为 $h_i(i=1,2,\cdots,p)$,F_C 层各处理单元的阈值为 $T_j(j=1,2,\cdots,m)$。

(2) 计算网络各层的输出值以及输出误差。隐含层 F_B 层中第 i 个处理单元的输出为

$$b_i = f_1\left(\sum_{j=1}^{n} a_j v_{ji} + h_i\right), \quad i=1,2,\cdots,p$$

式中:a_j 为 F_A 层第 j 个处理单元的输出值;$f_1(\cdot)$ 为 F_B 层第 i 个处理单元的传递函数,一般为 S 型函数,$f_1(x)=(1+e^{-x})^{-1}$。

输出层 F_C 层第 j 个处理单元的输出值为

$$y_j = f_2\left(\sum_{i=1}^{p} b_i w_{ij} + T_j\right), \quad j=1,2,\cdots,m$$

式中:$f_2(\cdot)$ 为 F_C 层第 j 个处理单元的传递函数,这里为 S 型函数,$f_2(x)=(1+e^{-x})^{-1}$。

F_C 层第 j 个处理单元的输出误差为

$$d_j = y_j(1-y_j)(Y_j - y_j), \quad j=1,2,\cdots,m$$

式中:Y_j 为 F_C 层第 j 个处理单元的期望输出值。

F_B 层第 i 个处理单元的输出误差与每个 d_j 有关:

$$e_i = b_i(1-b_i)\sum_{j=1}^{m} w_{ij} d_j, \quad i=1,2,\cdots,p$$

若输出层的输出误差 $d_j < \varepsilon$,则算法结束;否则,转(3)。

(3) 进行误差的反向传播,计算权值、阈值的变化量。计算公式如下:
隐含层 F_B 层与输出层 F_C 层的连接权值变化量为

$$\Delta w_{ij} = \alpha b_i d_j, \quad i = 1,2,\cdots,p, j = 1,2,\cdots,m$$

式中:α 为正常数,用来控制学习速率。

F_C 层各处理单元的阈值变化量为

$$\Delta T_j = \alpha d_j, \quad j = 1,2,\cdots,m$$

F_A 层与 F_B 层的连接权值变化量为

$$\Delta v_{ji} = \beta a_j e_i, \quad j = 1,2,\cdots,n, \quad i = 1,2,\cdots,p$$

式中 β 为正常数,用于控制学习速率。

F_B 层各处理单元的阈值变化量为

$$\Delta h_i = \beta e_i, i = 1,2,\cdots,n$$

求出新的权值和阈值:$w_{ij} = w_{ij} + \Delta w_{ij}$,$T_j = T_j + \Delta T_j$,$v_{ji} = v_{ji} + \Delta v_{ji}$,$h_i = h_i + \Delta h_i$。转(2)。

BP 网络的反向传播学习算法不能保证在训练期间实现全局误差最小,但可保证实现局部误差最小。

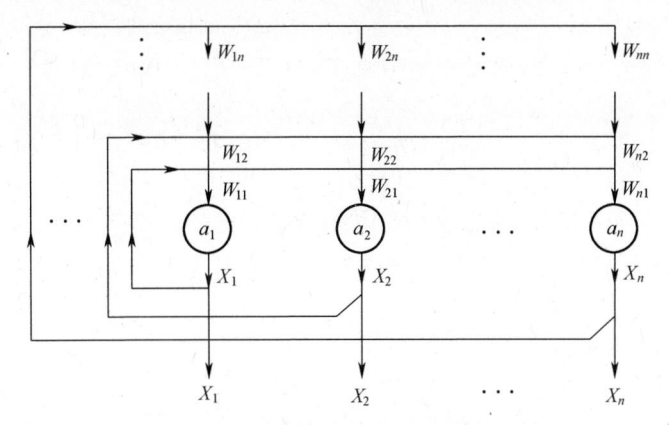

4. Hopfield 网络

Hopfield 网络是一种没有指导学习的单层或多层有反馈网络。其最大特点是引入一个能量函数,通过降低网络的能量存储,实现网络的稳态输出。多层 Hopfield 网络在组合优化、图像处理、语音识别等方面已得到广泛应用。Hopfield 网络可分为连续和离散两种类型。连续或离散 Hopfield 网络模型又可分为并行、串行和混合型三种类型。图 5-7 是单层 Hopfield 网络结构。

图 5-7 单层 Hopfield 网络结构

这是具有 n 个处理单元的并行网,每个处理单元同时从其他处理单元中接收输入。引入相应的能量函数,可保证在有限的循环步数下使网络收敛到一个稳定解。

离散 Hopfield 网络模型可用方程表示为

$$x_i(t+1) = \text{sgn}\left(\sum_{j=1}^{n} w_{ij} x_j(t) - h_i\right), \quad i = 1, 2, \cdots, n$$

式中:$x_i(t)$ 为第 i 个处理单元在 t 时刻所处的状态;h_i 为第 i 个处理单元的阈值;w_{ij} 为处理单元 i、j 间连接的权重,且有 $w_{ij} = w_{ji}$,$w_{ii} = 0$。

假设定义能量函数为

$$E(\boldsymbol{x}) = -\frac{1}{2}\sum_{i=1}^{n}\sum_{j=1}^{n} w_{ij} x_i x_j + \sum_{i=1}^{n} h_i x_i$$

则不论任何一个处理单元的状态何时变化,其能量总是减少。因此,Hopfield 网络是一个稳定网络。

离散 Hopfield 网络的串行、并行和混合型模型如下:

(1) 串行系统:只能有一个处理单元的状态发生变化,假设这个处理单元的标号为 $\tau(t) \in \{1,2,\cdots,n\}$,那么离散 Hopfield 串行网络模型方程为

$$x_i(t+1) = \begin{cases} \text{sgn}\left(\sum_{j=1}^{n} w_{ij} x_j(t) - h_i\right), & i = \tau(t) \\ x_i(t), & i \neq \tau(t) \end{cases}$$

(2) 并行系统:所有处理单元的状态都可能发生变化。其模型方程为

$$x_i(t+1) = \text{sgn}\left(\sum_{j=1}^{n} w_{ij} x_j(t) - h_i\right), \quad i = 1, 2, \cdots, n$$

(3) 混合系统:只有部分处理单元的状态可能发生变化。假设用一个处理单元标号的集合函数 $S(t) \subset \{1,2,\cdots,n\}$ 表示可发生变化的处理单元的集合,则混合模型方程为

$$x_i(t+1) = \begin{cases} \text{sgn}\left(\sum_{j=1}^{n} w_{ij} x_j(t) - h_i\right), & i \in S(t) \\ x_i(t), & i \notin S(t) \end{cases}$$

连续 Hopfield 网络模型方程为

$$C_i \dot{x}_i = \sum_{j=1}^{n} S_j(x_j) w_{ji} - \frac{x_i}{R_i} + s_i$$

式中:C_i 为正常数,可看成第 i 个处理单元的输入电容;R_i 为正常数,可看成控制第 i 个处理单元的损耗电阻;s_i 为第 i 个处理单元的外部刺激;w_{ji} 为处理单元 i、j 间连接的权重,可看成处理单元 i、j 间的电导值;$S_j(\cdot)$ 为 Sigmoid(S 型)门限函数,其一般形式为 $S_j(u) = \dfrac{2}{1+e^{-u}} - 1$,常用形式为 $S_j(u) = \dfrac{1}{1+e^{-u}}$。

连续 Hopfield 网是一个全局稳定性网络。

5.4.4 如何应用神经网络

1. 神经网络的输入、变换和输出

一般神经网络的输入层只是一个缓冲器,将输入传送给下一层。输入变量有各种不同的形式,如图像、声音、文字、数字及各种信号。由于神经网络只能处理数字输入数据,因此,对于其他各种输入量都必须以一定的方式转化为数字。由于处理单元的传递函数有一定的范围要求,所以还需要将输入数据进行处理。神经网络在计算输入数据时,要根据输入变量的最大值和最小值以及传递函数的上、下限,将数据按一定方式转换到 0～1 或 −1～+1 之间。

网络的输出层将网络的结果输出到外部世界。像输入变量一样,也需要对输出结果进行变换。例如判断一件事物的是非,输出可以只用一个输出单元表示,输出 1 表示是,输出 0 表示非等。

传递函数代表了处理单元输入与输出之间的关系。以下是传递函数 $y=f(x)$ 的几种常用形式:

(1) $\begin{cases} x<0, & y=-1 \\ x \geqslant 0, & y=1 \end{cases}$

(2) $\begin{cases} x<0, & y=0 \\ 0 \leqslant x \leqslant 1, & y=x \\ x>1, & y=1 \end{cases}$

(3) $y=1/(1+e^{-x})$

(4) $\begin{cases} x \geqslant 0, & y=1-1/(1+x) \\ x<0, & y=-1+1/(1-x) \end{cases}$

神经网络的初始权重既可以由一定的算法确定,也可以随机确定。相互连接的权重如何改变是随学习规则变化的,目的是调节权重以减少输出误差。误差的后传播算法是目前多层网络中最常用的学习算法。后传播算法先调整与输出层单元相连接的权重,然后从后向前进行调整,以减小每一层的输出误差。

2. 如何选择中间层

常用的神经网络有三到四层,有一些模型只用两层,使输入层直接与输出层相连,这在当输入模式与输出模式很类似时是可行的。而当输入模式与输出模式相当不同时,需要增加中间层,形成输入信号的中间转换。对大多数实际问题,一层中间层即三层网络已经足够了。采用越多的中间层,训练时间就会急剧增加,其原因如下:

(1) 中间层越多,误差向后传播的过程计算就越复杂,使训练时间急剧增加。

(2) 中间层增加后,局部最小误差也会增加。网络在训练过程中,往往容易陷入局部最小值而无法摆脱。网络的权重难以调整到最小误差处。

有时当采用一个中间层时,需要用较多的处理单元。这时如果选用两个中间层,每层处理单元就会大大减少,反而可以取得较好的效果。因此,在建立多层神经网络模型时,首先应考虑只选一个中间层。如果选用了一个中间层而且增加了处理单元数还不能得到满意结果,可以再用一个中间层。

3. 如何确定中间层的处理单元数

中间层处理单元数选用太少,网络难以处理较复杂的问题;但若中间层处理单元数过多,将使网络训练时间急剧增加,而且过多的处理单元容易使网络训练过度。在输入和输出单元不是很少的情况下,可以用几何平均规则来选择中间层中的处理单元数。如果设计一个三层网络,具有 n 个输入单元及 m 个输出单元,则中间层处理单元数为 $\sqrt{mn}$。对于四层网络:第一中间层单元数为 mR^2,第二中间层单元数为 mR,其中 $R=\sqrt[3]{n/m}$。

找到最优的中间层处理单元数很费时间,但对设计网络结构是很重要的。首先可以从较少的中间层处理单元试起,然后选择合适的准则来评价网络的性能,训练并检验网络的性能。然后稍增加中间层单元数,再重复训练和检验。

4. 训练数据的设计与准备

神经网络是靠过去的经验来进行学习,因此在设计网络之前必须整理好如何训练网络的数据,这是神经网络应用的关键之一。

由于神经网络靠学习来记住问题应有的模式,所以在训练网络时训练数据应尽可能包含问题的全部模式,尽可能用正交设计方法来获得足够多的数据来训练网络,所有的数据应尽可能相互独立而没有相关关系。一般来说,网络的训练数据必须满足如下两个条件:

(1) 数据组中必须包括全部模式。神经网络是靠已有的经验来进行训练的,只有过去的经验数据越丰富、越全面,训练过的网络性能才会越好。

(2) 在每一个类型中,还应适当考虑随机噪声的影响。特别要注意在靠近分类的边界处,训练样本的选择。在靠近边界处,噪声的影响往往容易造成网络的错误判断,因此要选用较多的训练样本。

网络输入、输出值的预处理直接影响到网络设计效果。一般而言,正态分布的数据对网络的学习最有效。因此,应检查训练数据的分布情况,把数据进行归一化处理。

5. 神经网络的训练和检验

准备好了输入数据,在开始训练网络之前,首先要将全部输入数据分出一部分作为网络性能检验数据,其余的数据用来训练网络称为训练数据。有的网络软件在网络训练过程中,不断用检验数据来检查网络的训练情况,以防止网络过度训练。这部分检验数据对网络的训练过程有一定的影响,所以不能再用来作为网络最后性能的检测。在这种情况下,需要保留另一组检验数据对训练后的网络进行检查,这组检验数据又称为产品数据。

网络的训练方法通常有两种：

（1）指导训练。在这种情况下，每一组用于训练的数据中，输入值都有相应的输出值。将输入值输入网络，网络经过计算得出一组输出值，与应有的输出值进行比较。在一批训练数据依次输入网络后，网络得出一组输出值与应有输出值间的误差，然后网络根据平均误差修正各处理单元相连接的权重。网络再输入一批训练数据，新的权重应使训练所得误差值减小。应注意除特殊的时间系列要考虑数据的前后输入顺序外，原则上应随机选取数据组的输入顺序，否则输出误差可能会出现大的摆动，而难以收敛。当网络的输出误差小于一定值时，就可以对网络性能进行检验。

（2）没有指导训练。如同指导训练一样，也需要给一些输入数据来训练网络，但这些输入数据并没有相应的输出数据来指导网络的学习。假设网络的每组输入都属于某种类型之一，网络的输出也只是输入数据组所属类型的鉴别。网络的训练过程只是发现训练数据组的内含特征，而利用这些内含特征将输入数据组划分成类。

网络的训练一般有一个最优值，并不是训练时间越长，训练的误差越小越好。网络存在过度训练的问题。一般来说，训练误差随着训练时间的增加而减小，而检验误差却不是这样。在训练开始时期，检验误差是随训练时间的增加而降低的，这时网络不断地学习输入数据的普遍类型。但若训练超过一定时间，检验误差反而增加，这时网络开始记住输入数据不重要的细节，网络出现过度训练。在训练过程中，如果发现网络对训练数据学习得很好，收敛很快，但对于检验数据误差还很大，这时就要考虑是不是出现过度训练，或者是不是训练样本不足，没有代表数据的全部特性。若网络对训练数据收敛很快，但检验数据的误差很快就达到最小值，然后误差迅速上升，这种情况往往是训练数据不足，必须增加训练样本重新训练网络。

神经网络的检验是非常重要的。只有经过检验数据或产品数据对网络性能检查后，结果满足要求，网络才能投入使用。有时由于训练数据不足，没有包括系统中的全部模式，而检验和产品数据的模式又恰好在训练数据的模式之中，检验结果会很好，但在使用中会发现网络性能不如训练及检验的结果，应重新组织训练数据对网络进行训练。

6. 网络性能的评价

网络性能的评价必须用训练数据以外的检验数据或产品数据。采用的方法取决于网络所担负的任务。这里介绍常用的两种评价网络性能的方法。

1）均方差

假设一批数据中，第 i 个输入数据输入网络后，网络输出层第 j 个单元的实际输出为 y_{ij}，而应有的输出为 Y_{ij}。若共有 m 个输出单元，输入数据 i 相应的均方差为

$$E_i = \frac{1}{m}\sum_{j=1}^{m}(Y_{ij}-y_{ij})^2$$

如果这批数据共有 n 组,则这一批输入数据的均方差为

$$E = \frac{1}{n}\sum_{i=1}^{n}E_i$$

均方差明显的缺点在于它只是一个数学表达式,与网络所应完成的任务联系很少。另外,它无法区别微小错误与大错误。这是在应用中应注意的。

2) 价值函数

假如网络的目的是检测存在或者缺乏某一种情况,那么可以用价值函数来评价网络的性能。设 q 为预先知道情况出现的可能性,p_1 为网络在情况不存在时做出误判断的可能性,p_2 为情况存在时没有判断出其存在的可能性;c_1 为情况不存在时错误判断其存在的价值,c_2 为没有能判断情况存在的价值。

实际上,q 值可以从以往的经验中获得,c_1 和 c_2 可以经一定的研究而决定。在网络训练好后,可以用许多代表情况存在或不存在的检验数据来评价网络,得到 p_1 和 p_2 的估计值。则此网络采用的价值为

$$\text{cost} = (1-q)p_1c_1 + q(p_2c_2)$$

在分类类型较多的情况下,每个类型都有自己的预先可能性,可以用检验数据来估计不能判断出每个类型的可能性,每种失误都有其价值。若用 q_i 表示类型 i 的预先可能性,则

$$\sum q_i = 1$$

若 p_i 为不能辨别类型 i 中成员的可能性,c_i 为不能辨别类型 i 中成员的失误价值,则使用网络的总价值为

$$\text{cost} = \sum_i q_i p_i c_i$$

第6章
建模与仿真

6.1 作战模拟

作战模拟是目前研究作战过程和作战影响因素的一种有效手段,也是装备论证领域最常用的一种现代科学技术方法。特别是由于在当今时代条件下,虽然缺乏战争实践,但是也不能局限于从自己经历来学习和研究战争,因此必须从历史的战争学习战争,从别人的战争学习战争,从模拟的战争学习战争,而且是学习未来的战争。

6.1.1 作战模拟的一般原理

模型是系统或问题的一种简化、抽象和类比表示。它不再包括原系统或问题的全部属性,但能描述符合研究目的的本质属性,以易用的形式提供关于该系统或问题的知识,是帮助人们合理进行思考和解决问题的工具。模型可简单地区分为实物模型与符号模型,在军事系统工程中,大部分采用符号模型,其中最常用的是仿真数学模型。

任何数学模型都由模型输入、模型主体与模型输出三部分组成(图6-1)。模型的主体为一种算法,数学模型的功能在于对模型输入进行数学加工而得到模型的输出。

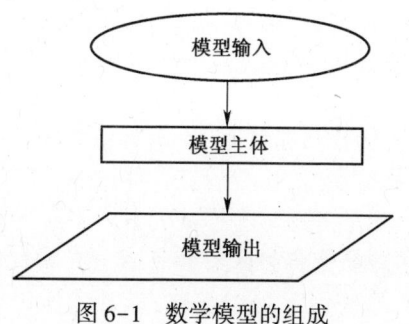

图6-1 数学模型的组成

6.1.2 作战模拟的分类

作战模拟按采取的方式可分为解析模拟、计算机仿真、作战对抗模拟以及实兵演习四大类。

解析模拟就是求解解析模型,通常在计算机上实施。解析模拟、计算机仿真属于计算机化的作战模拟,采用计算机语言描述作战进程,然后在计算机上自动进行处理。电子计算机有极高的运算速度,可以把较长时间内的作战过程浓缩到较短时间模拟实现。计算机化的作战模拟的研究成果,最终形式是计算机软件,包括文档、数据、程序三部分。有了这样的模拟软件,在一定的硬件与软件环境下,按照给定操作程序就可在计算机上实现模拟作战。

作战对抗模拟是人在线的作战模拟,通常分为交互式计算机对抗模拟、计算机辅助作战对抗模拟和人工作战对抗模拟三类。其中前两类加上解析模拟、计算机仿真一般称为计算机作战模拟。

当前我军开发的用于装备论证的作战模拟,其规模可分为战役级、战斗级、格斗级三个层次。

战役级模型主要用于模拟战役兵团的作战行动。战役是指"敌对双方在一定的方向或空间,各自使用一支统一指挥的军队,为达到战争的局部目的或全局性目的,按各自的作战企图,在一定时间内进行的一系列战斗的总和"。基本的战役兵团是合成集团军。战役级作战模型可以进行武器装备体系对抗的作战模拟,用于武器装备的发展战略研究和发展规划、计划论证。

战斗级模型主要用于模拟战术兵团的作战行动。战斗是指"敌对双方的兵团、部队和分队,在较短时间、较小空间所进行的有组织的直接武装斗争,是达成战役或战争目的基本手段"。基本的战术单位是分队,在陆军中是各种营。战斗级模型可以进行单个或多个武器系统之间的对抗模拟,用于武器装备的发展计划与型号论证。

格斗级模型主要用于模拟火力单元的作战行动。格斗是指敌对双方一些火力单位之间的对抗。基本的火力单位是单件武器,如一件直瞄武器、一架飞机、一辆坦克或一艘舰船,在陆军防空兵中则通常是高炮连或高炮排。格斗级模型可以进行单件或多件武器之间的对抗模拟,主要用于武器装备的型号论证或技术改造方案论证。

作战模拟按用途可分为作战指挥型、军事训练型和装备论证型三大类。用于作战指挥与军事训练的作战模拟,主要研究各种作战方案对作战效能的影响,要逼真地仿真作战环境,较全面地考虑影响作战的各种因素,包括人的因素在内。用于装备论证的作战模拟,主要研究各种武器装备战术技术性能与编配方案对作战效能的影响,对影响作战的某些因素可以忽略,或者选择典型的或中等的情况加以固定。

本书所说的作战模拟,专指这种计算机化的装备论证型作战模拟。进行这类作战模拟的目的是评估武器系统的作战效能,为武器装备发展论证提供定量分析依据,供决策研究机关、决策机关参考。

6.1.3 作战模拟的实施步骤

计算机模拟武器装备作战效能,可按图 6-2 所示的流程实施。

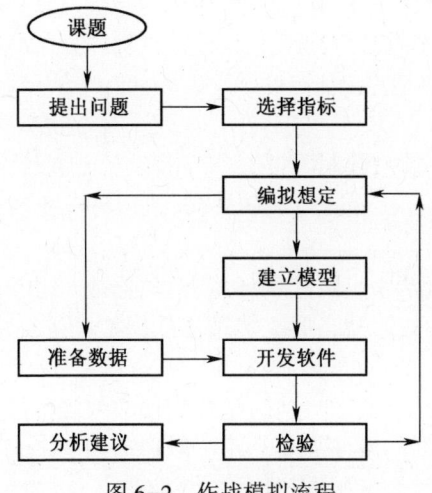

图 6-2 作战模拟流程

1. 提出问题

根据论证课题提出定量分析要求,在武器系统分析中,通常是要比较不同发展战略、规划方案、型号研制方案、型号技改方案以及不同编配方案对作战效能的影响,为方案寻优提供定量分析依据。

2. 选择指标

依据武器装备论证方案,选定对武器系统有影响的直接或间接要素,既包括武器装备本身,也包括武器系统应用或保障的各方面要素。

3. 编拟想定

根据问题与所选指标编拟作战想定,构造物理模型,主要内容包括敌对双方的作战企图、战场态势、编制装备、阵地编成、战斗队形以及作战推演进程等。

4. 建立模型

这是武器装备作战效能模拟的关键环节,其主要任务是给出作战效能指标的算法。

5. 准备数据

搜集准备模型所需要的输入参数。

6. 开发软件

程序的设计、调试与检查应按军用软件开发规范进行,并对程序按事先拟定的提纲进行测试,看是否符合于反映模型。

7. 检验

这是不可缺少的环节。首先请同行专家审查模型的内在逻辑是否正确、数据是否可靠。然后对软件进行试运行,输入参数尽量取自以往战例或典型情况,看运行结果与战例或专家判断是否相符;如果不符,应做反馈处理,并投入下一轮运行,直至满意为止。如有可能,必要时应进行实物试验,检验模拟结果。

8. 分析建议

软件经检验后,应根据任务要求进行模拟计算,提供系统全面的计算结果及分析意见,为方案寻优提出建议。

6.1.4 作战模拟的建模

1. 模拟要点

作战模拟要点可概括为生成战场环境、模拟作战行动、评估作战效能和演示模拟进程四方面。建模的核心就是要为实现作战模拟提供算法。

1) 生成战场环境

战场环境包括地形、天候、气象等,是影响作战效能的重要因素,其中地形不仅影响通视,而且影响机动与发扬火力。关于地形通视率的计算,已有多个模型。

生成战场环境,要综合运用虚拟现实、可视化、分布式交互仿真与人工智能等高新技术,为作战仿真提供具有强沉浸感、高逼真度的合成虚拟战场。

2) 模拟作战行动

模拟作战行动就是模拟各基本作战单位的行为状态。关于作战行动的区分,尚无固定模式,是多层次多方位的。我们所关心的基本作战行动有机动、防化、破障、压制、反坦克、空袭、防空和侦察、通信、指挥、电子战等,首先建立这些基本作战行动的模拟模块,然后按想定给定的条件及战术原则综合成一次作战的模拟。

3) 评估作战效能

在作战模拟中,模拟每个基本作战行动的同时还必须评估它的有效性,进行效能计算,这样才能实现各作战行动之间的相互制约和战场状态推移。为此,就需要选择效能指标、进行基本计算、实现效能合成。

在陆战模型中,为了评估作战效能,需要完成的基本计算有侦察效率、通信效率、电子战效率、射击效率、轰炸效率等,这可借助基本算法模型解决。

4) 演示模拟进程

要实现作战模拟过程的可视化、透明化,做到形象直观、情景交融,以达到启迪智慧、促进思考的目的。

2. 战场分解

战场分解是建模的重要内容和重要技术。这种分解是多层次多方位的，在不同级别的模型中是不一样的。

1）兵力分解

将作战双方的兵力分解成一个个有特定职能与确定位置的基本作战单位。这种分解往往是多层次的。在战役级模型中，通常将兵力分解成基本战术单位，如营或相当建制单位；在战斗级模型中，通常将兵力分解成基本火力单位，如连或相当建制单位；在格斗级模型中，通常以单件武器为基本单位。

2）装备分类

陆军武器装备通常分为主战系统、电子信息系统和保障系统三大类。其中：主战系统分为轻武器、反坦克武器、压制武器、坦克装甲车辆、防空武器和武装直升机六类；电子信息系统包括侦察、通信、指挥、控制和电子战等分系统；保障系统区分为工程保障、防化保障与综合保障等方面。每个类别又包括若干型号。

3）时间离散

将持续的时间分解成步长。步长既可以是等间隔的也可是不等间隔的，既可以是确定值也可是随机的，如按事件发生推演作战进程。

4）作战行动分解

将战役分解成战斗，将大的战斗分解成分队间进行的基本战斗，将基本战斗分解成一个个火力单位间展开的格斗，而每个格斗又可分解成一系列基本对抗动作的组合。

3. 数学描述

作战模拟实现战场状态推移，可运用数学方法进行表述。

1）状态变量

战场上各基本作战单位在任一时刻的状态可采用状态变量表述，这些状态变量主要有：位置与运动状态变量（如位置坐标、运动速度与方向）、行为状态变量、发现状态变量、干扰状态变量和毁伤状态变量。

2）状态推移

假定战场上有 M 个基本作战单位，第 k 个单位在时刻 t 的状态为 $X_k(t)$，$\{X_k(t), k=1,2,\cdots,M; t \geq 0\}$ 通常为多维随机过程，称为状态过程，它的各分量为基本作战单位的状态变量。状态过程在作战终了时刻 t_e 的期望值 $E(X_k(t_e))$（$k=1,2,\cdots,M$）正是模拟所关心的输出结果，由此出发进行加工可得到所要计算的作战效能指标值。

在时刻 $t=0$ 时，状态过程 $\{X_k(t), k=1,2,\cdots,M; t \geq 0\}$ 的取值是已知的，这就是战场初始状态，由作战想定给出。作战模拟建模的实质就是要给出一种法则，当已知状态过程在某时刻 t_0 以前的抽样值 $\{X_k(t), k=1,2,\cdots,M; 0 \leq t \leq t_0\}$ 时，对任

意给定的时间间隔 τ，按照这一法则，能决定状态过程在时刻 $t_0+\tau$ 的抽样值。模拟一次作战，实现了状态过程的一次抽样。

不言而喻，正如作战模拟的建模一样，实现状态过程的抽样通常是十分复杂的。为了简化模拟，有时将状态过程或它的部分分量视为马氏过程，并致力于构造它的转移概率函数。更有甚者，不关心状态过程的概率特性，只研究它的数字表征的决定方法，例如，认为它们是满足像兰彻斯特方程那样的解析表述，再通过数值求解而得到它们。

作战模拟在很多情况下属随机模拟，因此，为了得到输出结果，必须重复模拟，取样本均值作为估计量。

3）置信度分析

模拟结果的置信度分析采用统计学中的方法进行。假定进行了 N 次模拟，样本均值为 $\bar{X}$，标准差为 S_X，则用 $\bar{X}$ 估计真值 μ 产生的偏差以 95.5% 的概率成立下列关系式：

$$|\bar{X} - \mu| < \frac{2S_X}{\sqrt{N}} \tag{6-1}$$

也可采用下列精度估计式：

$$|\bar{X} - \mu| < \frac{t_\alpha(N-1)S_X}{\sqrt{N}} \tag{6-2}$$

式中：$t_\alpha(N-1)$ 为 $N-1$ 个自由度的 t 分布对应于临界值 α 的分位数，此式以 $1-\alpha$ 的概率成立。当给定模拟精度后，可按上列模拟误差的估计式决定模拟次数。

4. 灵敏度分析

设红、蓝双方投入作战的武器装备能力总指数分别为 E_r、E_b，作战结束双方剩下的武器装备总能力指数分别为 F_r、F_b，则蓝方作战能力损失即为红方的作战效能：

$$W_r = E_b - F_b$$

同样的，红方作战能力损失即为蓝方的作战效能：

$$W_b = E_r - F_r$$

若作战中一方的作战能力的投入出现改变量 ΔE，则作战效能必将产生相应的改变量 ΔW，定义模型的灵敏度：

$$k = \frac{\Delta W}{\Delta E}$$

在一定的作战背景下，灵敏度依赖于双方的作战能力的投入，即红方的灵敏度 $k_r = k_r(E_r, E_b)$，蓝方的灵敏度 $k_b = k_b(E_b, E_r)$。

如果作战某方作战能力投入的改变量 ΔE 是由于某类别或某型号武器装备的编配方案的改变而引起的，则该灵敏度值称为模型对该类别或该型号武器装备的灵敏度。

5. 简化

在建模中如何简化与近似,并无固定的原则与程序可循,这在很大程度上是一种技巧。常见的简化、近似途径主要有以下9种:

(1) 将连续的转化为离散的:上面介绍的各种分解方法,实际上就是在空间上与时间上作离散化处理。

(2) 将动态的转化为静态的:战场状态是动态的,随着时间推移而变化,但在每个时间步长内,由于时间间隔短,可近似认为每个作战实体的状态是相对静止的,这样,就可根据每个步长开始时各作战实体的状态安排该步长内的对抗动作,推演作战进程。

(3) 将对抗的转化为非对抗的:对抗是相互依存、不断发生、交错进行的,这就为评估作战效能带来了困难。在作战分析时,在一个短的时间步长内,先研究非对抗条件下的作战效能,然后把对抗的因素综合进去。例如,甲、乙双方对抗,在非对抗条件下,甲毁伤乙的效能为 p_0,乙毁伤甲的效能为 q_0,假定双方的对抗是同时交织进行,无法区分先后次序,则在对抗条件下,甲毁伤乙的效能为

$$p = (1 - q_0)p_0 \qquad (6-3)$$

同样的,乙毁伤甲的效能为

$$q = (1 - p_0)q_0 \qquad (6-4)$$

(4) 将随机的转化为确定的:对于一些影响作战效能的非本质的随机因素,常常不按它们的本来面目处理,而把它们取为确定的,通常是取它们为期望值或典型值。

(5) 将非线性的转化为线性的:例如,在火力分配模型中,根据物理含义推导的目标函数常是非线性的,但为便于求解,常将其简化为线性的。

(6) 将多因素转化为单因素:将依赖于多个变化因素转化为依赖于单个变化因素,从而使问题得到简化。通常的做法:将多因素综合成单因素,或从中挑选一个主要因素而忽略其他因素或将其他因素取作典型情况。

(7) 将集体对抗转化为一一对抗:为了研究两个集体之间纵横交错的对抗过程,先研究一个集体中任一单位与另一个集体中的任一单位之间的单一对抗,然后将单一对抗综合成集体对抗。推广的兰彻斯特战斗动态方程,是将单一对抗效能合成集体对抗效能的成功模型。

(8) 将杂乱的转化为有序的:作战过程是多个因素综合作用的结果,是杂乱无章的,为了便于分析研究,在作战分析中常将杂乱的作战动作、作战实体序化,以简化作战过程。

(9) 将不可控的转化为可控的:在影响作战效能的诸多因素中,有许多是不可控的,如环境条件、人的素质等,但在进行作战实验时,为了揭示内在规律,常将这些不可控变量设定为可控的。

6.2 高层体系结构

6.2.1 基本概念

1. 联邦与联邦成员

1) 联邦

在高层体系结构中,联邦(Federation)是指一个具有特定名称的、由一组通过 RTI 进行交互的联邦成员和一个联邦对象模型(Federation Object Model,FOM)组成的,用于完成某一特定目标的仿真系统。高层体系结构(HLA)联邦逻辑结构如图 6-3 所示。

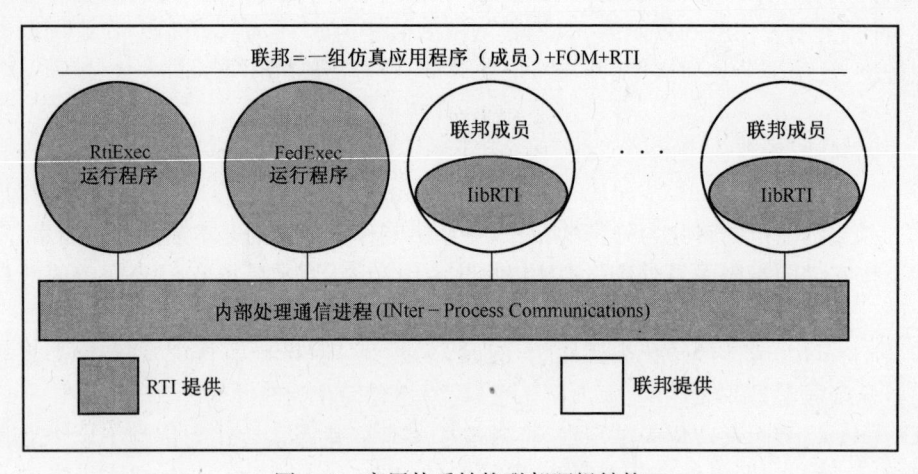

图 6-3 高层体系结构联邦逻辑结构

(1) 成员(Federate):一组构成 HLA 联邦的仿真应用程序和一个仿真对象模型(SOM)。

(2) FedExec:管理联邦的程序,允许成员加入联邦和从联邦中退出,给每一个成员授予一个唯一的标识号,并促进参与成员之间的数字交换。每一个运行的联邦都需要执行一个 FedExec 过程,通常由第一个成功加入联邦的成员生成。

(3) FED 文件:联邦执行数据文件,包括了源于 FOM 的信息。RTI 在运行期间将使用 FED 文件(图中并没有直接显示)。

(4) RTIExec:一个全局过程,通过联邦的不同名称来管理多个联邦的生成和自毁。

(5) RID 文件:RTI 初始化数据,运行 RTI 所必须的 RTI 供应商所规定的信息。

（6）LibRTI：RTI库，成员通过LibRTI来请求HLA服务，与RtiExec、FedExec及其他成员之间的通信需要通过LibRTI。

图中所显示的部件除了RtiExec以外，其他都是一个联邦所需要的部件。

2）联邦成员（Federate）

在高层体系结构中，联邦成员是指HLA联邦的一个成员（简称成员）。所有参加联邦的应用程序都称为成员，包括联邦管理器、数据记录器、真实实体（Live Entity）或被动观察器；用户编写的成员代码与LibRTI库提供的本地RTI部件（LRC）代码的连接形成一个完整的成员结构。

需要指出的是，当成员加入到一个联邦时，必须要有成员仿真对象模型（Simulation Object Model，SOM），用于说明该成员中的对象、属性和交互等特性。

2. 类、对象、对象属性与更新和交互与参数

在HLA中，被仿真的不同种类的物理对象是作为类（Class）来表示的。类可以进一步分解成子类。类中的实例就是对象（Object）等。描述该仿真对象的数据就是这个对象的属性（Attribute）。一个对象属性的所有变量集定义了这个对象的状态。

如果对象属性的变化需要通知给联邦中其他的成员时，将通过更新（Update）事件来进行。

一个仿真的一类或多类对象的程序即为成员。不同成员（包括有些成员的多份复制），运行在一个或多个不同的机器中，可以加入到一个系统仿真中，即为联邦。成员的类、对象和属性的描述在该成员的仿真对象模型中给出。如成员之间发生信息交换，该信息也将出现在该联邦的联邦对象模型和联邦执行数据（FED）文件中。

交互（Interaction）是指由HLA的一个成员所生成、被另一个成员所接收的、短暂的具有时间注记的事件。交互通常会对成员的状态造成影响，引发成员属性的变化或更新。

参数（Parameter）用于说明某一类交互事件的命名的数据项。

6.2.2　高层体系结构的规则

HLA规则确保联邦中仿真的正确交互、描述仿真与成员职责。由10条成员或联邦必须服从的规则组成，分成2个部分，5条针对HLA联邦，五条针对HLA成员。联邦规则建立了生成联邦的基本规则，包括文档需求（规则1）、对象表达（规则2）、数据交换（规则3）、接口需求（规则4）和属性所有权（规则5）。成员规则针对单个成员，它们包括文档需求（规则1）、相应对象属性的控制与传输（规则7、8、9）和时间管理（规则10）。

1. 联邦规则

规则1：联邦必须有一个经 HLAOMT 核准的 FOM。

FOM 应为成员之间运行时要交换的数据和交换条件的协定（例如当变化超过某一阈值时，需要发送的最新消息）提供相关文件，因此，FOM 是定义一个联邦的根本要素。HLA 并不规定 FOM 中应包含什么数据（这由联邦用户和开发者负责确定），但 HLA 要求 FOM 符合 IEEEP1516.2 建模与仿真高层体系结构标准（草案）对象模型模板（HLAOMT）所规定的格式，以方便不同用户根据他们自己的目的重用 FOM。

规则2：在 FOM 中的对象实例表达必须在成员中，而不是在 RTI 中。

HLA 隐含的一个基本概念是将特定的仿真功能从支持一般目标的公共设施（联邦服务）中分离出来。在 HLA 中，被仿真的对象实例的表达应在仿真程序（或更加一般地，在成员）中进行。RTI 的作用类似于分布式操作系统，必须支持联邦中对象实例间的交互。所有与仿真有关的实例属性都是由成员而不是由 RTI 拥有，RTI 应拥有与联邦管理有关的实例属性。

规则3：当联邦执行时，成员中的 FOM 数据交换必须经过 RTI。

HLA 规定了一组在 RTI 中服务的接口，以支持实例属性值的协调交换和与联邦 FOM 相一致的交互。在 HLA 的联邦中，各成员之间的通信是由 RTI 服务来实现数据交换的。成员应根据 FOM 确认，它们将对 RTI 提供需要的信息，这些信息中说明了与对象实例的变化状态相关的属性和交互数据，然后 RTI 提供成员之间的协调、同步和数据交换，以保证联邦的有序执行。

成员的职责是确保在正确的时间提供适合的数据，并以正确的方法使用数据；RTI 应保证能按照成员所申明的要求（什么数据、传送可靠性、事件排序等）传递给成员。

规则4：当联邦执行时，成员必须按照 HLA 接口规范与 RTI 进行交互。

HLA 提供了一个获取 RTI 服务的标准规范以支持成员和 RTI 之间的接口，成员应使用这些标准接口与 RTI 交互。这一接口规范规定了仿真应用程序如何与 RTI 交互。然而由于接口和 RTI 将用于种类广泛的且需要交换各种特征数据的应用，所以该接口规范并不涉及要在接口上交换的特定成员的数据，它们将在 FOM 中规定。

规则5：联邦执行时，一个对象的实例属性在任意给定的时间内仅能被一个成员所拥有。

HLA 允许不同的成员拥有相同对象实例的不同属性（例如，一架飞机的仿真可以具有选定路线的空运传感器，而一个传感器系统模型可以具有该传感器的其他实例属性）。为了保证联邦中数据的统一性，HLA 允许一个成员在任意给定时间最多拥有一个对象实例的属性（有权改变其属性值）。HLA 同时提供了动态执行时由一个成员向另一个成员传递所有权的机制。

2. 成员规则

规则 6：成员应该有一个经 HLAOMT 核准的 SOM。

HLA 要求每一个成员都有一个 HLA 仿真对象模型。HLASOM 应包含可以在联邦中公用的成员的对象类、类属性以及交互类。

规则 7：成员应能在它们的 SOM 中更新和/或反映对象的任意属性，并能发送和/或接收 SOM。

HLA 应该允许成员开发的成员内部使用的对象表达和交互可以作为联邦执行的一部分，通过在其他成员中的对象表达而能被外部使用。这些用于外部交互的能力应由成员的 SOM 核准。这些成员能力包括能输出由成员内部计算的刷新值以及能运用外部表达(如由联邦中其他成员)的交互。由于成员在开始设计时就将内部的对象、属性、交互表示为公用，因此，仿真的可重用机制从开始便已经具备。

规则 8：成员应能在联邦运行时，按照它在其 SOM 中所规定的那样，动态地传送和/接收属性的所有权。

HLA 允许不同的成员拥有同一对象实例的不同属性。具有了这种能力，就使"为一种特定目标而设计的仿真与为另一种目标设计的仿真相互配合以满足新的需求"成为可能。通过建立传递和接收实例属性的所有权的能力，按照 HLA 设计的仿真提供了适合于未来联邦的最大可能范围的成员的基本结构工具。

规则 9：成员应能如其 SOM 中规定的那样变更那些提供对象属性更新的条件。

HLA 允许成员拥有仿真程序中描述的对象实例的属性(如更新属性值)，并且使其他成员可以通过 RTI 获取这些值。不同的联邦可以规定不同的实例属性的更新条件(在某一特定的等级下，当值的变化量超过给定的阈值，例如高度上大于 1000 英尺(1 英尺＝0.305m)的变化等)。使用范围广泛的仿真应用程序能够调整其输出公共实例属性的条件，以支持不同联邦的要求。应用于更新一个成员的特定实例属性的条件应该由该成员的 SOM 核准。

规则 10：成员应能在一定程度上管理本地时间，允许它们协调与联邦中其他成员的数据交换。

HLA 时间管理结构可以支持使用不同的内部时间管理机制的成员之间的互操作性。HLA 为成员提供遵从特定需要而必须实现的每一种服务的能力。为了达到这些目的，正在开发一种单一的、统一的时间管理方法，以提供不同成员之间的时间管理互操作性。

6.2.3 接口规范

接口规范(Interface Specification)确定了成员与联邦，并最终与联邦中其他成员的交互。接口规范定义了一个运行时间支撑结构(RTI)的标准。RTI 提供的服务将仿真与通信分离,促进联邦的构造和自毁,支持在成员之间的对象申明和管理,辅助联邦的时间管理,为成员逻辑组提供有效的通信手段。目前已形成包括 RTI 6 大管理服务和对象模型管理 MOM 在内的共计 130 个接口服务。

1. 接口规范的管理领域

接口规范分成六个管理领域,分别为联邦管理、声明管理、对象管理、所有权管理、时间管理和数据分发管理。

1) 联邦管理

创建/删除、加入/退出某一个仿真应用的执行,联邦管理服务如图 6-4 所示。

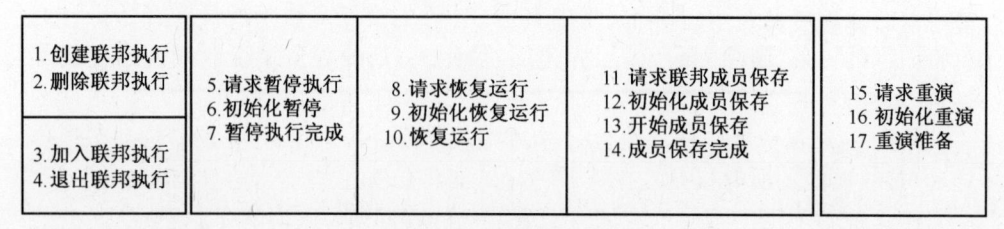

1.创建联邦执行 2.删除联邦执行	5.请求暂停执行	8.请求恢复运行	11.请求联邦成员保存	15.请求重演
	6.初始化暂停	9.初始化恢复运行	12.初始化成员保存	16.初始化重演
3.加入联邦执行 4.退出联邦执行	7.暂停执行完成	10.恢复运行	13.开始成员保存 14.成员保存完成	17.重演准备

图 6-4 联邦管理服务

2) 申明管理

提供成员声明希望接收和要求发送的交互信息。这类服务共 6 项,主要用于联邦成员向 RTI 声明它能产生的信息与能发出的交互,以及它希望接收到的信息与交互,声明管理服务如图 6-5 所示。

	公布	订购	控制
对象类	1.分布对象类	3.订购对象人类属性	5.控制更新
交互类	2.分布交互类	4.订购交互类	6.控制交互

图 6-5 声明管理服务

3) 对象管理

提供声明管理中描述的多类对象实体的控制服务。这一类共 17 项服务,用于创建、修改、删除对象与交互,对象管理服务如图 6-6 所示。

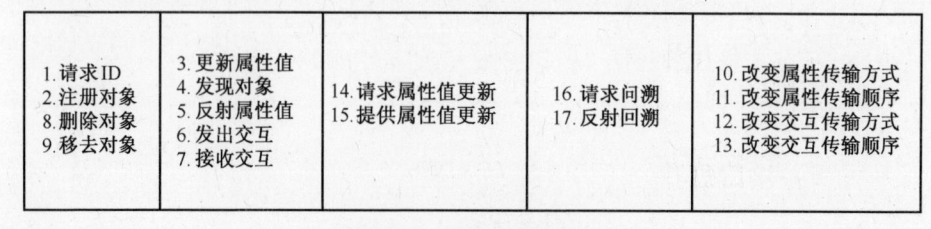

| 1.请求 ID
2.注册对象
8.删除对象
9.移去对象 | 3.更新属性值
4.发现对象
5.反射属性值
6.发出交互
7.接收交互 | 14.请求属性值更新
15.提供属性值更新 | 16.请求回溯
17.反射回溯 | 10.改变属性传输方式
11.改变属性传输顺序
12.改变交互传输方式
13.改变交互传输顺序 |

图 6-6 对象管理服务

4）时间管理

保证以建立的方式和顺序来推进成员的仿真执行，其主要任务是使事件的发生在仿真世界中的顺序与真实世界中的顺序一致，保证各成员能以同样的顺序观察产生的事件，并协调它们之间相关的活动。时间管理服务如图6-7所示。

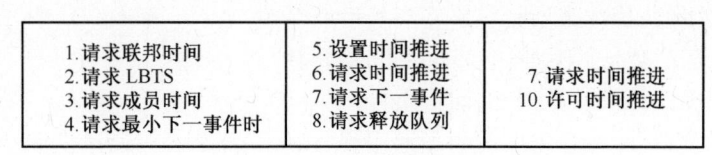

```
1.请求联邦时间         5.设置时间推进        7.请求时间推进
2.请求LBTS            6.请求时间推进       10.许可时间推进
3.请求成员时间         7.请求下一事件
4.请求最小下一事件时    8.请求释放队列
```

图6-7　时间管理服务

5）所有权管理

提供成员间转换对象的所有权控制。这组服务用于在联邦成员间迁移属性的所有权。拥有属性的所有权意味着要在联邦执行时负责提供属性的值。所有权管理服务如图6-8所示。

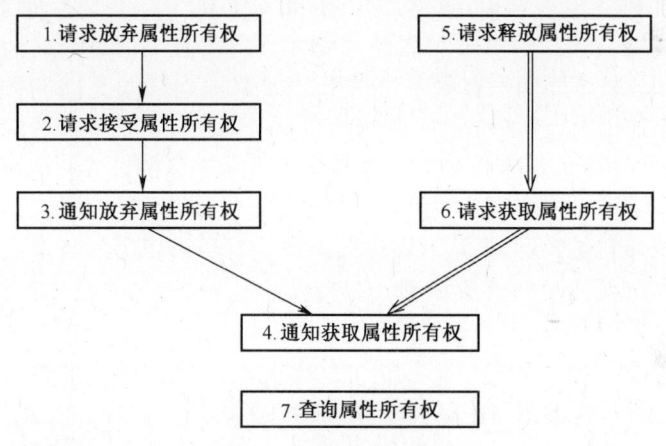

```
1.请求放弃属性所有权        5.请求释放属性所有权
          ↓                      ↓
2.请求接受属性所有权
          ↓                      ↓
3.通知放弃属性所有权        6.请求获取属性所有权
               ↘          ↙
            4.通知获取属性所有权

            7.查询属性所有权
```

图6-8　所有权管理服务

6）数据分发管理

根据成员间的供求关系实现数据的高级转发。为了有效地支持整个联邦范围内的数据分发管理，RTI提供了6项相关的服务，目的是限制一个大规模联邦中成员接收信息的范围，这样一方面减少成员处理的数据量，另一方面减少网络上传输的数据量。在HLA中，支持数据分发的基本概念是路径空间，联邦成员可用它来描述其希望接收与发送的数据。数据分发服务如图6-9所示。

```
1.创建更新区域
2.创建订购区域
3.连接更新区域
4.改变阈值
5.修改区域
```

图6-9　数据分发服务

107

2. 接口规范的内容

接口规范提供了每项服务的功能描述,以及使用这些服务所需要的参数和前提条件。通常,接口规范包括的内容有:

(1) 名称和描述:服务的名称和服务的简要描述。
(2) 提供的参数:调用服务所必须提供的参数。
(3) 返回参数:调用服务后返回的结果参数。
(4) 前提条件:调用服务的前提条件。
(5) 后置条件:后置条件说明了调用服务后,联邦状态可能产生的任何变化。
(6) 例外:给出了所有服务进程可能产生的例外情况。
(7) 相关服务:与该服务相关的其他服务。

6.2.4 对象模型模板

HLA 对象模型模板(Object Model Template,OMT)提供了一种文件模板,为 HLA 仿真程序类或联邦对象及其属性和交互类提供有关信息。这种通用的模板有助于理解和比较不同的仿真程序和联邦,并为联邦各成员之间的数据交换和协调提供了一个通用的理解机制;为描述潜在的 HLA 联邦成员的能力提供了一种通用的标准化机制;有助于开发 HLA 对象模型的通用工具的设计和应用。

对象模型模板为记录信息提供一个通用的建立关键模型的格式和语法,包括对象、属性、交互和参数,但它并不规定将出现在对象模型中的特定的数据。对象模型模板主要定义了联邦对象模型、仿真对象模型和管理对象模型(Management Object Model,MOM)。

FOM 的主要目的是要为联邦成员之间的数据交换提供一个通用的标准化格式的规范。这种数据的内容包括与联邦直接有关的所有对象和交互类的列表,以及表征这些类的属性和参数的规范说明;同时,一个 HLAFOM 还应确保对于达到成员之间可互操作性所必需的信息模型约定。

SOM 是单个仿真所能够向 HLA 联邦提供的固有能力的规范说明,在联邦形成的过程中,一个比较困难的步骤是决定单个仿真系统的组合过程以最好地满足仿真发起人的目标。每一个成员应该有一个 SOM 用于描述成员的重要的特性,对象和交互的外在表现,考虑成员的内部操作。

MOM 是公共的用于管理联邦的对象和交互的规范说明。可重用性和互操作性要求所有对象及其交互由一个成员所管理,并且该成员是外部可见,这些要求必须做详细规定并有一个通用的格式。

需要指出的是,在 HLA 中对象模型的定义方法与面向对象分析与设计(OOAD)中的有所区别,在 OOAD 中,一个对象模型提供了一个对象的更为详细的描述,包括对象的详细的内部关系特征。而在 HLA 的对象模型中,相对比较狭窄,仅仅关心成员/联邦的信息交换。

HLA 对象模型模板是由一组相互联系的部件组成,如图 6-10 所示。这些部件记载了关于对象类、对象属性及其交互的信息。当这些部件的信息内容可以用多种不同的方式表示时,HLA 要求这些部件以表格的形式提供文件。作为 HLA 对象模型的核心模板应使用表格形式。

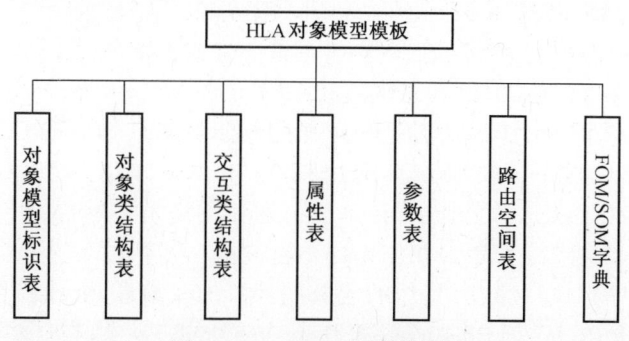

图 6-10 HLA 对象模型模板

（1）对象模型标识表:提供成员或联邦的关键识别信息,包括名称、种类、版本、开发目的、应用领域、联系人和联系方式等。

（2）对象类结构表:包含对象类-子类的层次关系,对于表中的每一个类,都应该说明其发布或订购(Publish/Subscription,P/S)特性。

（3）交互类结构表:定义了一个成员中的一个或一组对象所采取可能给不同成员中的对象带来影响的动作,对于交互类,应该说明其初始化、感应或反射(Initiate/Sense/React,I/S/R)特性。

（4）属性表:核准仿真程序/联邦中对象的属性特征,在属性表中,应该包含属性名、数据类型、基数、单位、分辨率、精度、精度条件、更新类型、更新率/条件、可接收/可传送、可更新/可反射以及路由空间等特性。

（5）参数表:核准仿真程序/联邦中交互的参数特征,用于将相关的和有用的信息和交互类联系起来。它包括交互名称、参数名称、数据类型、基数、单位、分辨率、精度、精度条件等信息。

（6）路径空间表:核准一个联邦中对象属性和交互的路径空间,路径空间是一种用于数据过滤的多维坐标系统,是数据发布管理(DDM)技术的最基本的概念,借助于路径空间每一维坐标的空间量,成员可以表达自己接收数据的兴趣或申明自己发送数据的意愿,这些意愿可以通过订购区和发布区来表达。

（7）FOM/SOM 字典:用于记录构造 FOM/SOM 过程中用到的所有术语的含义。类似于数据库技术中的数据字典含义,主要是为仿真提供一个公共的理解机制,保证联邦成员之间的互操作和对数据语义的一致理解。

当提供 HLA 对象模型时,联邦和各个仿真程序(成员)将使用所有的 7 个核心

OMT 部件,虽然在有些情况下,某些表内容可能为空,但是,所有 HLA 对象模型应至少包括一个对象类或交互类表。

6.2.5 联邦的运行过程和多个联邦的集成方法

1. 联邦的运行过程

联邦的执行过程有如下三个步骤:

(1) 当一个联邦运行之前,先执行 RtiExec。

(2) 由第一个成员作为联邦管理员,通过请求其 RTI 使者的 Create Federation Execution 方式,生成一个联邦运行;RTI 使者为 RtiExec 预定一个名称,并产生一个 FedExec 过程,该 FedExec 注册它与 RtiExec 通信的地址。这样,联邦就开始了它的执行过程。

(3) 一旦联邦执行存在,其他的成员就可以加入该联邦,准备加入的成员的 RTI 使者查阅 RtiExec 获取 FedExec 的地址,并向 FedExec 请求加入联邦执行。

2. 多个联邦的集成方法

在 HLA 规则中规定联邦之间可以相互独立,并且可能互相之间没有任何信息交换。因此一个系统中,可能会有多个联邦存在。这样,就存在多个联邦之间的集成问题。

多个联邦的集成有多种方法,从形式上可以分为集中式、分布式和层次式等几大类。

6.2.6 HLA 的关键技术

1. 联邦的开发与运行过程

联邦的开发与运行过程(Federation Developmentand Execution Process, FEDEP)虽然不是 HLA 的一个组成部分,但它对于确定在联邦开发过程中的关键任务具有重要的意义。正因如此,FEDEP 在形式上更主要的是表现为描述性质的指南,而不是强制性的规定。

FEDEP 可以分为确定联邦目标、开发联邦概念模型、联邦设计、联邦开发、联邦的集成与测试以及运行联邦和准备结果 6 大步骤。联邦的开发与运行过程如图 6-11 所示。

步骤 1.1:确定需求。

用户/项目发起人必须对联邦相关问题有明确理解,它至少包括所感兴趣的关键系统的顶层描述、真实性的概略指标以及被仿真实体所必需的行为、在联邦想定中必须表达的关键事件和输出数据要求。在联邦中已知程序上和技术上的约束也应该被确认。

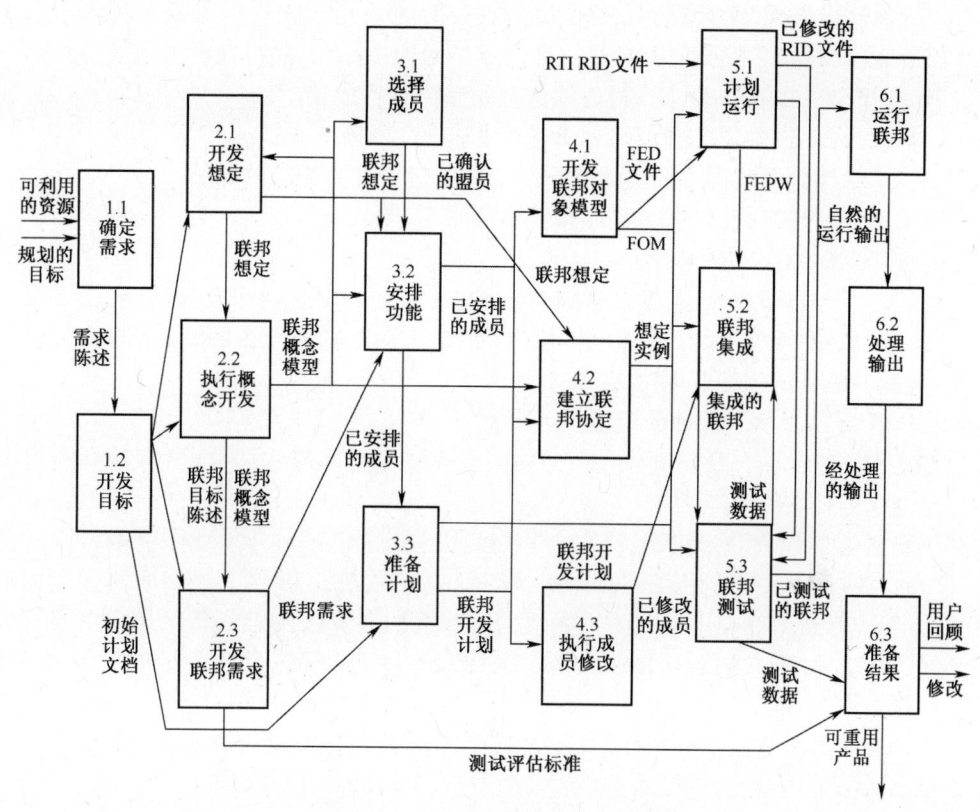

图 6-11 联邦的开发与运行过程

步骤 1.2：开发目标。

需求陈述被细化成联邦的一系列特定目标。这些目标陈述作为生成联邦需求的基础，并将高级用户/项目发起人的期望转化为更加形象直观的、可度量的联邦目标。此时，还将进行联邦的可行性/风险的早期评估以及初始计划的开发。

步骤 2.1：开发想定。

需要构造联邦想定的功能性描述，包括确定关键事件、在联邦中实体的行为和相互关系、所感兴趣的地理区域、相应的环境条件以及初始/终止条件等。

步骤 2.2：执行概念开发。

在这一步骤中，联邦开发人员产生一个真实世界领域(基于权威资源)的概念性表述，用于进一步研究问题。该表达通常是独立于将出现在联邦中的特定的仿真。联邦概念模型的约束范围由联邦想定来确定。

步骤 2.3：开发联邦需求。

初始目标陈述被转化为一系列的详细的联邦需求。这些需求必须是可直接测试的，并为设计和开发联邦提供实现层次的指导。

步骤 3.1：选择成员。

根据认识到的能力选择一系列的候选联邦成员,用于表达所需要的实体和由联邦概念模型所定义的事件。然后,确定成员的选择标准,并将其运用到这一候选集上,选择出一些能够(共同)最好地达成联邦需求的成员。

步骤 3.2:安排功能。

表达联邦概念模型中的实体和事件的职责应安排给相应的成员,有必要的话,对联邦设计进行权衡,如时间管理和联邦管理等。

步骤 3.3:准备计划。

制定一个协调的计划,指导联邦的开发、集成、测试和执行。它包括将用于整个联邦的基础系统工程方法、将使用到的工具以及为联邦产品(和要求的交付日期)分配各成员的职责。

步骤 4.1:开发联邦对象模型。

各成员确定一个联邦对象模型的协同开发的整体策略,并贯彻所有的可利用的自动化工具的使用策略。

步骤 4.2:建立联邦协定。

联邦成员首先确定相关的互操作性问题的解决方案,并在其指导下协作。例如,需要建立整个联邦中共有的或一致的所有数据和算法协定。其次是建立成员之间的操作协定,如初始化过程、同步点以及保存/恢复策略等。

步骤 4.3:执行成员修改。

将对成员所有需要的软件进行修改。这些修改可能表现为对成员所提供的特定功能的变化或扩展,也可能是对成员的 HLA 接口的改变或扩展。

步骤 5.1:计划运行。

将定义和开发支持一个 HLA 联邦运行所需的所有信息。除了完善性测试和校核、验证与确认(VV&A)之外,这一步骤关注的焦点是核准在联邦运行计划者手册(FEPW)中所描述的信息模板。另外,还将进行 RTI 初始数据(RID)文件的必要的修改。

步骤 5.2:联邦集成。

所有的联邦参与者将连接到一个单一的、统一的运行环境中。这需要所有的成员硬件和软件资产正确安装并相互连接在一个能够满足所有的 FOM 数据交换需求的结构中。

步骤 5.3:联邦测试。

执行的测试是为了确保联邦的正确运行。测试将分为独立的成员层次(验证所有的成员能够如 FOM 中所规定的进行数据交换)和整个联邦层次(测试所有的联邦参与者能够互操作以达到联邦目标的程度)两个方面。

步骤 6.1:运行联邦。

所有的联邦参与者将作为一个整体来运行,以形成所需要的输出,并因此而完成所陈述的联邦需求。成功的联邦测试是该步骤的首要前提条件。

步骤 6.2：输出处理。

在联邦运行的过程中，输出的采集是后期处理（如果必要）。这通常需要应用适当的统计方法和其他的数据约简方法将未处理过的自然数据转化成结果。

步骤 6.3：准备结果。

将评估来自前面各步骤的结果，以决定是否所有的联邦目标都已经达到。如果联邦运行成功，则所有的可重用的联邦产品（如 FOM、经修改的 SOM 等）将存储在一个适当的档案中。如果联邦运行不成功，将确认和执行适当的改正。

2. HLA 的校核、验证与确认

在 HLA 中，强调了"VV&A 并不是孤立存在，它涉及开发的全过程"。FEDEP 开发的 6 个阶段是 HLA 通用的开发步骤，它提供了一个与 VV&A 处理步骤紧密结合的非常有效基础。HLA 的校核、验证与确认过程通常包括：

1）计划 VV&A

这一过程通常需要校核联邦目标和联邦需求，评估技术风险和执行风险，制定 VV&A 计划和可接受标准。提交产品为风险评估、VV&A 计划、校核过的需求、可接受标准草案和校核计划纲要。

2）概念模型验证

这一过程通常需要跟踪联邦目标/需求转化为联邦概念模型（Federation Conceptual Model，FCM），校核整个剧本的需求、约束条件和满足联邦需求的程度，校核联邦的性能和真实度需求，校核联邦所涉及的真实世界的范围，校核任务空间概念模型（CMMS）向 FCM 的映射，针对任务、行为和相互关系等对 FCM 进行验证等。提交产品为 FCM 跟踪需求、校核过的整个想定、性能与真实度的需求、可接受标准和验证过的 FCM。

3）适应性校核

这一过程主要进行输入、输出分析检查，对对象模型库、成员选择和公用数据进行适应性校核。提交产品为经过选择的对象模型、校核过的对象模型、经过定义的公用数据、SOM/FOM 及附件、测试规则等。

4）功能性、联邦对象模型和想定校核

这一过程主要对联邦的性能、联邦对象模型和想定进行校核。其中，联邦性能方面有校核关键算法、数据采集和记录校核、公用数据模型和定义的校核、公共活动/服务校核、协调/传输性能校核等；联邦对象模型方面有针对可应用性对参考模型和对象模型模板（OMT）进行回顾、校核 OMT 规则是否被遵循、校核联邦对象模型是否与 OMT 一致、校核被联邦对象模型所使用的特殊服务等；想定方面有校核想定与 CMMS 的一致性、校核 FOM 中的时间和交互的合理性。提交的产品有校核过的联邦功能、联邦对象模型、通用功能、联邦文件和剧本细化实例等。

5）成员与 RTI 的接口校核

这一过程通常需要校核发布与订购、对象向 FOM 的映射、订购/传输与消息格

113

式、时间管理问题、执行总结/主机选择和成员总结数据、局域网及局域网与局域网的连接规范、RTI 服务与组的配置管理、工作记录本的完整性和正确性、对象的定义与交互、属性的更新与传输的数据、交互的初始化/感知/反应数据等,并校核所有的 RTI 功能和特征是否被正确定义、所有的资源管理是否被完全指定。提交的产品有校核过的成员、成员与 RTI 的接口、工作记录内容、RTI 功能和 RTI 服务等。

6) 适用性校核

这一过程通常需要校核一致性校核的结果、成员应用程序(通常是逐个进行)、输入数据是否可用、联邦开发计划、想定实例、RTI 的功能和典型运行是否正确。提交的产品有一致性校核结果、校核过的联邦开发计划、连接规范、性能和 RTI 初始化数据文件等。

7) 互操作性验证

这一过程通常需要相对基准数据验证输入数据,相对真实世界和基准行为验证适当的想定事件、测试性能,验证空间的正确性以及实体在综合环境中的特殊方面,验证相互交互的实体间的行为和性能,验证可视化和真实度等。提交的产品有验证过的输入数据、验证过的综合环境、验证过的交互、验证过的行为和性能。

8) 联邦验证

这一过程通常需要在相互交互的成员与实体之间验证整个联邦的互操作性,验证整个剧本的运行、验证测试的范围确保所有的可接受标准得到满足,执行整个联邦的验证确保在真实世界与仿真世界在性能和行为等方面的匹配。提交的产品有验证过的联邦执行、验证过的可接受标准、真实世界与仿真世界的更正结果和整个性能评估。

9) 确认

这一过程通常需要通过校核与验证的报告和数据以及专家意见来进行确认决策,对测试报告和可接受标准之间进行比较分析,评估联邦约束条件,参考应用的意图对仿真联邦的质量、精度和真实度进行评估。提交的成果有校核与验证报告、确认报告、评估过的可接受标准、联邦约束和限制条件的总结以及确认决策意见等。

3. 时间管理

1) HLA 时间管理的主要目标

HLA 的时间管理(Time Management,TM)体系的目标是定义一个基础结构,保证仿真联邦可以减少时间上异常事件的发生和影响,使仿真世界中事件发生的顺序与真实世界中事件发生的顺序一致,保证各联邦成员能以同样的顺序观察到事件的产生,并能协调它们之间相关的活动,并支持使用不同的内部时间管理机制的成员之间的互操作性。

2) 时间管理的基本概念

(1) 物理时间:要仿真的真实世界所处的自然时间。

(2) 仿真时间:仿真器所表现仿真世界的时间。

(3) 墙上时钟时间(Wallclocktime):当仿真执行时的仿真参考时钟(常取自然时钟)的时间。

(4) 成员时间:联邦成员当前的仿真时间;对于可收发时戳顺序(TSO)消息的成员,成员时间指逻辑时间,与直接将"墙上时钟"时间作为成员时间的情况相区别。在一个联邦执行过程中,不同的成员可以有不同的逻辑时间。

(5) 时戳顺序(Time Stamp Order,TSO):在 HLA 消息队列中,按事件发生的时间先后进行排序的一种方式。

(6) 时戳下限(Lower Boundon Time Stamp,LBTS):在 HLA 中,另一个成员可以通过 RTI 进行传送下一个时戳顺序消息的时戳下限。时戳下限通常用于悲观(Conservative)时间同步协议。

3) HLA 中的时间管理服务

时间管理主要是指在联邦执行过程中对时间推进的控制机制。时间推进机制通常又与消息传送机制有关,因此 HLA 中的时间管理服务是围绕以下两个方面来进行的:

(1) 消息传送服务:详细说明了不同种类的消息传送服务所提供的可靠性、消息排序和代价(指延迟、网络带宽等)等特征。

(2) 时间推进服务:主要是为成员提供一些逻辑时间推进的协调方法。逻辑时间推进方法主要有缩放实时(Scaledreal—Time)推进和尽可能快(As-Fast-As-Possible)推进。

HLA 提供时间管理服务的基本前提条件是联邦成员不能自主地推进它的逻辑时间,而只能明确地向 RTI 提出时间推进请求,由 RTI 确准后方能实现。

一个时间管理"周期"包括三个步骤:

(1) 联邦成员调用一个时间管理服务,请求逻辑时间推进。

(2) RTI 向成员分发当前时间下在消息队列中满足发送条件的消息。

(3) RTI 通过调用一个由该成员定义的过程来表明其逻辑时间已经推进。

4) HLA 提供的时间管理机制

HLA 主要提供了下列四种时间管理机制:

(1) 事件驱动(Event Driven):联邦成员处理内部事务和由其他成员产生的按 TSO 的事件;联邦成员处理完一个事件后,将时间推进到该事件的时戳值处。

(2) 时间步进(Time Stepped):联邦成员按一些固定的仿真时间长度(步长)推进时间。步长通常根据仿真精度(或稳定性)来选定。在 HLA 中,当且仅当与当前时间步长范围相关的所有仿真活动全部结束,才能将时间推进到下一时间步长段,因此不能简单地理解为一定的时间间隔推进一个时间步长。

(3) 离散事件并行仿真(Parallel Discrete Event Simulation):运行在多处理系统之上的联邦成员,必须在内部通过一个保守或乐观的同步协议进行同步。在一个保守的协议中,联邦成员内部的各个逻辑过程都必须按事件的 TSO 进行处理;乐观的同步协议允许逻辑过程不按 TSO 处理事件,而是提供了克服由此产生错误的方法。

(4)"墙上时钟"时间驱动(Wallclocktime Driven):在上述各种时间管理机制中,仿真执行步进与"墙上时钟"时间推进同步的情况均属于"墙上时钟"时间驱动机制。对于这种时间管理机制,它并不要求按事件的 TSO 进行处理。通常,人在回路、半实物仿真和有其他软件实时性约束的仿真多采用这种机制。

4. 数据分发管理

1) HLA 数据分发管理的目标

HLA 数据分发管理(Data Distributed Management,DDM)对一个较大规模的分布式联邦的信息接收进行限制,其目的是:减少接收成员方的数据处理量;减少网络上信息的流通量。HLA 数据分发管理要达到以下三个方面的目标。

(1) 效率(Efficiency):数据分发管理必须使其提供的所有服务需要的计算、消息延迟和内存占用等方面最低。代价昂贵的操作,如串比较、复杂计算以及通信过程中的过分的"握手"应尽可能地避免。

(2) 可伸缩性(Scalability):由 RTI 提供的数据分发管理服务在三个方面具有可伸缩性:一是处理所需要的计算复杂性;二是信息分发所需要的消息流通和/或网络带宽;三是存储属性信息以及维护对象表所需要的内存需求。

(3) 接口(Interfaces):数据分发管理服务必须以适当的接口提供 HLA 联邦所需要的适当的过滤功能。HLA 数据分发管理的接口目标就是以尽可能简单的方式支持 HLA 数据分发管理的关键任务。

2) 路径空间

路径空间(Routing Space)是最基本的 DDM 概念,实际上它是一种过滤数据的手段。借助于它,联邦成员可以表达自己接收数据的兴趣或声明自己发送数据的意愿。这种意愿的表达是通过订购区域(Subscription Region)和更新区域(Update Region)来实现的。订购区域限定路径空间的坐标使订购联邦成员的兴趣范围缩小,更新区域限定路径空间坐标确保在路径空间中包含对象的位置。联邦成员在使用 DDM 时,必须借助于路径空间、订购区域、更新区域和相关数据来分发相关的对象属性或交换参数。

3) 数据分发管理的流程

数据分发管理的流程可分为表达兴趣、组合区域、匹配区域、建立网络连接和传输数据 5 个步骤。

(1) 表达兴趣(Express Interest):联邦成员向 RTI 说明希望订购和更新的数据所在区域。

(2) 组合区域(Cluster Region):通过某种组合算法,将路径空间中的订购区域和更新区域分别尽可能地组合在一起,以减少区域匹配时的计算和通信代价花费。

(3) 匹配区域(Match Region)：对路径空间的订购区域与更新区域进行重叠性比较。结果为每个更新区域产生一个目的成员的列表,表明更新区域的信息应传递到哪些成员。

(4) 建立网络连接(Establish Connectivity)：根据上面匹配而产生的列表建立相应的网络连接,如一个多址组的集合。

(5) 传输数据(Transfer Data)：将属性与交互数据通过已经建立的网络连接传输到数据的订购方。

6.3 任务空间概念模型

6.3.1 任务空间概念模型的定义

1. 定义

任务空间的概念模型(Conceptual Modelsofthe Mission Space, CMMS)是对一组特定军事行动(任务)相关的真实世界的首次抽象,与具体仿真相独立,关注点在于军事行动的任务空间。它通过通用技术框架、接口工具、一致化的表现形式和易于访问的方式促进仿真部件的互操作和可重用。

任务空间概念模型是仿真与真实世界之间的一个中间视点(图6-12),并且承担作战人员和仿真开发者之间的桥梁作用,为作战人员、条令开发人员、教练员、C^4I开发人员、分析人员和仿真开发人员提供了通用的观点(Viewpoint),为仿真设计活动提供一个通用的、易于访问的、权威的起始点。任务空间概念模型作为一个权威的知识源,通过描述任一任务所涉及的关键实体及其行动和交互的基本信息,为仿真开发提供服务。

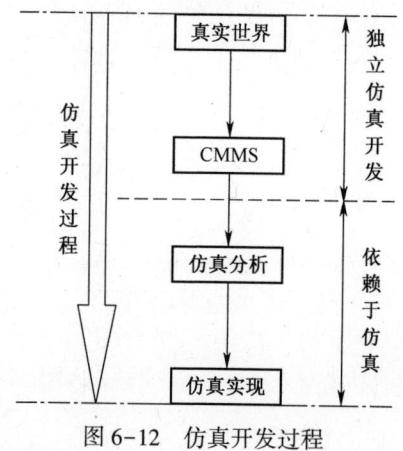

图6-12 仿真开发过程

必须指出：任务空间概念模型的开发是一个渐进的、不间断的过程,始终处于改进和完善的过程中,在一些重要的仿真项目的支持下,不断地生成并补充任务空间的概念模型的构件和数据。

2. 基本概念

数据(Data)：以一种规范的方式陈述事实、参数、数值、概念或指令,以适合于数据的通信、解释以及人或机器的自动化处理。

信息(Information)：用于特定目的的数据。

表达式(Representation)：模型、过程或算法与相应的数据、参数或数值的结合。传统方式的实现强烈地分离了算法和数值。现代面向对象的实现将模型和数据作为一个对象来表现。

抽象(Abstraction)：一个允许人们以各种细节程度来观察真实世界问题的意识工具,它取决于问题所包含的内容。抽象是真实世界在仿真所表现的综合世界中的等价物。

资源(Resource)：一个过程中可能需要用到的实体或消耗物,资源包括模型、数据、表达式、仿真、工具、装备、系统、软件、源代码、人力、计算机时间、日历时间和资金等。

实体(Entity)：在任务空间概念模型中,实体包括人员、组织、设备、文化特征、装备和计划。实体可以分为具体实体和抽象实体。

状态(State)：表现实体的内部和外部条件的属性。

角色(Role)：功能提供者、参与者或指定给某一实体的人物。

事件(Event)：在时间和空间中发生的状态和条件的变化。

动词(Verb)：由产生事件的自然力量或人力所产生的改造和变化。动词包括物理动词(如移动、感觉、通信、交战、补充等)和感知动词(如发展、监督、分析等)。

行动(Action)：由动词+实体所构成的角色或性能。如给飞机加油(Refuel Aircraft)、发射导弹(Launch Missile)、探测潜艇(Detect Submarine)等。

行动者(Actor)：执行或控制一个特定行动的实体。

入口标准(Entrance Criteria)：满足一个行动的初始化、开始、重新开始或继续进行的充分必要条件的状态设置和事件序列。

出口标准(Exit Criteria)：满足一个行动的暂停、中断、终止或定论的充分必要条件的状态设置和事件序列。

作业(Task)：由一个行动者执行的一个或多个行动,作业是明确操作意义上的最小单位。行动者在入口标准得到满足时开始执行动作,在执行的过程中,作业可能会接收或消耗一个或多个输入,可能得出或发送一个或多个输出,并可能改变一个或多个内部状态。在出口条件满足时,将暂停、中断或终止执行。

任务(Mission)：带有目的性的作业,它明确了哪些行动要被执行及其原因何在。

任务空间(Mission Space):一组共享通用组织原则、目的或特征的任务。

条件(Condition):可能影响部队、武器系统或个人任务执行可变化的作战环境或情况。条件影响任务执行的情况是不一样的。条件可以分为物理环境、军事环境和社会情况三大类。

6.3.2 任务空间概念模型的组成

任务空间概念模型包括概念模型(Conceptual Models)、技术框架(Technical Framework)、通用知识库(Common Repository)、CMMS开发工具。

1. 概念模型

概念模型是任务空间概念模型系统的"血肉",它描述的是与特定任务相关的真实世界的过程、实体和环境等。为了理解概念模型,这里先举一个空中封锁攻击任务剖面的文本描述的例子。

(1) 在准备穿越敌方领空之前,飞行员首先需要检查武器装备。这个过程是为了确保武器、武器系统和防护系统(如炸弹、航炮、空对地导弹、目标传感器吊舱、电子干扰吊舱和自我保护装置等)准备完毕。

(2) 飞行员驾驶执行空中封锁任务的飞机航行到起始点(Initial Point,IP)。该起始点是预先计划好的——目视可见或电子可测的参考点——从该点开始执行初始的攻击机动。在到达 IP 之前,飞行员要尽可能接近地面地飞行,以避免敌方雷达的探测(地形遮蔽)。

(3) 在 IP,飞行员开始空中封锁任务攻击剖面。如开始定时、使用导航系统标记位置、调整飞机到攻击角度、加速飞机到攻击速度。这些动作发生的时间非常紧凑,几乎同时发生。

(4) 飞行员使用目视参考点、定时参考点或电子参考点对目标区域进行定位。

(5) 飞行员使用目视参考点、定时参考点或电子参考点定位拉起点(Pop-Up-point)。这是预先计划好的空中点,从该点将开始执行拉起攻击剖面。

(6) 在拉起点,飞行员驾驶飞机进入拉起剖面:以预定的攀升角爬升飞机到达预定的俯冲高度(Pull-Down)。与此同时,调整飞机到预定的方向(面向目标区域)。通过使用预定的目标区域的地面参考物作为指针,飞行员以目视定位目标,并立即根据目标的位置和相对于飞机(依然处于拉起方式的机动)的位置评估任务成功的可能性。这种评估告诉飞行员为了成功地跟踪目标,需要做什么样的调整。

(7) 在俯冲高度上,飞行员将进行俯冲攻击剖面。即飞行员改变飞机的倾斜度,使飞机的前端指向目标或地面。

(8) 飞行员保持与目标的目视接触状态,并且对目标与飞机武器发射范围的跟踪位置进行比较,决定是否处于正确的空间位置(俯冲角度、距目标上方的高度、倾斜范围、跟踪时间等），以确保精确地和在预定的剖面参数下发射武器。

（9）飞行员同时以可见方式跟踪和观察目标，调整飞机的速度到适当的武器发射速度，监视飞机的递减高度，并检查敌方的防御情况。

（10）飞行员基于所有可获取的感知数据做出最后的攻击决策。飞行员下压飞机进入俯冲，在预定的发射高度，并在武器瞄准目标的情况下，飞行员激活武器发射回路，武器脱离飞机。

（11）飞行员执行预定的逃逸机动，调整飞机快速地逃离目标，并施放自保护箔条和闪光。机动的过程中，还应该避免武器爆炸所产生的碎片及其效应（如二次爆炸），并使敌方防御火力很难对飞机构成威胁。

（12）在机动过程中，飞行员还应该观察目标的攻击效果，并做出直接的和唯一（命中或没有命中）的作战毁伤评估。

（13）逃逸机动同样需要调整飞机的偏航角指向预定的退出点（设置在目标区域之外）。

（14）飞行员在自防护箔条和闪光的掩护下，高速低空退出（离开）目标区域。

（15）飞行员驾驶飞机向退出点（有地形标志）飞行。在飞行过程中，还必须监视敌方的防御情况，对主要的武器发射系统执行安全程序（关闭武器开关），并检查飞机和飞机系统的战斗损伤情况。

（16）在退出点，飞行员驾驶飞机向下一个导航点飞行，并恢复正常的飞行状态。

2. 技术框架

任务空间概念模型的技术框架是建立在数据标准化的基础之上的。任务空间概念模型的技术框架所规定的技术标准、管理程序和系统基础设施的主要作用是确保在任务空间概念模型通用知识库中所提供的军事行动的描述（概念模型）能满足下列目标：

（1）来源于权威数据源（Authoritative Sources）；
（2）使用通用的语法和语义（Common Semanticsand Syntax，CSS）来描述；
（3）使用标准的数据格式（Data Interchange Formats，DIF）来交换；
（4）经过严格的质量检查；
（5）只向授权的用户发布；
（6）防止非法访问或修改；
（7）独立于任何的特定仿真实现。

任务空间概念模型的集成与互操作性的基本思路是按照系统工程的将系统通过接口定义分解成相互独立的组成部分来实现的。任务空间概念模型的技术框架是通过一个以数据为中心的方法来建立事先的技术标准、管理过程和运行基础设施，以满足在一个仿真工程中概念模型的事后集成的要求和仿真系统之间的互操作。

在任务空间概念模型的技术框架中,对用于表达式识别的通用语义和语法、用于表达式实现的 CMMS 结构、用于表达式再现的 CMMS 过程、用于表达式重用的 CMMS 产品做了明确规定。

1) 通用语义和语法

语义(Semantics)是指符号和符号按语法规定的排列中所包含的内容或意义。语法(Syntax)是指用于表达式的符号和结构以及符号按照允许的结构进行排列的方法。

通用语法和语义是减少(甚至彻底消除)在军事主题专家和仿真开发主题专家之间误解和不明确的关键。它为在模型和仿真中描述军事行为提供标准的"语法"(Grammar)、方法和语言。通用语义和语法主要由三个部分组成:

(1) 词典(Lexicons):用于促进知识的发现和定义军事行动内容的明确性。

(2) 模板(Templates):确保知识获取(KA)和知识工程(Knowledge Engineering,KE)产物的完整性和可比较性。

(3) 风格指南(Style Guides):提供特定工具的使用方法/限制条件指南来促进信息的集成与交换。

用于 CMMS 的通用语义和语法可以分成四个方面:用于描述军事行动的 EATI 模板;用于基于动作抽象的 CMMS 动词字典;用于基于实体抽象的 CMMS 名词字典;信息系统规定的语义和语法。

EATI 模板是指用于表达式的描述、显示、维护或存储的实体(Entity)、动作(Action)、作业(Task)和交互(Interaction)模板。

2) CMMS 系统结构

CMMS 的体系结构必须满足以下两个条件:

(1) CMMS 通用知识库必须与建模与仿真资源库(MSRR)相兼容。

(2) CMMS 数据交换格式必须支持操作规范和使用模板。

3) CMMS 过程

CMMS 过程可看作一系列的分析步骤,主要分为数据产生过程(知识获取)和数据加工过程(知识工程)。

任务空间概念模型的开发过程可以分为以下四个步骤:

(1) 开发聚焦式语境(Focused Context):提供具体的操作条件并建立符合通过相关交互的活动分割的知识获取优先次序,用于确定任务空间的大小和范围。在进行语境开发之前,需要根据任务线程或作战想定来确定参与开发的人员的组织分工(活动分割),并确定彼此之间的接口关系以及需要了解的资源(如可以访问建模与仿真资源库中的相关资源)。这一过程可以认为是通常意义上的确定研究范围和组织分工过程。

(2) 收集信息(Gather Information):在同步的开发方案/时间轴线上,通过相关的文献检索和定点调研的方式进行信息的采集。这一过程可以认为是收集相关资料和调查研究过程。

(3) 输入资源的格式化(Formalize Input Resources):使用操作规范和使用格式模板以及 EATI 命名法、CMMS 动词字典和国防部数据字典系统(DDDS)数据项和 UJTL 作业列表进行数据的规范化。这一过程可以认为是整理资料和对数据进行规范化处理过程。

(4) 构造 CMMS 资源:使用基于实体和基于动作的抽象建立表达式来描述任务空间,这一过程可以认为是建立概念模型过程。

前两个过程属于知识获取过程,侧重于收集、筛选和获取信息;后两个过程属于知识工程过程,侧重于对信息进行符合可重用、互操作和标准化的处理。

4) CMMS 数据成果技术框架

数据成果的技术框架包括以下三个方面的内容:

(1) 权威数据源:数据成果必须按照权威数据源进行注册管理。

(2) 数据交换格式:概念模型集成和数据交换的关键。集成是完整性和消除信息模棱两可的基础。数据向外提供时,必须使用交换格式,一般用户无须知道 CMMS 内部的数据格式。

(3) 认证的数据用户:用户访问 CMMS 数据时,必须经过验证,才能访问允许的数据部分。

3. 通用知识库

任务空间概念模型的通用知识库是用于存储、管理和发布概念模型的数据库管理系统。当原始的概念模型经过知识工程的转化,形成一种规范的格式后,经过数据交换格式(DIF)将概念模型存入通用知识库中。

在概念模型集成时,必须通过下列途径来验证模型的完整性和明确性:

(1) 与通用词典进行一致性检查。

(2) 根据丢失部件或不正确的相互关系来确定不完整的模块。

(3) 检查与概念模型格式指南相背离的模糊信息。

更重要的是,CMMS 的数据库管理系统允许使用一些适合于知识获取的结构和工具来捕获信息,并且用户只需要浏览和选择关心的部分。

在 CMMS 库中一般需要组织描述、过程描述、任务描述、指挥行为描述、装备描述、环境描述、通信描述及其他描述。

组织描述提供任务、能力、限制条件的综述,以及所包含的过程、上级和下级、装备与人员和通信网络的一般性描述。

过程描述包括过程的一般描述、过程的前后关系描述,以及计划部分、执行部分、责任实体、执行措施、影响执行的因素等信息。

任务描述包括任务的一般描述,以及计划事项、执行事项、任务的时间关系视图、战术选项和作业列表等信息。

指挥行为描述主要包括一般描述,以及任务分析、制定作战概念、计划、作战管理(如指挥与控制)等信息。

装备描述主要包括装备一般描述,以及装备的附属和连接部件(如导弹、传感器等)、性能参数信息、装备类型的二维表现形式、装备的三维表现形式、军事通信装备等。

环境描述综合环境交换信息,主要与综合环境的描述与交换规范(SEDRIS)相兼容。

军事通信描述主要包括通信系统的详细描述、与 C^4ISR 系统的接口描述,以及消息分层、通信网络的拓扑关系等信息。

其他描述主要包括一些算法、参数数据、物理模式中的低级交互描述,以及弹道、视线等信息。

4. CMMS 开发工具

CMMS 开发工具主要包括知识开发与捕获工具、知识集成与分析工具、模型库、CSS 库和权威数据源等,这是促进仿真部件可重用和互操作的一种重要手段。

6.4 UML 建模方法

作为一种建模语言,UML 的定义包括 UML 语义和 UML 表示法两个部分。

6.4.1 UML 基本定义

描述基于 UML 的精确元模型定义。元模型为 UML 的所有元素在语法和语义上提供了简单、一致、通用的定义性说明,使开发者能在语义上取得一致。此外,UML 还支持对元模型的扩展定义。定义 UML 符号的表示法,为开发者或开发工具使用这些图形符号和文本语法进行系统建模提供标准。这些图形符号和文字所表达的是应用级的模型,在语义上它是 UML 元模型的实例。

从应用的角度看,设计系统时第一步是描述需求;第二步是根据需求建立系统的静态模型以构造系统的结构;第三步是描述系统的行为。在第一步与第二步中所建立的模型都是静态的,包括用例图、类图(包含包)、对象图、构件图和配置图等,它们构成 UML 的静态建模机制。在第三步中所建立的模型表示执行时的状态、时序关系或交互关系,包括状态图、活动图、顺序图和协作图等,它们构成 UML 的动态建模机制。因此,UML 的可视化建模机制可以分为静态建模机制和动态建模机制两大类。

6.4.2 UML 的静态建模机制

任何建模语言都以静态建模机制为基础,UML 的静态建模机制包括用例图、静态图和实现图。

1. 用例图

用例图从用户角度描述系统功能,并指出各功能的操作者。

1) 用例模型

用例模型描述的是外部执行者所理解的系统功能。用例模型用于需求分析阶段,表明了开发者和用户对需求规格达成的共识。用例模型由若干个用例图描述,用例图的主要元素是用例和执行者。

2) 用例

从本质上讲,一个用例是用户与系统之间的一次典型交互作用。在 UML 中,用例定义成系统执行的一系列动作,动作执行的结果能被指定执行者察觉到。

3) 执行者

执行者是指用户在系统中所扮演的角色。执行者触发用例,并与用例进行信息交换。

4) 使用和扩展

用例之间存在使用和扩展两种不同形式的继承关系。

5) 用例模型的获取

用例用来获取需求、规划和控制项目。获取用例首先要找出系统的执行者,可以通过用户回答一些问题的答案来识别执行者。一旦获取了执行者,就可以对每个执行者提出问题以获取用例。

2. 静态图

静态图包括类图、对象图和包图。

1) 类图

类图描述类和类之间的静态关系,它不仅显示了信息的结构,还描述了系统的行为。它是定义其他图的基础。

2) 对象和类

对象是用来描述客观世界中某个具体的实体。类是对一类具有相同特征的对象的描述。对象是类的实例。

3) 关系

类之间可以建立关联、依赖、聚集、泛化四种关系。其中最常用的是聚集和泛化。聚集表示类之间的关系是整体与部分的关系,泛化显示类之间的继承关系。

4) 对象图和链

对象图与类图具有相同的表示形式,它可以看作是类图的一个实例。对象之间的链是类之间关系的实例。

5) 包图和包

包图主要显示类的包以及包之间的依赖关系,有时还显示包和包之间的继承与组成关系。包的内容可以是类的列表,也可以是另一个包图,还可以是一个类图。

3. 实现图

实现图包括构件图和配置图，显示系统实现时的一些特性，包括源代码的静态结构和运行时的动态结构。

1) 构件图

构件图用来显示系统执行时构件之间的依赖关系。

2) 配置图

配置图描述系统硬件的物理拓扑结构以及在此结构上执行的软件。配置图可以显示计算结点的拓扑结构和通信路径、结点上运行的软件构件、软件构件包含的逻辑单元(对象、类)等。

3) 结点和连接

结点代表一个物理设备及其软件系统。结点之间的连线表示系统之间进行交互的通信路径，在 UML 中称为连接。

4) 构件和界面

在配置图中，构件代表可执行的物理代码模块，逻辑上它可以与类图中的包或类对应。配置图显示运行时各个包或类在结点中的分布情况。类和构件对外可见的操作和属性称为类和构件的界面。

5) 对象

由于构件可以看作与包或类对应的物理代码模块，因此，构件中应包含一些运行的对象。配置图中的对象与对象图中的对象表示法相同。

6.4.3 UML 的动态建模机制

1. 消息

对象间的交互是通过对象间消息的传递完成的。通常，当一个对象调用另一个对象中的操作时，即完成了一次消息传递。当操作执行后，控制便返回到调用者。对象通过相互间的通信(消息传递)进行合作，并在其生命周期中根据通信结果不断改变自身的状态。

UML 的消息包括简单消息、同步消息以及异步消息三种。

2. 状态图

状态图用来描述一个特定对象的所有可能状态及引起状态转移的事件。一个状态图包括一系列的状态以及状态之间的转移。

1) 状态

所有对象都具有状态，状态是对象执行了一系列活动的结果。当某个事件发生后，对象的状态将发生变化。状态图中定义的状态有初态、终态、中间状态和复合状态。

2) 转移

状态图中状态之间带箭头的连线称为转移。

3. 顺序图

顺序图描述对象之间的动态交互关系,着重体现对象间消息传递的时间顺序。顺序图有两个轴:水平轴表示不同的对象;垂直轴表示时间。顺序图中的对象用一个带有垂直虚线的矩形框表示,并标有对象名和类名。垂直虚线是对象的生命线,用于表示在某段时间内对象是存在的。对象间的通信通过在对象的生命线间划消息表示,消息的箭头上标明消息的类型。当接收到消息时,接收对象立即开始执行活动,即对象被激活。

4. 合作图

合作图描述相互合作的对象间的交互关系和链接关系。虽然顺序图和合作图都描述对象间的交互关系,但侧重点不一样。顺序图着重体现交互的时间顺序,合作图着重体现交互对象间的静态链接关系。合作图中对象的外观与顺序图中的一样。对象间的链接关系类似于类图中的联系。

1) 链接

链接表示对象间的各种关系,包括组成关系、聚集关系、限定关系的链接,以及导航链接。各种链接关系与类图中的定义相同,在链接的端点位置可以显示对象的角色名和模板信息。

2) 消息流

在合作图的链接线上,可以用消息来描述对象间的交互,消息的箭头指明消息的流动方向。

5. 活动图

活动图的应用非常广泛,它既可描述操作(类的方法)的行为,也可描述用例和对象内部的工作过程。活动图是由状态图变化而来的,它们各自用于不同的目的。活动图依据对象状态的变化来捕获动作(将要执行的工作或活动)以及动作的结果。活动图中一个活动结束后将立即进入下一个活动。

1) 活动和转移

一项操作可以描述为一系列相关的活动。活动仅有一个起始点,但可以有多个结束点。活动间的转移语法与状态图中定义的相同。

2) 泳道

活动图说明发生了什么,但没有说明该项活动由谁来完成。在 UML 中,用泳道解决这一问题,它将活动图的逻辑描述与顺序图、合作图的责任描述结合起来。泳道用矩形框表示,属于某个泳道的活动放在该矩形框内,将对象名放在矩形框的顶部,表示泳道中的活动由该对象负责。

3) 对象

在活动图中可以出现对象。对象可以作为活动的输入或输出,对象与活动间的输入/输出关系由虚线箭头表示。如果仅表示对象受到某一活动的影响,则可用不带箭头的虚线连接对象与活动。

4）信号

在活动图中可以表示信号的发送与接收,分别用发送和接收标志来表示。发送和接收标志也可与对象相连,用于表示消息的发送者和接收者。

第7章
综合评价方法

综合评价是决策的基础,在装备论证中,特别是方案选择阶段,需要对多种方案进行评价,一般采用综合评价方法。综合评价方法的发展比较成熟完善,有多种可供装备论证选用,常用的有层次分析法、模糊综合评判法、灰色关联分析法、数据包络分析法(ADC)等。

7.1 层次分析法

层次分析法(The Analytic Hierarchy Process,AHP)是20世纪70年代初期由美国运筹学家T. L. Saaty教授提出的。它是综合定性与定量分析,对多目标多准则的系统进行分析评价的一种方法。它将以人的主观判断为主的定性分析进行量化,用数值(判断尺度)替代方案的差异,供决策参考。

层次分析法利用层次结构来简化所分析的问题。它解决问题的基本思路:首先找出解决问题牵连的主要因素,将这些因素按其关联隶属关系构成递阶层次模型,通过对层次结构中各因素之间相对重要性的判断及简单的排序解决问题。

7.1.1 层次分析法的基本步骤

层次分析法可分为以下几个步骤:
(1) 分析系统中各因素之间的关系,建立系统的递阶层次结构。
(2) 对同一层次的各元素关于上一层次中某一准则的重要性进行两两比较,构造两两比较判断矩阵。
(3) 由判断矩阵计算被比较元素对于该准则的相对权重。
(4) 对判断矩阵进行一致性检验。
(5) 计算各层元素对系统目标的合成权重,并进行排序。
下面具体介绍这五个步骤的实现方法。

1. 递阶层次结构的建立

应用层次分析法首先要把问题条理化、层次化,构造出一个层次分析的结构模型。在这个结构模型下,复杂问题分解为人们称为元素的组成部分。这些元素又按属性分成若干组,形成不同层次。同一层次的元素作为准则对下一层次的某些元素起支配作用,同时它又受上一层次元素的支配。这些层次大体上可以分为三类:

(1) 最高层:这一层次中只有一个元素,一般它是分析问题的预定目标或理想结果,因此也称为目标层。

(2) 中间层:这一层次包括为实现目标所涉及的中间环节,它可以由若干个层次组成,包括所需考虑的准则、子准则,因此也称为准则层。

(3) 最低层:表示为实现目标可供选择的各种措施、决策方案等,因此也称为措施层或方案层。

这种自上而下的支配关系所形成的层次结构称为递阶层次结构,如图 7-1 所示。如果递阶层次结构中,上层次的元素支配下层次的所有元素,那么这样的层次结构称为完全的。如果存在一个元素,它并不支配下一层次的所有元素而仅支配其中部分元素,那么这样的层次结构称为不完全的。递阶层次结构中的层次数与问题的复杂程度及所需分析的详尽程度有关,一般不受限制。每一层次中各元素所支配的元素一般不要超过 9 个,这是因为支配的元素过多会给两两比较判断带来困难。

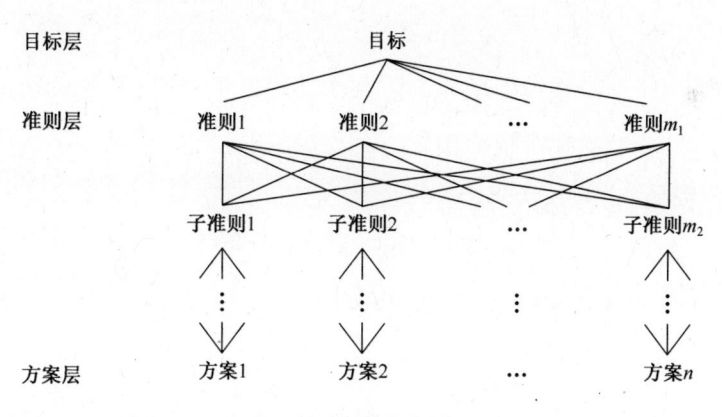

图 7-1 递阶层次结构

如果决策问题比较简单,其决策因素不很多,相互之间的从属及支配关系不难理顺,那么可以通过主观上的逻辑判断得出层次分析法的递阶层次结构。如果决策问题包含的因素很多,而它们的相互关系又很复杂,则需要运用数学方法来确定递阶层次结构。一般地说,确定层次结构的数学方法有两类:

一类是测度聚类法,也就是层次或元素组的划分取决于决策因素相互接近的程度,这种程度是用某种测度表示的。

另一类方法与系统结构的可达性矩阵有关,该方法确定递阶层次结构的步骤如下:

(1) 作系统从属关系的有向图。$H=\{v_1,v_2,\cdots,v_n\}$为系统的元素集,有向边(v_i,v_j)表示v_j从属于v_i。

(2) 根据有向图做出邻接矩阵A。

(3) 求出邻接矩阵A的可达性矩阵P,并检查可达性矩阵是否满足如下条件:

① 可达性矩阵不能经过行列对换化为块对角形矩阵。

② 可达性矩阵$P=(p_{ij})_{n\times n}$满足
$$p_{ii}=0, i=1,2,\cdots,n$$
当$p_{ij}=1$时,必有$p_{ji}=0(i,j=1,2,\cdots,n)$。

若满足以上条件,则令$k=1, P^{(k)}=P$。若不满足条件,则回到(1)重新修改有向图。

(4) 分层。在$P^{(k)}$中找出全为0的列,设其在$P^{(k)}$中的列号为$k_1,k_2,\cdots,k_m$,那么得$L_k=\{v_{k_1},v_{k_2},\cdots,v_{k_m}\}$;$R(v_i)=\{v_j|v_j\in H, p_{ij}=1\}$($i=k_1,k_2,\cdots,k_m$)。当$k>1$时,对元素$v_i\in L_{k-1}$,求其支配的元素集合$v_i^-$:

$$v_i^-=\begin{cases}R(v_i)\cap L_k, & R(v_i)\cap L_k\neq\varnothing \\ R(v_i)\cap L_{k+l}, & R(v_i)\cap L_{k+j}=\varnothing, j=1,2,\cdots,l-1; R(v_i)\cap L_{k+l}\neq\varnothing\end{cases}$$

(5) 从$P^{(k)}$中划去第$k_1,k_2,\cdots,k_m$列及相应的行,保持原来的行列序号,得新矩阵$P^{(k+1)}$。

(6) 判断$P^{(k+1)}$是否为零矩阵或是否已收缩为0;若是,则层次划分完毕;否则,令$k=k+1$,转向(4)。

递阶层次结构是层次分析法中一种最简单的层次结构形式。有时一个复杂的问题仅仅用递阶层次结构难以表示,这时就要采用更复杂的形式,如循环层次结构、反馈层次结构等,它们都是递阶层次结构的扩展形式。

下面举例说明递阶层次结构的建立方法。

[例] 炮射导弹是一种先进而复杂的武器系统。目前可供炮兵选用的发射平台主要有牵引式反坦克炮和自行反坦克炮,而这两种发射平台各有利弊,涉及的影响和制约因素较多。为了对这两种发射平台进行选择,须对炮射导弹发射平台进行综合评估。综合评估时主要考虑基本能力、生存能力、可用性和经济性四个准则,其中与基本能力相关的主要因素有通视能力、命中率、击毁率和快速反应能力,与生存能力相关的主要因素有火炮受弹面积、防护能力、机动能力和伪装隐蔽能力,与可用性相关的主要因素有可靠性、可维修性、可操作性和环境适应性,与经济性相关的主要因素有结构复杂性、工艺难易程度、原材料来源和武器改造费用等,由此可建立如图7-2所示的递阶层次结构模型。

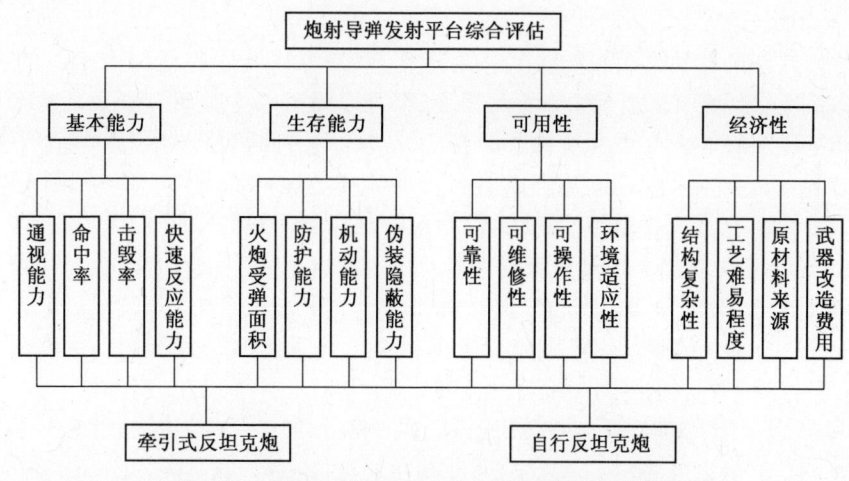

图 7-2 炮射导弹发射平台综合评估层次结构模型

2. 构造两两比较判断矩阵

对每一个上层元素 A_k，对应有一个与其有逻辑关系的下层元素集 $\{B_1, B_2, \cdots, B_n\}$。以 A_k 为准则，将 B_i 与 $B_1, B_2, \cdots, B_n$ 两两相互比较，并按表 7-1 所列 1~9 标度进行重要性程度赋值。

表 7-1 1~9 标度的含义

标度	含 义
1	表示两个元素相比，具有同样重要性
3	表示两个元素相比，一个元素比另一个元素稍微重要
5	表示两个元素相比，一个元素比另一个元素明显重要
7	表示两个元素相比，一个元素比另一个元素强烈重要
9	表示两个元素相比，一个元素比另一个元素极端重要
2,4,6,8	表示上述相邻判断的中间值
倒数	若元素 i 与元素 j 的重要性之比为 b_{ij}，则元素 j 与元素 i 的重要性之比为 $b_{ji}=1/b_{ij}$

赋值规则如下：

（1）B_i 的重要性大于或等于 B_j 的重要性，赋给 b_{ij} 的值为 1~9。

（2）B_i 的重要性小于 B_j 的重要性，赋给 b_{ij} 的值为 1~9 的倒数，即 $1 \sim \dfrac{1}{9}$。

（3）$b_{ii}=1(i=1,2,\cdots,n)$。

由此，可得到如下判断矩阵：

$$\begin{array}{c|ccccc} A_k & B_1 & B_2 & B_3 & \cdots & B_n \\ \hline B_1 & b_{11} & b_{12} & b_{13} & \cdots & b_{1n} \\ B_2 & b_{21} & b_{22} & b_{23} & \cdots & b_{2n} \\ \vdots & \vdots & \vdots & \vdots & & \vdots \\ B_n & b_{n1} & b_{n2} & b_{n3} & \cdots & b_{nn} \end{array}$$

式中：$b_{ii}=1$，$b_{ij}=\dfrac{1}{b_{ji}}(i=1,2,\cdots,n,j=1,2,\cdots,n)$。

除最底层元素外，对于每一个元素 A_k 都可以得到一个判断矩阵。显然，由此构造的判断矩阵是一个正互反矩阵。在特殊情况下，判断矩阵的元素具有传递性，即满足 $b_{ij} \cdot b_{jk}=b_{ik}$。若判断矩阵的所有元素都满足这种传递性，则该判断矩阵为完全一致性矩阵。一般地，并不要求判断矩阵是完全一致性矩阵。

3. 单一准则下元素相对权重的计算

根据 n 个元素 $B_1,B_2,\cdots,B_n$ 对于准则 A_k 的判断矩阵 $\boldsymbol{B}=(b_{ij})_{n\times n}$，可以求出 $B_1,B_2,\cdots,B_n$ 对于准则 A_k 的相对权重 $W_1,W_2,\cdots,W_n$。相对权重可写成向量形式，即 $\boldsymbol{W}=(W_1,W_2,\cdots,W_n)^T$，有

$$\boldsymbol{B}=\begin{bmatrix} W_1/W_1 & \cdots & W_1/W_n \\ \vdots & & \vdots \\ W_n/W_1 & \cdots & W_n/W_n \end{bmatrix}=\begin{pmatrix} W_1 \\ \vdots \\ W_n \end{pmatrix}\begin{pmatrix} \dfrac{1}{W_1} & \cdots & \dfrac{1}{W_n} \end{pmatrix}$$

下面介绍求权重向量的特征根方法。

若取权重向量 $\boldsymbol{W}$ 为单位向量，则 $\boldsymbol{W}$ 是判断矩阵 $\boldsymbol{B}$ 的最大特征值所对应的单位特征向量。此时的 $\boldsymbol{W}$ 可用如下算法求得：

(1) 任取 n 阶单位向量 $\boldsymbol{W}^{(0)}$；

(2) $\overline{\boldsymbol{W}}^{(k+1)}=\boldsymbol{B}\boldsymbol{W}^{(k)}$ $(k=0,1,\cdots)$；

(3) 令 $\beta=\sum\limits_{i=1}^{n}\overline{W_i}^{(k+1)}$，$\boldsymbol{W}^{(k+1)}=\dfrac{1}{\beta}\overline{\boldsymbol{W}}^{(k+1)}$ $(k=0,1,\cdots)$；

(4) 对于任意给定的精度 ε，当 $|W_i^{(k+1)}-W_i^{(k)}|<\varepsilon(i=1,2,\cdots,n)$ 成立时，则 $\boldsymbol{W}=\boldsymbol{W}^{(k+1)}$ 为所求的特征向量。它所对应的特征值为

$$\lambda_{\max}=\sum_{i=1}^{n}\dfrac{\overline{W_i}^{(k+1)}}{\beta W_i^{(k)}}=\sum_{i=1}^{n}\dfrac{W_i^{(k+1)}}{W_i^{(k)}} \tag{7-1}$$

4. 一致性检验

在计算单准则下权重向量时，还必须进行一致性检验。在判断矩阵的构造中，并不要求判断具有传递性和一致性。但是，当判断矩阵偏离一致性过大时，由此判断矩阵所得到的单准则下的权重向量的可靠程度就值得怀疑。因此需要对判断矩阵的一致性进行检验，其步骤如下：

(1) 计算一致性指标(Consistency Index, CI)：

$$\text{CI}=\dfrac{\lambda_{\max}-n}{n-1} \tag{7-2}$$

式中：$\lambda_{\max}$ 为判断矩阵的最大特征值；n 为判断矩阵的阶数。

当判断矩阵 $\boldsymbol{B}$ 完全一致时，有 $\lambda_{\max}=n$，$\text{CI}=0$。

(2) 查找相应的平均随机一致性指标(Random Index, RI)。平均随机一致性

指标是同阶随机判断矩阵的一致性指标的平均值,其计算过程如下:

① 对于 n 阶矩阵,独立地重复 $n(n-1)/2$ 次随机地从 $1,2,\cdots,9$ 以及 $\frac{1}{2},\frac{1}{3}$, $\cdots,\frac{1}{9}$ 中取值,作为矩阵上三角元素;主对角元素取 1;下三角元素取上三角元素的倒数。由此产生一个随机正互反矩阵。

② 计算所得随机矩阵的 CI。

③ 重复上述步骤以得到足够数量的样本,计算 CI 的样本均值。这个均值就是 RI。它与判断矩阵的阶数有关。

表 7-2 给出了 1~15 阶正互反矩阵计算 1000 次得到的平均随机一致性指标。

表 7-2　1~15 阶矩阵的 RI 值

矩阵阶数	1	2	3	4	5	6	7	8	9	10	11	12	13	14	15
RI 值	0	0	0.52	0.89	1.12	1.26	1.36	1.41	1.46	1.49	1.52	1.54	1.56	1.58	1.59

(3) 计算一致性比例(Consistency Ratio,CR):

$$CR = \frac{CI}{RI} \tag{7-3}$$

当 CR<0.1 时,则认为判断矩阵的一致性是可以接受的。当 CR≥0.1 时,应该对判断矩阵做适当修正,即修改 $b_{ij}(i,j=1,2,\cdots,n)$。对于一阶、二阶矩阵总是一致的,此时 CR=0。

(4) 当 CR≥0.1 时,对判断矩阵的修正。当 CR≥0.1 时,判断矩阵不满足一致性要求,这时需要对判断矩阵做进一步修正。判断矩阵是专家给出的,判断矩阵中的元素错误只是个别的,不会全有错。基于这种思想,首先找到判断矩阵中的错误元素,然后进行修正。其具体方法如下:

① 设初始判断矩阵 $\boldsymbol{A}=(a_{ij})_{n\times n}$,其最大特征值为 $\lambda_{\max}$,对应的特征向量 $\boldsymbol{W}=(w_1,w_2,\cdots,w_n)^\mathrm{T}$。令 $k=1,\boldsymbol{A}(k)=\boldsymbol{A},\boldsymbol{W}(k)=\boldsymbol{W}$。

② 构造错误元素识别矩阵 $\boldsymbol{D}(k)=[d_{ij}(k)]_{n\times n}$,其中:

$$d_{ij} = a_{ij}\cdot\frac{w_j}{w_i} + a_{ji}\cdot\frac{w_i}{w_j} - 2, \quad i,j=1,2,\cdots,n \tag{7-4}$$

若 $d_{rs}(k)=d_{sr}(k)=\max\{d_{ij}(k)\}$,则错误元素为 $a_{rs}(k)$ 和 $a_{sr}(k)$。

③ 令

$$b_{ij}(k+1) = \begin{cases} 0, & (i,j)=(r,s) \text{ 或}(s,r) \\ a_{ij}(k), & (i,j)\neq(r,s) \text{ 或}(s,r) \end{cases} \tag{7-5}$$

由此得到矩阵 $\boldsymbol{B}=[b_{ij}(k+1)]_{n\times n}$,求矩阵 $\boldsymbol{B}$ 的最大特征根 $\lambda_{\max}$ 和相应的特征向量,记为

$$\boldsymbol{W}(k+1) = [w_1(k+1),w_2(k+1),\cdots,w_n(k+1)]^\mathrm{T}$$

④ 令

$$a_{ij}(k+1) = \begin{cases} \dfrac{w_i(k+1)}{w_j(k+1)}, (i,j) = (r,s) \text{ 或} (s,r) \\ a_{ij}(k) + 1, (i,j) = (r,r) \text{ 或} (s,s) \\ a_{ij}(k), (i,j) \neq (r,s) \text{ 或} (s,r) \text{ 或} (r,r) \text{ 或} (s,s) \end{cases} \quad (7-6)$$

由此得到判断矩阵 $A(k+1) = [a_{ij}(k+1)]_{n \times n}$，该判断矩阵即为对错误元素修正后的矩阵。求其最大特征根 λ_{max} 及对应的特征向量 $W = (w_1, w_2, \cdots, w_n)^T$，然后进行一致性检验：若 CR<0.1，则结束；否则，$k=k+1$，转②。

5. 递阶层次结构中合成权重的计算

合成权重的计算又称为层次总排序。单一准则下相对权重的计算只得到一组元素对其上一层中某元素的权重向量。层次分析法最终是要得到各元素对于总目标的相对权重，特别是要得到最底层中各方案对于目标的排序权重，即"合成权重"，从而进行方案选择。合成权重的计算是自上而下地将单准则下的权重进行合成。合成的方法如下：

假设层次 **A** 和层次 **B** 是相邻的两个层次，层次 **A** 是层次 **B** 的上层。层次 **A** 的元素有 m 个，为 $A_i(i=1,2,\cdots,m)$，层次 **B** 的元素有 n 个，为 $B_j(j=1,2,\cdots,n)$。元素 A_i 相对于总目标的合成权重（总排序）为 $a_i(i=1,2,\cdots,m)$；$B_j(j=1,2,\cdots,n)$ 对 A_i 的相对权重（单排序）为 $b_j^i(j=1,2,\cdots,n)$，如果 B_j 与 A_i 无关，则令 $b_j^i=0$。则层次 **B** 对总目标的合成权重见表 7-3 所列。

表 7-3 合成权重的计算

层次 **B**	层次 **A** $A_1 \quad A_2 \quad \cdots \quad A_m$ $a_1 \quad a_2 \quad \cdots \quad a_m$	层次 **B** 总排序
B_1	$b_1^1 \quad b_1^2 \quad \cdots \quad b_1^m$	$\sum_{i=1}^{m} a_i b_1^i$
B_2	$b_2^1 \quad b_2^2 \quad \cdots \quad b_2^m$	$\sum_{i=1}^{m} a_i b_2^i$
$\vdots$	$\vdots$	$\vdots$
B_n	$b_n^1 \quad b_n^2 \quad \cdots \quad b_n^m$	$\sum_{i=1}^{m} a_i b_n^i$

7.1.2 应用示例

层次分析法可用于确定同类武器综合性能的优劣及论证方案的好坏。同类武器的战术技术指标类型基本相似,但各指标优劣程度可能区别很大。某一指标甲优乙劣,另一指标可能甲劣乙优。这时,可以用层次分析法首先确定指标权重,最后按综合所得总指标值排序即可反映不同型号武器的优劣。下面以评估甲、乙两种地地导弹突防能力的优劣为例,说明层次分析法的应用。

1. 建立地地导弹的突防能力评估指标体系

通过对影响地地导弹突防能力各因素的分析,得出如图 7-3 所示的评估指标体系的递阶层次结构。

```
                          地地导弹突防能力 A
         ┌──────────────┬───────────────┬──────────────┐
    隐身能力 $B_{11}$  机动变轨能力 $B_{12}$  施放诱饵能力 $B_{13}$  弹头加固能力 $B_{14}$
    ┌─────┼─────┐                    ┌─────┐        ┌─────┬─────┐
  红外   雷达   微波               红外   电子      电磁   抗破   抗激
  隐身   隐身   隐身               诱饵   诱饵      防护   片杀   光杀
  能力   能力   能力               能力   能力      能力   伤能   伤能
$C_{11}$ $C_{12}$ $C_{13}$        $C_{14}$ $C_{15}$  $C_{16}$ 力$C_{17}$ 力$C_{18}$
```

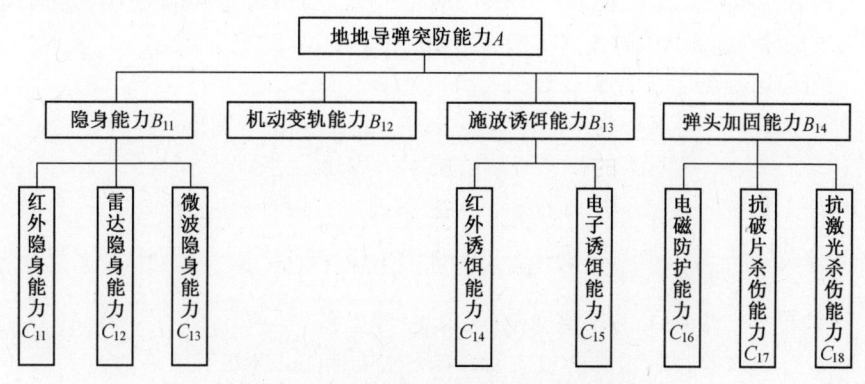

图 7-3 地地导弹突防能力递阶层次结构

2. 构造两两比较判断矩阵

采用 1~9 标度法,通过征求专家意见,构造出隐身能力 B_{11}、机动变轨能力 B_{12}、施放诱饵能力 B_{13}、弹头加固能力 B_{14} 相对重要性判断矩阵(简称 ***A~B*** 判断矩阵):

A	B_{11}	B_{12}	B_{13}	B_{14}
B_{11}	1	5/9	1/7	5/2
B_{12}	9/5	1	9/4	9/2
B_{13}	7	4/9	1	4/2
B_{14}	2/5	2/9	2/4	1

对隐身能力 B_{11} 可以构造出红外隐身能力 C_{11}、雷达隐身能力 C_{12}、微波隐身能力 C_{13} 判断矩阵(简称 B_{11}~***C*** 判断矩阵):

B_{11}	C_{11}	C_{12}	C_{13}
C_{11}	1	9/5	9/3
C_{12}	5/9	1	5/3
C_{13}	3/9	3/5	1

对施放诱饵能力 B_{13} 构造出红外诱饵能力 C_{14}、电子诱饵能力 C_{15} 判断矩阵(简称为 $B_{13} \sim C$ 判断矩阵):

B_{13}	C_{14}	C_{15}
C_{14}	1	9/5
C_{15}	5/9	1

对弹头加固能力 B_{14} 构造出电磁防护能力 C_{16}、抗破片杀伤能力 C_{17}、抗激光杀伤能力 C_{18} 的判断矩阵(简称为 $B_{14} \sim C$ 判断矩阵):

B_{14}	C_{16}	C_{17}	C_{18}
C_{16}	1	7/9	7/3
C_{17}	9/7	1	3
C_{18}	3/7	1/3	1

3. 计算单一准则下的权重向量

根据算法求各判断矩阵的最大特征根和特征向量,得如下结果:

$A \sim B$ 判断矩阵: $\lambda_{max} = 4.6382, W = (0.1384\ 0.4060\ 0.3654\ 0.0902)^T$
$B_{11} \sim C$ 判断矩阵: $\lambda_{max} = 3, W = (0.5294\ 0.2941\ 0.1765)^T$
$B_{13} \sim C$ 判断矩阵: $\lambda_{max} = 2, W = (0.6429\ 0.3571)^T$
$B_{14} \sim C$ 判断矩阵: $\lambda_{max} = 3, W = (0.3684\ 0.4737\ 0.1579)^T$

4. 进行一致性检验

$A \sim B$ 判断矩阵:

$$CI = \frac{\lambda_{max} - n}{n - 1} = \frac{4.6382 - 4}{4 - 1} = \frac{0.6382}{3} = 0.2127$$

$$CR = \frac{CI}{RI} = \frac{0.2127}{0.89} = 0.2389$$

$B_{11} \sim C$ 判断矩阵:

$$CI = \frac{3-3}{3-1} = 0, CR = 0$$

$B_{13} \sim C$ 判断矩阵:

$$CI = \frac{2-2}{2-1} = 0, CR = 0$$

$B_{14} \sim C$ 判断矩阵:

$$CI = \frac{3-3}{3-1}, CR = 0$$

由于 $A \sim B$ 判断矩阵的 CR = 0.2389 > 0.1,所以应对 $A \sim B$ 判断矩阵做适当修正。

用 $A = (a_{ij})_{4 \times 4}$ 表示 $A \sim B$ 判断矩阵。

(1) 构造错误元素识别矩阵 $D(k) = [d_{ij}(k)]_{n \times n}$,有

$$d_{11} = a_{11} \times \frac{w_1}{w_1} + a_{11} \times \frac{w_1}{w_1} - 2 = 1 \times \frac{0.1384}{0.1384} + 1 \times \frac{0.1384}{0.1384} - 2 = 0$$

$$d_{12} = a_{12} \times \frac{w_2}{w_1} + a_{21} \times \frac{w_1}{w_2} - 2 = \frac{5}{9} \times \frac{0.4060}{0.1384} + \frac{9}{5} \times \frac{0.1384}{0.4060} - 2 = 0.02438$$

可得

$$D(k) = \begin{bmatrix} 0.0000 & 0.2438 & 1.0277 & 0.2438 \\ 0.2438 & 0.0000 & 0.5187 & 0.0000 \\ 1.0277 & 0.5187 & 0.0000 & 0.5187 \\ 0.2438 & 0.0000 & 0.5187 & 0.000 \end{bmatrix}$$

$$d_{13} = d_{31} = \max\{d_{ij}(k)\}$$

因此 A 中的错误元素为 a_{13}、a_{31}。

(2) 令

$$b_{ij} = \begin{cases} 0, & (i,j) = (1,3) \text{ 或}(3,1) \\ a_{ij}, & (i,j) \neq (1,3) \text{ 或}(3,1) \end{cases}$$

得矩阵 B 为

$$B = \begin{bmatrix} 1 & 5/9 & 0 & 5/2 \\ 9/5 & 1 & 9/4 & 9/2 \\ 0 & 4/9 & 1 & 2 \\ 2/5 & 2/9 & 2/4 & 1 \end{bmatrix}$$

矩阵 B 的最大特征根及对应的特征向量为

$$\lambda_{\max} = 4, W = (0.2500 \ 0.4500 \ 0.2000 \ 0.1000)^T$$

(3) 令

$$a_{ij}(k+1) = \begin{cases} \dfrac{w_i(k+1)}{w_j(k+1)}, & (i,j) = (1,3) \text{ 或}(3,1) \\ a_{ij}(k) + 1, & (i,j) = (1,1) \text{ 或}(3,3) \\ a_{ij}(k), & (i,j) \neq (1,3) \text{ 或}(3,1) \text{ 或}(1,1) \text{ 或}(3,3) \end{cases}$$

得修改后的矩阵为

$$A = \begin{bmatrix} 2 & 5/9 & 5/4 & 5/2 \\ 9/5 & 1 & 9/4 & 9/2 \\ 4/5 & 4/9 & 2 & 2 \\ 2/5 & 2/9 & 2/4 & 1 \end{bmatrix}$$

它的最大特征根及对应的特征向量为
$$\lambda_{\max}=4, \boldsymbol{W}=(0.2500\ 0.4500\ 0.2000\ 0.1000)^{\mathrm{T}}$$
进行一致性检验,有 CI=0.0000,CR=0.0000,满足一致性要求。

5.计算合成权重

设隐身能力 B_{11}、机动变轨能力 B_{12}、施放诱饵能力 B_{13}、弹头加固能力 B_{14}、红外隐身能力 C_{11}、雷达隐身能力 C_{12}、微波身能力 C_{13}、红外诱饵能力 C_{14}、电子诱饵能力 C_{15}、电磁防护能力 C_{16}、抗破片杀伤能力 C_{17}、抗激光杀伤能力 C_{18} 的合成权重分别为 w_{B11}、w_{B12}、w_{B13}、w_{B14}、w_{C11}、w_{C12}、w_{C13}、w_{C14}、w_{C15}、w_{C16}、w_{C17}、w_{C18},则有

$w_{B11}=0.25, w_{C13}=0.25 \times 0.1765=0.0441$

$w_{B12}=0.45, w_{C14}=0.2 \times 0.6429=0.1285$

$w_{B13}=0.2, w_{C15}=0.2 \times 0.3571=0.0714$

$w_{B14}=0.1, w_{C16}=0.1 \times 0.3684=0.03684$

$w_{C11}=0.25 \times 0.5294=0.1323, w_{C17}=0.1 \times 0.4737=0.04737$

$w_{C12}=0.25 \times 0.2941=0.0735, w_{C18}=0.1 \times 0.1579=0.01579$

6.突防能力评估

甲、乙两种地地导弹的各项指标值见表7-5所列。

表7-5 甲、乙两种地地导弹的各项指标值

类别	C_{11}	C_{12}	C_{13}	C_{14}	C_{15}	C_{16}	C_{17}	C_{18}	B_{12}
甲	0.2500	0.3333	0.8333	0.5000	0.1250	0.6250	0.5000	0.5000	0.5833
乙	0.7500	0.6667	0.1667	0.5000	0.8750	0.3750	0.5000	0.5000	0.4167

因此,导弹甲的突防能力为

$A_\text{甲} = 0.1323 \times 0.25 + 0.0735 \times 0.3333 + 0.0441 \times 0.8333 + 0.1285 \times 0.5$
$\quad + 0.0714 \times 0.1250 + 0.0368 \times 0.6250 + 0.0474 \times 0.5 + 0.0176 \times 0.5$
$\quad + 0.45 \times 0.5833 = 0.4831$

导弹乙的突防能力为

$A_\text{乙} = 0.1323 \times 0.75 + 0.0735 \times 0.6667 + 0.0441 \times 0.1667 + 0.1285 \times 0.5$
$\quad + 0.0714 \times 0.8750 + 0.0368 \times 0.3750 + 0.0474 \times 0.5 + 0.0176 \times 0.5$
$\quad + 0.45 \times 0.4167 = 0.5185$

由于 $A_\text{甲}<A_\text{乙}$,因而可得出导弹乙的突防能力好于导弹甲的结论。

7.2 模糊综合评判法

在现实生活和军事领域,有许多事物一就是一,二就是二,非此即彼。但也有

许多事物却亦此亦彼,处于正反之间的中介过渡状态,这种客观事物差异的中间过渡的"不分明性"很容易造成判断上的一种不确定性,这就是模糊性。模糊概念具有内涵明确,外延不明确的特点。

模糊综合评判(Fuzzy Comprehensive Judgement)是在模糊集理论的基础上,运用模糊关系合成原理,考虑系统的多种价值因素对被评对象隶属等级状况进行综合评判的一种方法。它通过建立在模糊集合概念上的数学规则,能够对模糊概念采用模糊隶属函数进行表达和处理。模糊综合评判可用于方案选择、效能评估、可靠性评估等。

7.2.1 模糊综合评判的基本理论

1. 模糊集、模糊隶属函数和模糊算子

设 X 为一个集合,X 上的全体模糊集所构成的集合记为 $F(X)$,X 称为论域。

设 $\underset{\sim}{A}$ 是论域 X 到 $[0,1]$ 的一个映射,即

$$\underset{\sim}{A}:X \rightarrow [0,1]$$
$$x \mapsto \underset{\sim}{A}(x)$$

称 $\underset{\sim}{A}$ 是 X 上的模糊集,而函数 $\underset{\sim}{A}(\cdot)$ 称为模糊集 $\underset{\sim}{A}$ 的隶属函数,$\underset{\sim}{A}(x)$ 称为 x 对模糊集 $\underset{\sim}{A}$ 的隶属度。

设 C_1、C_2、C_3 是三个集合,由已知的两个映射 $f:C_1 \rightarrow C_2$,$g:C_2 \rightarrow C_3$,可以确定一个 C_1 到 C_3 的映射

$$h:C_1 \rightarrow C_3$$
$$c_1 \mapsto h(c_1) \hat{=} g(f(c_1))$$

则 h 称为映射 f 与 g 的合成映射(或复合映射),记为

$$h = g \circ f$$

记 $I \hat{=} [0,1]$,称映射

$$\wedge:I \times I \rightarrow I \qquad \vee:I \times I \rightarrow I$$
$$(a,b) \mapsto a \wedge b \qquad (a,b) \mapsto a \vee b$$

为模糊算子 $\wedge$ 和 $\vee$ 运算。其中 $a \wedge b = \min(a,b)$, $a \vee b = \max(a,b)$。

2. 模糊综合评判的初始模型

设 $U = \{u_1, u_2, \cdots, u_n\}$ 为 n 种因素构成的集合,称为因素集;$V = \{v_1, v_2, \cdots, v_m\}$ 为 m 种评判所构成的集合,称为评判集。一般地,各因素对事物的影响是不一致的,故因素的权重分配可视为 U 上的模糊集,记为

$$A = (a_1, a_2, \cdots, a_n) \in F(U)$$

式中:$a_i > 0$,$\sum_{i=1}^{n} a_i = 1$,a_i 为第 i 个因素的权重;$F(U)$ 为 U 上的模糊集全体。

另外，m 个评判也并非都是绝对地肯定和否定，故综合的评判也应看作 V 上的模糊集，记为

$$B = (b_1, b_2, \cdots, b_m) \in F(V)$$

式中：b_j 反映了第 j 种评判在评判的总体 V 中所占的地位；$F(V)$ 为 V 上的模糊集全体。模糊综合评判模型三个基本要素如下：

(1) 因素集 $U = \{u_1, u_2, \cdots, u_n\}$；
(2) 评判集 $V = \{v_1, v_2, \cdots, v_m\}$；
(3) 单因素决策(模糊映射)

$$f: U \to F(V)$$

$$u_i \mapsto f(u_i) \hat{=} (r_{i1}, r_{i2}, \cdots, r_{im}) \in F(V)$$

由这三个基本要素就可以确定一个模糊综合评判模型。事实上，由 f 可诱导出一个模糊关系：

$$R \hat{=} R_{\tilde{f}} \hat{=} \begin{bmatrix} r_{11} & r_{12} & \cdots & r_{1m} \\ r_{21} & r_{22} & \cdots & r_{2m} \\ \vdots & \vdots & & \vdots \\ r_{n1} & r_{n2} & \cdots & r_{nm} \end{bmatrix} \in M_{n \times m}$$

式中：$M_{n \times m}$ 为 $n \times m$ 阶模糊矩阵。

由 R 再诱导一个模糊变换：

$$\widetilde{T}_R : F(U) \to F(V)$$

$$A \mapsto \widetilde{T}_R(A) \hat{=} A \circ R$$

这意味着，三元体 (U, V, R) 构成了一个模糊综合评判模型。该模型的输入是一个权数分配 $A = (a_1, a_2, \cdots, a_n) \in F(U)$，输出是一个模糊综合评判向量 $B = A \circ R = (b_1, b_2, \cdots, b_m) \in F(V)$，即

$$(b_1, b_2, \cdots, b_m) = (a_1, a_2, \cdots, a_n) \begin{bmatrix} r_{11} & r_{12} & \cdots & r_{1m} \\ r_{21} & r_{22} & \cdots & r_{2m} \\ \vdots & \vdots & & \vdots \\ r_{n1} & r_{n2} & \cdots & r_{nm} \end{bmatrix}$$

式中：$b_j = \bigvee\limits_{i=1}^{n} (a_i \wedge r_{ij})(j = 1, 2, \cdots, m)$。

假如 $b_{j_0} = \max\{b_1, b_2, \cdots, b_m\}$，则得出决断为 v_{j_0}。

7.2.2 权重向量的确定方法

确定 A 的过程相当于构造一个映射

$$w:U \to (0,1)$$
$$u_i \mapsto w(u_i) \hat{=} a_i$$

这里要求 $a_i > 0, \sum_{i=1}^{n} a_i = 1$。

确定 A 的方法有很多，如层次分析法、德尔菲法等。下面介绍的集值统计迭代法也是一种比较有效的方法。

设有 k 个人参与权重分配 A 的确定。首先选一个初始值 $q:1 \leq q << n$。随后第 j 个人 ($j=1,2,\cdots,k$) 按下列步骤完成统计实验：

(1) 在 U 中选取他认为最重要的 $p_1 = q$ 个因素，得 U 的子集：
$$U_1^{(j)} = \{u_{i_1}^{(j)}, u_{i_2}^{(j)}, \cdots, u_{i_q}^{(j)}\} \subset U$$

(2) 在 U 中选取他认为最重要的 $p_2 = 2q$ 个因素，得 U 的子集：
$$U_2^{(j)} = \{u_{i_1}^{(j)}, \cdots, u_{i_q}^{(j)}, u_{i_{q+1}}^{(j)}, \cdots, u_{i_{2q}}^{(j)}\} \supset U_1^{(j)}$$

之所以 $U_2^{(j)} \supset U_1^{(j)}$，是因为第一次认为重要的因素，第二次便认为更重要，因此第一次选中的因素第二次也一定要选中。换言之，第二次选的因素是在第一次选的基础上在 $U - U_1^{(j)}$ 中再选 q 个因素，合起来便是 $2q$ 个因素，余此类推。

(3) 在 U 中选取他认为最重要的 $p_s = sq$ 个因素，得 U 的子集：
$$U_s^{(j)} = \{u_{i_1}^{(j)}, \cdots, u_{i_{sq}}^{(j)}\} \supset U_{s-1}^{(j)}$$

若自然数 t 满足 $n = tq + r(1 \leq r \leq q)$，则迭代过程终止于第 $t+1$ 步。取 $U_{t+1}^{(j)} = U$。

然后，计算 $u_i(i=1,\cdots,n)$ 的覆盖频率：
$$m(u_i) = \frac{1}{k(t+1)} \sum_{s=1}^{t+1} \sum_{j=1}^{k} C_{U_s^{(j)}}(u_i)$$

式中：C 为特征函数，规一化得
$$a_i = m(u_i) / \sum_{i=1}^{n} m(u_i)$$

最后得到权重分配 $A = (a_1, a_2, \cdots, a_n)$。

因为 $p_s = sq$，即每次迭代递增 q 个因素，故上述方法可称为均匀迭代法。更精确的方法是非均匀迭代法。首先作映射
$$\varphi: N \to N$$
$$s \mapsto \varphi(s)$$

式中：φ 为满足单调性（单增或单减），即
$s_1 \leq s_2 \Rightarrow \varphi(s_1) \leq \varphi(s_2)$ （或 $\varphi(s_1) \geq \varphi(s_2)$）
$N = \{1,2,3,4,\cdots\}$。

令
$$p_s = \varphi(s) \cdot q$$

此时，按 p_s 的迭代称为非均匀迭代法；当 φ 严格单增时，为加速迭代；当 φ 严格单减

时,为减速迭代;当 φ 是恒等映射时,为匀速迭代。

假定按迭代法已求出 $A=(a_1,a_2,\cdots,a_n)$。令
$$a_{i_1}=\max\{a_1,\cdots,a_n\},\ a_{i_2}=\min\{a_1,\cdots,a_n\}$$
如果 $a_{i_1} \gg a_{i_2}$,则将失掉许多信息,即太小的权重将不起作用,这是应当避免的。可以根据实际情况,规定一个数 $\eta \in [0,1]$,做出一个条件:
$$a_{i_1}-a_{i_2} \leqslant \eta$$
适当选择映射 φ,使之满足上式。

7.2.3 隶属度的确定方法

在模糊综合评判模型中,模糊评判矩阵 $R=(r_{ij})_{n\times m}$ 的矩阵元素 r_{ij} 表示因素 u_i 对评判 v_j 的隶属度,且 $0 \leqslant r_{ij} \leqslant 1$。隶属度可以用专家评定或其他方法确定。这里主要介绍用于确定隶属度的模糊统计法、三分法和常用的几类隶属函数。

1. 模糊统计法

模糊统计法借用了概率统计的思想,其步骤与概率统计中的随机试验是相对应的。模糊统计试验有四个要素:

(1) 论域 X;

(2) X 中的一个固定的元素 x_0;

(3) X 中的一个可变动的普通集合 A^*,它作为模糊集 $\underset{\sim}{A}$ 有可塑性边界的反映,可由此得到每次试验中 x_0 是否符合 $\underset{\sim}{A}$ 所刻画的模糊概念的一个判断;

(4) 条件 S,它限制着 A^* 的变化。

模糊统计试验的基本要求:在每一次试验下,要对 x_0 是否属于 A^* 做一个确切的判断。这就要求,在每一次试验下,A^* 必须是一个取定的普通集合。

模糊统计试验的特点:在每次试验中,x_0 是固定的,A^* 是可变的。假设做 n 次试验,计算 x_0 对 $\underset{\sim}{A}$ 的隶属频率:

$$x_0 \text{ 对 } \underset{\sim}{A} \text{ 的隶属频率} \hat{=} \frac{"x_0 \in A^{*"} \text{的次数}}{n}$$

试验表明,随着 n 的增大,隶属频率也会呈现稳定性,称为隶属频率的稳定性。频率稳定所在的数字,便为 x_0 对 $\underset{\sim}{A}$ 的隶属度。

2. 三分法

三分法是用随机区间的思想来处理模糊性的试验模型。假设有三个模糊集: $\underset{\sim}{A}_1=$"高个子",$\underset{\sim}{A}_2=$"中等个子",$\underset{\sim}{A}_3=$"矮个子",论域 X 为身高之集,取 $X=[0,3]$(单位为 m)。每做一次试验,就确定一次 $\underset{\sim}{A}_1$、$\underset{\sim}{A}_2$、$\underset{\sim}{A}_3$ 分别所适合的身高区间,从而得到集合 A_1^*、A_2^*、A_3^*,即得到 X 的一个划分 $X=A_1^* \cup A_2^* \cup A_3^*$。设 ξ、η 分别

是 A_1^* 与 A_2^*、A_2^* 与 A_3^* 的边界点,则由 X 的一个剖分 (A_1^*,A_2^*,A_3^*) 得到数对 (ξ,η),反之,给定数对 (ξ,η),就可决定 X 的一个剖分。

该模糊试验可等价于下列随机试验:视 (ξ,η) 为二维随机向量观察值,对其进行抽样,再求得 ξ、η 的概率分布,从而得到 $\underset{\sim}{A}_1$、$\underset{\sim}{A}_2$、$\underset{\sim}{A}_3$ 的隶属函数。假设 ξ 与 η 的概率分布分别为 $p_\xi(x)$、$p_\eta(x)$,则 $\underset{\sim}{A}_1$、$\underset{\sim}{A}_2$、$\underset{\sim}{A}_3$ 的隶属函数为

$$\underset{\sim}{A}_1(x) = \int_x^{+\infty} p_\xi(t)\mathrm{d}t$$

$$\underset{\sim}{A}_3(x) = \int_{-\infty}^x p_\eta(t)\mathrm{d}t$$

$$\underset{\sim}{A}_2(x) = 1 - \underset{\sim}{A}_1(x) - \underset{\sim}{A}_3(x)$$

通常,ξ 与 η 都服从正态分布,设 $\xi:N(a_1,\sigma_1)$,$\eta:N(a_2,\sigma_2)$,则有

$$\underset{\sim}{A}_1(x) = 1 - \varphi\left(\frac{x-a_1}{\sigma_1}\right)$$

$$\underset{\sim}{A}_2(x) = \varphi\left(\frac{x-a_2}{\sigma_2}\right)$$

$$\underset{\sim}{A}_3(x) = \varphi\left(\frac{x-a_1}{\sigma_1}\right) - \varphi\left(\frac{x-a_2}{\sigma_2}\right)$$

式中

$$\varphi(x) = \int_{-\infty}^x \frac{1}{\sqrt{2\pi}} \mathrm{e}^{-\frac{t^2}{2}} \mathrm{d}t$$

3. 常见的模糊分布

当论域 X 为实数域时,隶属函数 $\underset{\sim}{A}(x)(x \in \mathbf{R})$ 为模糊分布。常见的模糊分布有以下三种。

1) 偏小型模糊分布

这类模糊集适合于刻画像"小""冷"以及颜色"淡"等偏向小的一方的模糊现象,其隶属函数的一般形式为

$$\underset{\sim}{A}(x) = \begin{cases} 1, & x \leq a \\ f(x), & x > a \end{cases}$$

式中:a 为常数;$f(x)$ 为不增函数。不同的 $f(x)$ 可得到不同的偏小型模糊分布,主要有以下 7 种:

(1) 降半矩阵模糊分布:

$$f(x) \equiv 0$$

(2) 降半 Γ 分布:

$$f(x) = \mathrm{e}^{-k,x-a}, k > 0,为常数$$

(3) 降半正态分布:

$$f(x) = \mathrm{e}^{-k(x-a)^2}, k > 0,为常数$$

(4) 降半 Cauchy 分布：
$$f(x) = \frac{1}{1 + \alpha(x-\alpha)^\beta}, \alpha > 0, \beta > 0, 为常数$$

(5) 降半梯形分布：
$$f(x) = \begin{cases} \dfrac{b-x}{b-a}, & a < x \leq b \\ 0, & x > b \end{cases}$$

(6) 降岭形分布：
$$f(x) = \begin{cases} \dfrac{1}{2} - \dfrac{1}{2}\sin\dfrac{\pi}{b-a}(x - \dfrac{b+a}{2}), & a < x \leq b \\ 0, & x > b \end{cases}$$

(7) k 次抛物分布：
$$f(x) = \begin{cases} \left(\dfrac{b-x}{b-a}\right)^k, & a < x \leq b \\ 0, & x > b \end{cases}$$

式中：$k>0$。

2) 偏大型模糊分布

这类模糊集适合于刻画像"大""热"以及颜色"浓"等偏向大的一方的模糊现象，其隶属函数的一般形式为

$$\underset{\sim}{A}(x) = \begin{cases} 0, & x \leq a \\ f(x), & x > a \end{cases}$$

式中：a 为常数；$f(x)$ 为不减函数。不同的 $f(x)$ 可得到不同的偏大型模糊分布，主要有以下 7 种：

(1) 升半矩阵模糊分布：
$$f(x) \equiv 1$$

(2) 升半 Γ 分布：
$$f(x) = 1 - e^{-k(x-a)}, k > 0, 为常数$$

(3) 升半正态分布：
$$f(x) = 1 - e^{-k(x-a)^2}, k > 0, 为常数$$

(4) 升半 Cauchy 分布：
$$f(x) = \frac{1}{1 + \alpha(x-\alpha)^{-\beta}}, \alpha > 0, \beta > 0, 为常数$$

(5) 升半梯形分布：
$$f(x) = \begin{cases} \dfrac{x-a}{b-a}, & a < x \leq b \\ 1, & x > b \end{cases}$$

(6) 升岭形分布：

$$f(x) = \begin{cases} \dfrac{1}{2} + \dfrac{1}{2}\sin\dfrac{\pi}{b-a}\left(x - \dfrac{b+a}{2}\right), & a < x \leq b \\ 1, & x > b \end{cases}$$

(7) S 型分布：

$$f(x) = \begin{cases} \dfrac{1}{2}\left(\dfrac{x-a}{b-a}\right)^2, & a < x \leq b \\ 1 - \dfrac{1}{2}\left(\dfrac{x-c}{c-b}\right)^2, & b < x \leq c \\ 1, & x > c \end{cases}$$

式中：$a>0$。

3) 中间型模糊分布

这类模糊集适合于刻画像"适中""温和"以及年龄"中年"等处于中间状态的模糊现象，其隶属函数可通过偏大型模糊分布和偏小型模糊分布表示出来。主要有以下 6 种：

(1) 矩形模糊分布：

$$\underset{\sim}{A}(x) = \begin{cases} 1, & a - b < x \leq a + b \\ 0, & 其他 \end{cases}$$

(2) 尖型模糊分布：

$$\underset{\sim}{A}(x) = \begin{cases} e^{k(x-a)}, & x \leq a \\ e^{-k(x-a)}, & x > a \end{cases} (k > 0, 为常数)$$

(3) 正态模糊分布：

$$\underset{\sim}{A}(x) = e^{-k(x-a)^2}$$

(4) Cauchy 模糊分布：

$$\underset{\sim}{A}(x) = \dfrac{1}{1 + \alpha(x-\alpha)^\beta} \ (\alpha > 0, \beta \text{ 为非负偶数})$$

(5) 梯形模糊分布：

$$\underset{\sim}{A}(x) = \begin{cases} \dfrac{a_2 + x - a}{a_2 - a_1}, & a - a_2 < x \leq a - a_1 \\ 1, & a - a_1 < x \leq a + a_1 \\ \dfrac{a_2 - x + a}{a_2 - a_1}, & a + a_1 < x \leq a + a_2 \\ 0, & 其他 \end{cases}$$

当 $a_1 = 0$ 时，梯形模糊分布为三角形模糊分布：

$$A(x) = \begin{cases} \dfrac{x + a_2}{a_2}, & a - a_2 < x \leqslant a \\ \dfrac{a_2 - x + a}{a_2}, & a < x \leqslant a + a_2 \\ 0, & 其他 \end{cases}$$

(6) 岭形分布:

$$A(x) = \begin{cases} \dfrac{1}{2} + \dfrac{1}{2}\sin\dfrac{\pi}{b-a}\left(x - \dfrac{b+a}{2}\right), & -b < x \leqslant -a \\ \dfrac{1}{2} - \dfrac{1}{2}\sin\dfrac{\pi}{b-a}\left(x - \dfrac{b+a}{2}\right), & a < x \leqslant b \\ 1, & -a < x \leqslant a \\ 0, & 其他 \end{cases}$$

7.2.4 应用示例

通信网的故障状态往往有一定的模糊性,网络的故障程度通常分为轻度的、临界的、致命的、灾难的等几个等级,这些等级之间很难有明确的界线。判断系统工作状态的依据,即通信网的服务质量指标(如呼损率、时延等)的好坏也没有一个明确的分界。下面运用模糊综合评判方法来判决通信网的失效状态。具体步骤如下:

(1) 确定判决通信网工作状态的指标集 $U = \{u_1, u_2, \cdots, u_n\}$。

(2) 确定评判的评语即评判集 $V = \{v_1, v_2, \cdots, v_m\}$。

(3) 根据评判指标的重要程度,确定权重模糊集 $A = (a_1, a_2, \cdots, a_n)$。

(4) 对通信网的评判指标进行实际测试或仿真,然后对试验或仿真结果进行评判,建立模糊评判矩阵 $R = (r_{ij})_{n \times m}$,其中 r_{ij} 表示对于指标 u_i,通信网获得评语 v_j 的程度;

(5) 综合评判结果 $B = (b_1, b_2, \cdots, b_m)$,其中 $b_j = \sum_{i=1}^{n} a_i r_{ij}$。

假设取用户最关心的指标呼损率作为网络失效判据,$U = \{$特别优先用户呼损率,优先用户呼损率,普通用户呼损率$\}$;取评判模糊集 $V = \{$优,良,差$\}$。由于军用通信网特别强调保证优先用户的服务质量,因此取权重模糊集 $A = (0.5, 0.3, 0.2)$。评判模糊集的隶属函数取正态分布:

$$\mu_{优}(x) = e^{\frac{-8x^2}{x_0^2}}$$

$$\mu_{良}(x) = e^{-\frac{8(x-x_0)^2}{x_0^2}}$$

$$\mu_{差}(x) = \begin{cases} e^{-\frac{8(x-2x_0)^2}{x_0^2}}, & x \leq 2x_0 \\ 1, & x > 2x_0 \end{cases}$$

正态分布函数"带宽" $b = \frac{x_0}{4}$，其中 x_0 为野战网规定的呼损率指标(%)。通信网对普通用户、优先用户、特别优先用户规定的呼损率指标分别为 10%、2%、0.1%，那么对于普通用户、优先用户、特别优先用户，x_0 的取值分别为 10、2、0.1。

假设某一时刻通过实际测试或仿真得到的普通用户、优先用户及特别优先用户的呼损率分别为 12%、1%、0.15%，其结果获得的评分为

$$R = \begin{bmatrix} 9.9 \times 10^{-6} & 0.73 & 6.0 \times 10^{-3} \\ 0.14 & 0.14 & 1.5 \times 10^{-8} \\ 1.5 \times 10^{-8} & 0.14 & 0.14 \end{bmatrix}$$

那么，可得归一化处理后的综合评判结果 $B = (0.029, 0.99, 0.019)$。因此系统工作状态基本上属于"良"，可以认为此时通信网处于正常工作状态。

7.3 灰色关联分析法

灰色系统理论是 20 世纪 80 年代初期创立的一门系统科学新学科。它以"部分信息已知，部分信息未知"的"小样本""贫信息"不确定性系统为研究对象，主要通过对"部分"已知信息的生成、开发，提取有价值的信息，实现对系统运行规律的正确描述和有效控制。

两个系统或两个因素间关联性大小的量度称为关联度，它描述了系统发展过程中因素相对变化的情况，也就是变化大小、方向与速度等的相对性。若两者在发展过程中相对变化基本一致，则认为两者关联度大；反之，两者关联度就小。

7.3.1 概述

用"黑"表示信息未知，用"白"表示信息完全明确，用"灰"表示部分信息明确、部分信息不明确。相应地，信息完全明确的系统称为白色系统，信息未知的系统称为黑色系统，部分信息明确、部分信息不明确的系统称为灰色系统。

灰色系统可分为两类：

(1) 非本征灰色系统：如工程技术系统，其特点是有物理原型，发展变化规律比较明显，定量描述比较方便，结构与参数具体。

(2) 本征灰色系统：如社会系统，经济系统，农业、生态系统等。它们的特点是

没有客观的物理原型,作用原理不明确,因素难以辨别,因素之间的关系隐蔽,行为特征难以准确了解,信息完备性难以判断,定量描述难度较大,建模困难,即使建模也是"同构"。

灰色系统理论认为:

(1)尽管系统的信息量不够充分,但系统天然是具有特有功能和有序的,有某种外露或内在的规律。

(2)不定量,无规则干扰成分,杂乱无章的数据,并不是不可捉摸的,可以把它们看成在一定范围变化的灰色量。

(3)通过系统的关联度的分析法,即根据因素之间发展态势的相似和相异程度来衡量因素的关联程度,这样可以避免需要大量数据才能整理出来的统计规律。

(4)系统量化数据不直接用原始数据而用处理数据,不用经验性的统计规律而用现实性的生成规律。

下面是灰色系统理论的一些基本概念:

灰数是灰色系统的基本"单元"或"细胞",是指在某一个区间或某个一般的数集内取值的不确定数,通常用记号"$\otimes$"表示灰数。

灰数的白化可用白化值和白化权函数来刻画。若某灰数在某个基本值 a 附近变动,则该灰数的白化值可记为 $\widetilde{\otimes}=a$。对于一般的区间灰数 $\otimes \in [a,b]$,其白化值 $\widetilde{\otimes} = \alpha a + (1-\alpha)b, \alpha \in [0,1]$,称为等权白化。在灰数的分布信息已知时,往往采用白化权函数。白化权函数是描述一个灰数对其取值范围内不同数值的"偏爱"程度的函数。一个灰数的白化权函数是研究者根据已知信息设计的、没有固定的程式。典型白化权函数为起点、终点确定的左升、右降连续函数。

灰度是灰数的测度,在一定程度上反映人们对灰色系统之行为特征的未知程度。设灰数 $\otimes \in [a,b], a < b$,则灰数 $\otimes$ 的灰度定义为

$$g^{\circ}(\otimes) = \frac{\lambda(\otimes)}{|\hat{\otimes}|}$$

式中: $\lambda(\otimes) = |b-a|$ 为灰数 $\otimes$ 的定义信息域 $[a,b]$ 的长度; $\hat{\otimes}$ 为 $\otimes$ 的均值白化数。当 $\otimes$ 的白化权函数已知时, $\hat{\otimes} = E(\otimes)$;当 $\otimes$ 的白化权函数未知时,若 $\otimes$ 是一个连续型灰数,则 $\hat{\otimes} = \frac{1}{2}(a+b)$,若 $\otimes$ 是一个离散型灰数,$a_i \in [a,b](i=1,2,\cdots)$ 为 $\otimes$ 的所有可能取值,则

$$\hat{\otimes} = \begin{cases} \dfrac{1}{n}\sum_{i=1}^{n} a_i, & \otimes \text{ 仅有有限个可能取值} \\ \lim_{n \to +\infty} \dfrac{1}{n}\sum_{i=1}^{n} a_i, & \otimes \text{ 有无穷多个可能取值} \end{cases}$$

7.3.2 灰色序列生成

灰色系统理论认为,任何随机过程都是在一定幅值范围和一定时区变化的灰色量,并把不确定过程看成灰色过程。尽管客观系统表象复杂,数据离乱,但它总是有整体功能的,因此必然蕴含某种内在规律。关键在于如何选择适当的方式去挖掘它和利用它。灰色系统是通过对原始数据的整理来寻求其变化规律的,这是一种就数据寻找数据的现实规律的途径,称为灰色序列生成。一切灰色序列都能通过某种生成弱化其不确定性,显现其规律性。灰色序列生成的方法有均值生成、累加生成、累减生成等。

1. 均值生成

在搜集数据时,常由于一些不易克服的困难导致数据序列出现空缺(也称为空穴)。也有一些数据序列虽然数据完整,但由于系统行为在某个时点发生突变而形成异常数据,给研究工作带来很大困难,这时如果剔除异常数据就会留下空穴。因此,如何有效地填补空穴,自然成为数据处理过程中首先遇到的问题。均值生成是常用的构造新数据、填补老序列空穴、生成新序列的方法。

设数据序列 $X = (x(1), x(2), \cdots, x(k-1), \varnothing(k), x(k+1), \cdots, x(n))$,为在 k 处有空穴 $\varnothing(k)$ 的序列,定义

$$x^*(k) = 0.5x(k-1) + 0.5x(k+1)$$

为非紧邻均值生成数。用非紧邻均值生成数填补空穴所得的序列 $X' = (x(1), x(2), \cdots, x(k-1)$

$X^*(K), X(K+1), \cdots, X(n))$ 为非紧邻均值生成序列。

设序列 $X = (x(1), x(2), \cdots, x(n))$,定义

$$x^*(k) = 0.5x(k) + 0.5x(k-1)$$

为紧邻均值生成数。由紧邻均值生成数构成的序列 $X' = (x^*(2), x^*(3), \cdots, x^*(n))$ 为紧邻均值生成序列。

2. 累加生成

累加生成(AGO)是使灰色过程由灰变白的一种方法,它在灰色系统理论中占有极其重要的地位。通过累加可以看出灰量积累过程的发展态势,使离乱的原始数据中蕴含的积分特性或规律充分显露出来。

设原始数据序列 $X^{(0)} = (x^{(0)}(1), x^{(0)}(2), \cdots, x^{(0)}(n))$,$X^{(r)} = (x^{(r)}(1), x^{(r)}(2), \cdots, x^{(r)}(n))$ 为做 $r(r = 1,2,3,\cdots)$ 次累加生成的生成序列,生成方法为

$$x^{(r)}(k) = \sum_{i=1}^{k} x^{(r-1)}(i) = x^{(r)}(k-1) + x^{(r-1)}(k), k = 1,2,\cdots,n$$

在实际应用中,如果 $X^{(0)}$ 的 r 次累加生成序列已具有明显的指数规律,再做累

加生成反而会破坏其规律性,使指数规律变灰。因此,累加生成应适可而止。

3. 累减生成

累减生成(IAGO)是在获取增量信息时常用的生成,累减生成对累加生成起还原作用。设原始数据序列 $X^{(0)} = (x^{(0)}(1), x^{(0)}(2), \cdots, x^{(0)}(n))$,$\alpha^{(r)}X^{(0)} = (\alpha^{(r)}x^{(0)}(1), \alpha^{(r)}x^{(0)}(2), \cdots, \alpha^{(r)}x^{(0)}(n))$ 为做 $r(r=0,1,2,\cdots)$ 次累减生成的生成序列。对 $X^{(r)} = (x^{(r)}(1), x^{(r)}(2), \cdots, x^{(r)}(n))$ 做累减生成的方法为:

$$\alpha^{(0)}(x^{(r)}(k)) = x^{(r)}(k)$$

$$\begin{cases} \alpha^{(1)}(x^{(r)}(k)) = \alpha^{(0)}(x^{(r)}(k)) - \alpha^{(0)}(x^{(r)}(k-1)) = x^{(r)}(k) - x^{(r)}(k-1) = x^{(r-1)}(k) \\ \alpha^{(i)}(x^{(r)}(k)) = \alpha^{(i-1)}(x^{(r)}(k)) - \alpha^{(i-1)}(x^{(r)}(k-1)) = x^{(r-i)}(k), \quad k = 1, 2, \cdots, n \\ \vdots \\ \alpha^{(r)}(x^{(r)}(k)) = x^{(0)}(k) \end{cases}$$

7.3.3 灰色关联分析

抽象系统一般包含多种因素,多种因素共同作用的结果决定了系统的发展态势。我们常常希望知道在众多因素中,哪些是主要因素,哪些是次要因素;哪些因素对系统发展影响大,哪些因素对系统发展影响小;……数理统计中的回归分析、方差分析、主成分分析等都是用来进行系统因素分析的方法。但这些方法都有下述不足之处:

(1) 要求有大量数据,数据量少就难以找出统计规律。

(2) 要求样本服从某个典型的概率分布,要求各因素数据与系统特征数据之间呈线性关系且各因素之间彼此无关。这种要求往往难以满足。

(3) 计算量大,一般要靠计算机帮助。

(4) 可能出现量化结果与定性分析结果不符的现象,导致系统的关系和规律遭到歪曲和颠倒。

尤其是我国统计数据十分有限,而且现有数据灰度较大,再加上人为原因,许多数据都出现几次大起大落,没有典型的分布规律。因此采用数理统计方法往往难以奏效。

灰色关联分析方法弥补了采用数理统计方法做系统分析所导致的缺憾。它对样本量的多少和样本有无规律都同样适用,而且计算量小,十分方便,更不会出现量化结果与定性分析结果不符的情况。

灰色关联分析的基本思想是根据序列曲线几何形状的相似程度来判断其联系是否紧密。曲线越接近,相应序列之间的关联度就越大,反之就越小。

1. 灰色关联度

灰色关联度的基本思想是根据曲线间的相似程度来判断因素间的关联程度。设系统特征序列(参考数据序列) $X_0 = (x_0(1), x_0(2), \cdots, x_0(n))$,相关因素序列

(被比较的数据序列) $X_i = (x_i(1), x_i(2), \cdots, x_i(n))(i = 1, 2, \cdots, N)$。则曲线 X_0 与 X_i 在 k 点的关联系数为

$$\xi_i(k) = \frac{\min\limits_i \min\limits_k |x_0(k) - x_i(k)| + \rho \max\limits_i \max\limits_k |x_0(k) - x_i(k)|}{|x_0(k) - x_i(k)| + \rho \max\limits_i \max\limits_k |x_0(k) - x_i(k)|}$$

式中：$|x_0(k) - x_i(k)| = \Delta_i(k)$ 称为第 k 点 X_0 与 X_i 的绝对差；$\min\limits_i \min\limits_k |x_0(k) - x_i(k)|$ 为两极最小差；$\max\limits_i \max\limits_k |x_0(k) - x_i(k)|$ 为两极最大差；ρ 为分辨系数，$0 \leq \rho \leq 1$，一般取 0.5。

曲线 X_i 与参考曲线 X_0 的灰色关联度为

$$r_i = \frac{1}{n} \sum_{k=1}^{n} \xi_i(k)$$

灰色关联度越小，越不相关。

灰色关联度的计算步骤如下：

(1) 求各序列的初值像，即求：

$$X_i' = X_i / x_i(1) = (x_i'(1), x_i'(2), \cdots, x_i'(n)), \quad (i = 0, 1, 2, \cdots, N)$$

(2) 求差序列，即求：

$$\Delta_i(k) = |x_0'(k) - x_i'(k)|, \Delta_i = (\Delta_i(1), \Delta_i(2), \cdots, \Delta_i(n)), (i = 1, 2, \cdots, N)$$

(3) 求两极最大差与两极最小差，即求：

$$M = \max_i \max_k \Delta_i(k), m = \min_i \min_k \Delta_i(k)$$

(4) 求关联系数：

$$\xi_i(k) = \frac{m + \rho M}{\Delta_i(k) + \rho M}, \quad \rho \in (0,1), \quad (k = 1, 2, \cdots, n, \quad i = 1, 2, \cdots, N)$$

(5) 计算灰色关联度：

$$r_i = \frac{1}{n} \sum_{k=1}^{n} \xi_i(k), \quad (i = 1, 2, \cdots, N)$$

2. 灰色关联矩阵

设 $Y_1, Y_2, \cdots, Y_s$ 为系统特征行为数据序列，$X_1, X_2, \cdots, X_m$ 为相关因素序列，且 Y_i、X_j 长度相同(序列 Y_i 各个观测数据间时距之和等于序列 X_j 各个观测数据间时距之和)，$r_{ij}(i=1,2,\cdots,s; j=1,2,\cdots,m)$ 为 Y_i 与 X_j 的灰色关联度。则灰色关联矩阵为

$$\boldsymbol{R} = (r_{ij})_{s \times m} = \begin{bmatrix} r_{11} & r_{12} & \cdots & r_{1m} \\ r_{21} & r_{22} & \cdots & r_{2m} \\ \vdots & \vdots & & \vdots \\ r_{s1} & r_{s2} & \cdots & r_{sm} \end{bmatrix}$$

3. 优势分析

通过关联矩阵进行优势分析。

对于上述灰色关联矩阵 $\boldsymbol{R}$，若存在 $k,i \in \{1,2,\cdots,s\}$，满足

$$r_{kj} \geq r_{ij}, \quad j = 1,2,\cdots,m$$

则称系统特征 Y_k 优于系统特征 Y_i，记为 $Y_k > Y_i$。若 $\forall i = 1,2,\cdots,s, i \neq k$，恒有 $Y_k > Y_i$，则称 Y_k 为最优特征。

对于灰色关联矩阵 $\boldsymbol{R}$，若存在 $\ell, j \in \{1,2,\cdots,m\}$，满足

$$r_{i\ell} \geq r_{ij}, \quad i = 1,2,\cdots,s$$

则称因素 X_ℓ 优于因素 X_j，记为 $X_\ell > X_j$。若 $\forall j = 1,2,\cdots,m, j \neq \ell$，恒有 $X_\ell > X_j$，则称 X_ℓ 为最优因素。

对于灰色关联矩阵 $\boldsymbol{R}$，若存在 $k,i \in \{1,2,\cdots,s\}$，满足

$$\sum_{j=1}^{m} r_{kj} \geq \sum_{j=1}^{m} r_{ij}$$

则称系统特征 Y_k 准优于系统特征 Y_i，记为 $Y_k > Y_i$。若存在 $k \in \{1,2,\cdots,s\}$，使得对任意 $i = 1,2,\cdots,s$，有 $Y_k \geq Y_i$，则称系统特征 Y_k 为准优特征。

对于灰色关联矩阵 $\boldsymbol{R}$，若存在 $\ell, j \in \{1,2,\cdots,m\}$，满足

$$\sum_{i=1}^{m} r_{i\ell} \geq \sum_{i=1}^{m} r_{ij}$$

则称因素 X_ℓ 准优于因素 X_j，记为 $X_\ell \geq X_j$。若存在 $\ell \in \{1,2,\cdots,m\}$，使得对任意 $j = 1,2,\cdots,m$，有 $X_\ell \geq X_j$，则称因素 X_ℓ 为准优因素。

7.4 数据包络分析法

数据包络分析(Data Envelopment Analysis, DEA)，作为运筹学领域一种新的系统分析方法，在社会各个行业中已得到广泛应用和推广，例如在效益研究、评价和控制项目投资、科研立项评审研究中，都得到了实际应用并取得较好效果。

7.4.1 DEA 法的特点

(1) DEA 法不需人为地确定各指标的权重，而是以各指标的权重为变量，从最有利于决策单元的角度进行相对效率评价。

(2) 假定输入与输出之间确定存在某种关系(线性或非线性)，使用 DEA 法则不需确定这种关系的显示表达式。

(3) DEA 法评价结果与指标的量纲选取无关(所有决策单元(Decision Making Unit, DMU)的同一个指标值放大或缩小相同对评价结果无影响)，所以使用 DEA

法不必对数据进行无量纲化处理。

(4) DEA法对输入/输出指标有较大的包容性,如它可以接受在一般意义上很难定量的指标(如心理指标、社会效益等)。

(5) DEA是一种统计分析方法,它把评价对象的指标值作为观察值,形成相对有效前沿面,以此作为评价的标准。可见DEA法排除了很多主观因素,具有很强的客观性。尤其对于学校、医院、政府机构、军队单位等非单纯盈利的公共服务部门来说,由于不能简单地用利润最大化来对它们的工作进行评价,也很难找到一个合理包含各个指标的效用函数,因此DEA法被认为是对这类部门进行评价的有效方法。

7.4.2 DEA基本思想和模型

具体地说,DEA是使用数学规划模型比较同类决策单元之间的相对效率,对决策单元做出评价。一个决策单元在某种程度上是一种约定,它可以是学校、医院、银行、企业或科研机构等,它的基本特点是具有一定的输入和输出,即通过输入一定数量的"生产要素"并输出一定数量的"产品"。虽然各类决策单元的输入和输出各不相同,但其目标都是尽可能使耗费的资源最少,而生产的产品最多,即取得最大的效益。对于同类型的决策单元,由于它们具有相同的输入和输出指标,因此可以通过对其输入和输出数据的综合分析,得出每个决策单元综合效率的数量指标,据此将各决策单元定级排队,确定有效的(相对效率最高的)决策单元,并指出其他决策单元非有效的原因和程度,给主管部门提供管理信息。

设有 n 个决策单元 DMU_j ($1 \leq j \leq n$),每一决策单元都有 m 种类型的输入与 s 种类型的输出,其输入、输出向量分别为

$$x_j = (x_{1j}, x_{2j}, \cdots, x_{mj})^T > 0, (j = 1, 2, \cdots, n)$$
$$y_j = (y_{1j}, y_{2j}, \cdots, y_{sj})^T > 0, (j = 1, 2, \cdots, n)$$

为了把各输入和各输出综合成一个总体输入和一个总体输出,需要赋予每个输入和输出的权重,令其输入、输出权向量分别为

$$\boldsymbol{v}_j = (v_1, v_2, \cdots, v_m)^T, \boldsymbol{u}_j = (u_1, u_2, \cdots, u_s)^T$$

定义 7.1 第 j 个决策单元 DMU_j 的效率评价指数为

$$h_j \hat{=} \frac{\boldsymbol{u}^T \boldsymbol{y}_j}{\boldsymbol{v}^T \boldsymbol{x}_j} = \frac{\sum_{k=1}^{s} u_k y_{kj}}{\sum_{i=1}^{m} v_i x_{ij}}, (j = 1, 2, \cdots, n)$$

在这个定义中,一方面 h_j 越大,表明 DMU_j 效率越高,即能够用相对较少的输入而得到相对较多的输出;另一方面总可适当选取 u 和 v,使其满足 $h_j \leq 1$。这样,如要对 DMU_k 进行评价,就可以构造下面的 C^2R 模型:

$$(P)\begin{cases} \max \quad h_k = \dfrac{\boldsymbol{u}^T\boldsymbol{y}_k}{\boldsymbol{v}^T\boldsymbol{x}_k} = V_p^- \\ \text{s.t.} \quad h_j = \dfrac{\boldsymbol{u}^T\boldsymbol{y}_j}{\boldsymbol{v}^T\boldsymbol{x}_j} \leqslant 1, j = 1,2,\cdots,n \\ \boldsymbol{v} \geqslant \boldsymbol{0}, \boldsymbol{u} \geqslant \boldsymbol{0} \end{cases}$$

这是一个分式规划模型,利用 Charnes-Cooper 变换,可转变为线性规划模型,再根据线性规划对偶理论,可得到其对偶规划模型为

$$(D)\begin{cases} \min \theta = V_D \\ \text{s.t.} \quad \boldsymbol{\lambda}^T\boldsymbol{x}_j \leqslant \theta \boldsymbol{x}_k \\ \qquad \boldsymbol{\lambda}^T\boldsymbol{y}_j \geqslant \boldsymbol{y}_k \\ \qquad \boldsymbol{\lambda} \geqslant \boldsymbol{0}, \quad j = 1,2,\cdots,n \end{cases}$$

其中:$\boldsymbol{\lambda} = (\lambda_1, \lambda_2, \cdots, \lambda_n)$ 为 n 个 DMU 的某种组合权重;$\boldsymbol{\lambda}^T\boldsymbol{x}_j$、$\boldsymbol{\lambda}^T\boldsymbol{y}_j$ 分别为按这种权重组合的虚构 DMU 的输入和输出向量;$\boldsymbol{x}_k$、$\boldsymbol{y}_k$ 分别为所评价的第 k 个 DMU 的输入和输出向量。

这个模型的含义很明显,即找 n 个 DMU 的某种组合,使其输出在不低于第 k 个 DMU 的输出条件下输入尽可能减小。

在实际中经常直接使用的是一个稍加变化了的模型——引入松弛变量和剩余变量的具有非阿基米德无穷小 ε 的 C^2R 模型:

$$(D_\varepsilon) = \begin{cases} \min[\theta - \varepsilon(\hat{\boldsymbol{e}}^T\boldsymbol{s}^- + \boldsymbol{e}^T\boldsymbol{s}^+)] = V_{D\varepsilon} \\ \text{s.t.} \quad \boldsymbol{\lambda}^T\boldsymbol{x}_j + \boldsymbol{s}^- = \theta \boldsymbol{x}_k \\ \qquad \boldsymbol{\lambda}^T\boldsymbol{y}_j - \boldsymbol{s}^+ = \boldsymbol{y}_k \\ \qquad \boldsymbol{\lambda} \geqslant \boldsymbol{0}, j = 1,2,\cdots,n \\ \qquad \boldsymbol{s}^- > \boldsymbol{0}, \boldsymbol{s}^+ > \boldsymbol{0} \end{cases}$$

式中:$\hat{\boldsymbol{e}} = (1,1,\cdots,1)^T \in \boldsymbol{R}^m, \boldsymbol{e} = (1,1,\cdots,1)^T \in \boldsymbol{R}^s$。非阿基米德无穷小 ε 是一个小于任何正数而大于 0 的数(在实际使用中常取为一个足够小的正数,如 10^{-6})。

定理 7.1 设 ε 为非阿基米德无穷小,模型(D_ε)的最优解为 $\boldsymbol{\lambda}^*$、$\boldsymbol{s}^{*-}$、$\boldsymbol{s}^{*+}$、θ^*。
(1) 若 $\theta^* = 1$,则第 k 个 DMU 为弱 DEA 有效。
(2) 若 $\theta^* = 1$,且 $\boldsymbol{s}^{*-} = \boldsymbol{0}, \boldsymbol{s}^{*+} = \boldsymbol{0}$,则第 k 个 DMU 为 DEA 有效。

7.4.3 DEA 法应用

建立输入输出指标体系是应用 DEA 法的一项基础性前提工作。选择输入输出指标的基本原则:一是考虑评价对象的性质和特点,能全面反映评价的目的和内容;二是考虑输入向量、输出向量内部之间的联系,应避免输入(输出)集内部指标间的

强线性关系;三是考虑指标的重要性和可获得性以及定性指标的"可度量性"。本着这个原则,在进行军内装备论证单位绩效评价时,可选取如下输入与输出指标:

1. 输入指标

X_1——评价期在岗论证人员数,包括研究人员、管理人员、科技服务人员、后勤保障人员等在岗论证人员总数。它反映了科研单位投入人员的数量情况。

X_2——评价期论证财力投入。指论证经费总额。它反映了论证单位投入财力的数量情况。

X_3——评价期论证物力投入。指用固定资产净值和科研仪器设备及图书文献资料当量和。

2. 输出指标

Y_1——评价期科技成果。指论著当量和、获奖成果当量和、专利当量和、成果推广当量和的加权相加。提供科研成果是科研试验单位各项工作的根本目的。科技成果的多少是评价科研试验单位工作成效的主要方面。

Y_2——评价期论证人才。指科技英才当量和、年轻的高职称人数、攻读高学历人数的加权相加。培养高层次专门人才是科研试验单位的主要目标之一。人才培养的数量和质量也是评价科研单位工作成效的重要方面。

Y_3——评价期论证潜力。指人力资源、财力资源、物力资源、信息资源、管理状况的加权相加。论证发展潜力是单位可持续发展的基础,为克服只重视当前的成绩和效率而忽视长远发展的错误认识和做法,应把科研潜力作为输出指标的一项重要内容。

下面从军内论证单位中选出7个单位为样本进行分析研究。这里采用具有非阿基米德无穷小的 C^2R 模型。此模型为线性规划模型,可以采用单纯形法编制程序,并在计算机上求解。对计算结果的分析也可以编制程序,在计算机上运行。其指标数据和计算结果见表7-6。

表7-6 指标数据及计算结果

单位代号	输入指标 x_1	输入指标 x_2	输入指标 x_3	输出指标 y_1	输出指标 y_2	输出指标 y_3	有效性系数 θ	松弛变量 s_1^-	松弛变量 s_2^-	松弛变量 s_3^-	剩余变量 s_1^+	剩余变量 s_2^+	剩余变量 s_3^+
A	688	355	304	1235	19	26340	0.9832	119.3	0.0	0.0	0.0	100.3	0.0
B	475	494	231	1556	47	25374	1.0000	0.0	0.0	0.0	0.0	0.0	0.0
C	330	205	174	720	73	16060	1.0000	0.0	0.0	0.0	0.0	0.0	0.0
D	355	190	276	470	65	12670	0.9114	17.2	0.0	74.6	183.4	0.0	0.0
E	406	210	252	849	83	14246	1.0000	0.0	0.0	0.0	0.0	0.0	0.0
F	1100	589	346	778	91	26315	0.7709	326.7	46.9	0.0	577.0	0.0	0.0
G	647	228	234	418	64	8880	0.7468	181.2	0.0	0.0	225.7	0.0	3554.9

(1) DEA 有效性分析和规模收益分析。

根据定理 7.1 可判断一个 DMU 的 DEA 有效性。其规模收益情况可根据以下定理判断。

定理 7.2 如果不存在线性相关的 C^2R 有效 DMU,那么对任意 DMU_k:

$\sum \lambda_j^* = 1 \Leftrightarrow DMU_k$ 为规模收益不变

$\sum \lambda_j^* < 1 \Leftrightarrow DMU_k$ 为规模收益递增

$\sum \lambda_j^* > 1 \Leftrightarrow DMU_k$ 为规模收益递减

本例中 DEA 有效性分析和规模收益分析结果见表 7-7。

表 7-7　DEA 有效性分析和规模收益分析结果

单位代号	DEA 有效性	规模效益指数($\sum \lambda$)	规模收益
A	非 DEA 有效	1.6299	递减
B	DEA 有效	1.0000	不变
C	DEA 有效	1.0000	不变
D	非 DEA 有效	0.8348	递增
E	DEA 有效	1.0000	不变
F	非 DEA 有效	1.3957	递减
G	非 DEA 有效	0.8206	递增

从表 7-7 可看出,单位 B、C、E 是 DEA 有效的,单位 A、D、F、G 是非 DEA 有效的。其中:单位 B、C、E 规模收益不变,可以继续保持现有规模;单位 A、F 规模收益递减,应适当减小其规模;单位 D、G 规模收益递增,应适当增大其规模,加强管理,能有效提高工作成效。

(2) 投影分析。

定义 7.2 设 λ、s^-、s^+、θ 是线性规划问题(D_ε)的最优解,令

$$\begin{cases} \hat{x}_k = \theta x_k - s^- \\ \hat{y}_k = y_k + s^+ \end{cases}$$

称 $(\hat{x}_k, \hat{y}_k)$ 为 DMU_k 对应的 (x_k, y_k) 在 DEA 相对有效面上的"投影"。

定理 7.3 设 DMU_k 为 (x_k, y_k),则由规划问题(D_ε)最优解 λ、s^-、s^+、θ 构成的 $(\hat{x}_y, \hat{y}_k)$:

$$\begin{cases} \hat{x}_k = \theta x_k - s^- \\ \hat{y}_k = y_k + s^+ \end{cases}$$

相对于原来的 n 个 DMU 来说是 DEA 有效的。

可见对于非 DEA 有效的 DMU 来说,可以通过与其在 DEA 相对有效面上的"投影"进行比较,找出非有效的原因和程度,给主管部门提供管理信息。

本例中投影分析结果见表7-8。

表7-8 投影分析结果

不是DEA有效的单位代码	指标	实际值	投影值	差距占实际值的百分比/%
A	X_1	688	557	19.0
	X_2	355	349	1.7
	X_3	304	299	1.7
	Y_1	1235	1235	0.0
	Y_2	19	119	528.0
	Y_3	26340	26340	0.0
D	X_1	355	306	13.7
	X_2	190	173	8.9
	X_3	276	177	35.9
	Y_1	470	653	39.0
	Y_2	65	65	0.0
	Y_3	12670	12670	0.0
F	X_1	1100	521	52.6
	X_2	589	407	30.9
	X_3	346	267	23.0
	Y_1	778	1355	74.2
	Y_2	91	91	0.0
	Y_3	26315	26315	0.0
G	X_1	647	302	53.3
	X_2	228	170	25.3
	X_3	234	175	25.3
	Y_1	418	644	54.0
	Y_2	64	64	0.0
	Y_3	8880	12435	40.0

从表7-9可以看出:单位A非有效的原因主要是评价期论证人才输出过少,今后要注重高层次专门人才的培养,提高人才培养的数量和质量;单位D非有效的原因主要是评估期科技物力投入过多而科技成果的产出过少,所以今后工作的重点是努力提高物力资源的使用率,避免浪费,同时强调多出科技成果;单位F非有效的原因主要是人员投入过多而科技成果产出不足,存在人浮于事现象,建议精减人员,加强人员管理,提高人员积极性,加强科技成果的产出;单位G非有效的

原因主要是科研人力、财力、物力投入不少,而科技成果的产出不多,并且不注重科研潜力的夯实,没有为可持续发展打下良好基础,在管理上可能存在严重的问题。

(3) 定级排序。

运用规划(D_ε),根据定理 7.1 可把所有决策单元分成 DEA 有效、弱 DEA 有效和非 DEA 有效三类,对非 DEA 有效的 DMU 可根据其与 DEA 相对有效面的距离大小(可由有效性系数 θ 体现出来)排出优劣顺序,而对同为 DEA 有效或同为弱 DEA 有效的 DMU 来说排序就不那么简单了,因为它们的有效性系数都等于 1。若 DMU_k 为 DEA 有效或为弱 DEA 有效,那么在运用规划($\bar{P}$)评价 DMU_k 时,DMU_k 的效率评价指数 h_k 必须为 1,此时输入和输出指标权重是从最有利于 DMU_k 的立场选取的,如果选取最有利于其余 DMU 的权重,其效率评价指数 h_k 就未必能达到最大值 1。为此分别利用最有利于其余 DMU 的权重,计算出各个效率评价指数 h_{kj}($j=1,2,\cdots,n-1;j\neq k$)(称为横切效率),再取 $n-1$ 个横切效率的平均值(称为平均横切效率)。分别对各个 DEA 有效的 DMU 求其平均横切效率,并进行比较,平均横切效率越大,DMU 的有效性就越稳定,其顺序就应更优。

本实例中定级排序结果见表 7-10。

表 7-10 定级排序结果

	单位代号	平均横切效率	排序号		单位代号	排序号
DEA 有效决策单元排序	C	1.0000	1		C	1
	E	0.8861	2		E	2
	B	0.7909	3	所有决策单元综合排序	B	3
	单位代号	有效性系数 θ	排序号		A	4
非 DEA 有效的决策单元排序	A	0.9832	1		D	5
	D	0.9114	2		F	6
	F	0.7709	3		G	7
	G	0.7468	4			

从表 7-10 中可以看出,这次绩效评价中各个单位的优劣顺序:单位 C 排名第一,应给予表彰和鼓励并号召其他单位向其学习;单位 G 排名最后,应给予批评和鞭策,并帮其寻找差距、分析原因、制定改进措施。

7.5 ADC 法

效能分析方法通常包括三个基本内容:一是定义型号系统效能的参数,并选择合理的效能指标;二是根据给定的条件,计算效能指标的值;三是进行多指标效能的综合评价,即由诸效能参数的指标值求出效能综合评价。

7.5.1 ADC 基本模型

武器系统效能应反映武器系统在平时的保养情况,即在需要使用它时,它能处于战备状态或能立即投入战斗;在作战期间能连续有效地工作;在战斗中武器系统的作战能力,即完成作战任务的好坏。因此,采用美国工业界武器系统效能咨询委员会给出的系统效能模型作为武器系统效能的基本模型,这种模型把效能参数分解为可用性、可信赖性和能力三大部分,如图 7-14 所示。

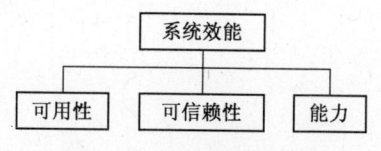

图 7-14 系统效能模型

可用性是指武器系统在任意时刻开始执行任务时所处状态的量度,它反映了武器系统的平时保养、例行维修等因素的影响。

可信赖性是指武器系统在执行作战任务期间,系统工作状态变化的量度,它反映了武器系统的可靠性和连续工作的能力。

能力是指武器系统在作战期间完成作战任务的量度,它反映了武器系统在工作的条件下,完成预定工作任务的情况。

武器系统效能的基本模型为

$$E = A \cdot D \cdot C$$

假设 $E = (e_1, e_2, \cdots, e_m)$,其中 $e_k(k=1,2,\cdots,m)$ 表示第 k 个效能指标; $A = (a_1, a_2, \cdots, a_n)$,其中 $a_i(i=1,2,\cdots,n)$ 为系统在开始工作时处于第 i 种状态的概率; $D = (d_{ij})_{n \times n}$,其中 d_{ij} 表示系统从第 i 种状态开始执行任务,在执行任务过程中处于第 j 种状态的概率; $C = (c_{jk})_{n \times m}$,其中 c_{jk} 表示在执行任务过程中,系统处于第 j 种状态时,系统的第 k 个效能指标值。则有

$$e_k = \sum_{i=1}^{n} \sum_{j=1}^{n} a_i d_{ij} c_{jk}, \quad k = 1, 2, \cdots, m$$

7.5.2 可用度向量的确定

假设系统有 n 种状态,则可用度向量为 n 维向量 $A = (a_1, a_2, \cdots, a_n)$。其中 $a_i(i=1,2,\cdots,n)$ 为系统在开始工作时处于第 i 种状态的概率。且有

$$\sum_{i=1}^{n} a_i = 1, \quad n \geq 2$$

假如系统只有正常和故障两种状态,那么它的可用度向量为
$$A = (a_1, a_2)$$
式中:a_1 为系统在任意时刻处于正常状态的概率;a_2 为系统在任意时刻处于故障或(维修)状态的概率。

对于单部件系统,有
$$a_1 = \frac{T_{BF}}{T_{BF} + M_{CT}}$$
$$a_2 = \frac{M_{CT}}{T_{BF} + M_{CT}}$$
式中:T_{BF} 为平均故障间隔时间;M_{CT} 为平均修复时间。

7.5.3 可信赖性矩阵

假设系统有 n 种状态,则可信赖性矩阵为 $n \times n$ 方阵,即
$$D = \begin{bmatrix} d_{11} & d_{12} & \cdots & d_{1n} \\ d_{21} & d_{22} & \cdots & d_{2n} \\ \vdots & \vdots & & \vdots \\ d_{n1} & d_{n2} & \cdots & d_{nn} \end{bmatrix}$$

一般有:$\sum_{j=1}^{n} d_{ij} = 1$,$i = 1, 2, \cdots, n$。

若系统在使用过程中不能维修,且系统状态序号越大故障越多,则可信赖性矩阵为一个三角矩阵,即
$$D = \begin{bmatrix} d_{11} & d_{12} & \cdots & d_{1n} \\ 0 & d_{22} & \cdots & d_{2n} \\ \vdots & \vdots & & \vdots \\ 0 & \cdots & 0 & d_{nn} \end{bmatrix}$$

系统的可信赖性通常可用系统的可靠性来表示。对于复杂的大系统和电子系统,可假设可靠性函数为指数函数,因此可信赖性为
$$D(t) = e^{-\frac{t}{T_{BF}}}$$
式中:t 为执行任务时间。

武器系统开始工作后,从工作初始状态到战斗结束,有可能出现以下四种状态转移:

(1) 直到战斗结束,均处于可靠工作状态;
(2) 由可工作状态转变为故障状态;
(3) 由故障状态修复为可工作状态;

（4）从工作一开始就始终处于故障状态。

例如,假设武器系统的火力部分的平均无故障间隔时间为 $MTBF_1$,火控部分的平均无故障间隔时间为 $MTBF_2$,且不考虑维修,系统状态有以下四种：

（1）火力部分和火控部分一直处于可靠工作状态；
（2）火力部分可靠,火控部分故障；
（3）火力部分故障,火控部分可靠；
（4）火力部分故障,火控部分故障。

那么系统的可信赖性矩阵为

$$D = \begin{bmatrix} e^{-\frac{t}{T_{BF1}}} \cdot e^{-\frac{t}{T_{BF2}}} & e^{-\frac{t}{T_{BF1}}} \cdot (1-e^{-\frac{t}{T_{BF2}}}) & (1-e^{-\frac{t}{T_{BF1}}}) \cdot e^{-\frac{t}{T_{BF2}}} & (1-e^{-\frac{t}{T_{BF1}}}) \cdot (1-e^{-\frac{t}{T_{BF2}}}) \\ 0 & e^{-\frac{t}{T_{BF1}}} & 0 & 1-e^{-\frac{t}{T_{BF1}}} \\ 0 & 0 & e^{-\frac{t}{T_{BF2}}} & 1-e^{-\frac{t}{T_{BF2}}} \\ 0 & 0 & 0 & 1 \end{bmatrix}$$

7.5.4 能力矩阵

假设系统有 n 种状态,系统效能有 m 种效能指标,则系统能力矩阵是一个 $n \times m$ 矩阵,即

$$C = \begin{bmatrix} c_{11} & c_{12} & \cdots & c_{1m} \\ c_{21} & c_{22} & \cdots & c_{2m} \\ \vdots & \vdots & & \vdots \\ c_{n1} & c_{n2} & \cdots & c_{nm} \end{bmatrix}$$

式中：$c_{ij}(i=1,2,\cdots,n;j=1,2,\cdots,m)$ 为系统在第 i 种状态下系统的第 j 个效能指标值。在操作正确高效的情况下,它取决于武器系统设计能力。

有时能力矩阵是一个列向量,即

$$C = \begin{bmatrix} c_1 \\ c_2 \\ \vdots \\ c_j \\ \vdots \\ c_n \end{bmatrix}$$

式中：$c_j(j=1,2,\cdots,n)$ 为系统在第 j 种状态下所能达到的能力。

例如,某系统有三种状态,其效能用发现目标的概率来衡量。已知系统在第一种状态下发现目标的概率为 0.9,在第二种状态下发现目标的概率为 0.9,在第三种状态下发现目标的概率为 0。那么该系统的能力矩阵为

161

$$C = \begin{bmatrix} 0.9 \\ 0.9 \\ 0 \end{bmatrix}$$

7.5.5 考虑时间的系统效能

可信赖性矩阵 D 是时间 t 的函数,因此,系统效能 E 也是时间 t 的函数。系统效能的基本模型为

$$E(t) = A \cdot D(t) \cdot C$$

系统效能 $E(t)$ 是系统在某一瞬间的效能值,它是瞬时效能。由可信赖性矩阵 $D(t)$ 的性质可知:当系统在工作期间不可修复时,随着工作时间 t 的增加,系统状态自然就会趋于故障状态,因此有

$$\lim_{t \to \infty} E(t) = 0$$

而当系统在工作期间是可修复时,有

$$\lim_{t \to \infty} E(t) = C$$

如果系统可靠性较高,系统工作时间相对比较短的武器系统,可用武器系统在工作时间段 $[0, t_1]$ 终点的系统效能 $E(t_1)$ 来描述系统效能。如果武器系统工作时间较长,则用系统工作时间段终点效能 $E(t_1)$ 作为全工作区间的效能,就不能真实地描述武器系统的作战效果。可以用武器系统在工作时间段 $[0, t_1]$ 中的平均系统效能来描述系统的作战能力:

$$\overline{E} = \frac{1}{t_1} \int_0^{t_1} E(t) \, \mathrm{d}t$$

在实际计算中,也可简化为

$$\begin{cases} \overline{E} = \sum_{i=0}^{m} E(i \cdot \Delta t) \\ \Delta t = \dfrac{t_1}{m} \end{cases}$$

第8章 经济性分析

随着高新技术在武器装备中的大量运用,装备结构日益复杂、性能不断提高,装备费用持续快速上涨,经济因素已经成为装备建设最重要的影响因素之一,加强经济性分析已经成为保证装备建设又好又快发展的客观要求。装备经济性分析方法贯穿装备全寿命过程,主要包括装备全寿命费用估算方法、装备费用—效能分析、价值工程、定费用设计和费用作为独立变量等。

8.1 装备全寿命费用估算方法

装备全寿命费用估算方法主要有参数估算法、工程估算法、类比估算法、专家判断估算法等。

8.1.1 参数估算法

1. 参数估算法的定义

参数估算法是根据多个同类装备的历史费用数据,选取对费用敏感的若干个主要物理与性能特性参数(如重量、体积、射程、探测距离、平均故障间隔时间等,一般不超过 5 个参数),运用回归分析法建立费用与这些参数的数学关系式来估算全寿命费用或某个主要费用单元费用的估计值。

参数估算法是建立在装备某些特性参数与费用相互关系基础上的。这些特性既可以是重量、体积和尺寸等物理参数,也可以是速度、功率、射程和平均故障间隔时间等性能参数。利用这些参数与同类装备的历史费用数据之间存在的某种统计函数关系,从中选择影响费用的主要参数,运用回归分析法建立参数估算关系式,这些数学关系式既可以是线性的也可以是非线性的,既可以是一元一次或一元二次的简单关系式也可以是多元的复杂关系式,这些数学关系式就是参数估算法费用估算模型。将待估算新研装备的参数值输入模型就可以预测新研装备的费用估算值。

2. 参数估算法的特点

(1) 该估算方法建立的数学估算关系式简单且与费用的影响因素关系清晰，便于计算机计算与仿真，也便于敏感度分析，这是该方法的明显优点。

(2) 该估算方法数学模型的建立主要是依靠同类装备的历史费用数据，而对待估的新研装备只需要明确主要的物理与性能特性参数值，故特别适用于已制定装备总体性能指标或确定研制总体方案的装备研制早期，这是该方法的另一个明显的优点。

(3) 该估算方法的精度主要取决于同类装备的相似程度、统计样本的数量、影响费用的参数选择与回归模型的形式。

(4) 该估算方法所建立的数学模型的合理程度，在很大程度上取决于费用分析人员对装备的了解和建模的技巧与经验。

3. 参数估算法的应用

只要有足够的同类装备历史费用数据可资利用，就可以用参数估算法建立费用估算模型，估算全寿命费用中各种费用单元的费用；当费用的样本个数有限时，可以运用偏回归分析法建立参数估算关系式。

1) 论证与研制费的估算

由于装备的论证与研制费随装备的物理特性与性能特性的变化显著，在装备研制的早期实际费用数据有限，只要有足够的同类装备的历史数据的样本，参数估算法是估算论证与研制费用最有效的方法。

因技术进步而采用独特新技术的装备，由于其研制与试验费用很大，待估算装备某些分系统与同类装备相似性差别大时，不宜直接采用该方法估计论证与研制费。这时，应当采用其他估算方法，如专家判断估算法、类比估算法对差异大的费用数据进行修正。

2) 购置费的估算

由于装备的重量、体积、零部件的数量与电子器件的密度以及某些性能参数与原材料、外购零件、外购设备、加工制造的直接工时及管理费用往往存在一定的比例关系，而且同类装备生产线的建设、批量生产中熟练曲线参数都存在很大的相似性。因此，用参数估算法能较好地预测装备购置费中的定价成本费。同样，由于同类装备初始备件、保障设备、保障设施的种类与数量以及在技术资料、初始培训、初始包装储运方面都有很大的相似(同)性，所以，在装备研制早期，因尚无详细的装备结构与技术状态设计且已发生的费用数据少而难以采用工程估算法估算购置费时，采用参数估算法能较好地预测购置费，为投资规模提供决策依据。

3) 使用与保障费的估算

参数估算法对使用与保障费的估算精度有限，所以，在装备研制后期或使用保障阶段有大量费用数据可资利用时，一般不采用参数估算法估算整个使用与保障费，只是利用参数估算法简单易行的特点辅助工程估算法估算尚未发生实际费用的某些费用单元的费用。但是,由于同类装备在使用与维修方面存在的相似性,可以在装备研制早期采用参数估算法粗略地预测使用与保障费用仍然是很有效的,特别是当确定了装备的设计方案、使用方案与保障方案,并有可靠性和维修性参数的预计值或实测值(通过样机试验或试用)提高其估算的精度以后,可以从不少的文献查找到使用与维修费的参数估算数学模型。

4. 参数估算法的实施程序

1) 确定估算目标、明确假设和约束条件

根据费用估算的需要,确定所估算的费用是全寿命费用或某个费用单元的费用或某个分系统的有关费用(如某分系统的购置费、研制费等)。

参数估算法需要明确假设和约束条件。此外,还可以规定回归模型的显著性水平和估计值的置信度。假设和约束条件的数量与内容可因估算目标的不同而异。

2) 明确新研装备的定义

定义新研装备的详细程度应满足费用估算目标与参数估算方法的要求。一般包括以下三个方面:

(1) 作战任务、使用要求及使用方案与保障方案(可以是初始的)。

(2) 包括作战性能与保障性能的指标在内的主要战术技术指标要求,特别要明确主要物理特性与性能特性的参数指标要求。

(3) 研制技术方案(或研制总体方案),特别是指明采用了哪些可能对费用产生较大影响的新的关键技术。

3) 收集同类装备的历史费用数据,建立参数费用估算模型

(1) 收集同类装备的历史费用数据。广泛地收集同类装备历史费用数据,如已建立费用数据库,可直接从数据库中提取所需的费用数据。对于收集的费用数据应说明装备相应的主要物理特性与性能特性的参数情况,对采用独特的新技术必须注明。如所采用的独特技术对费用产生特别的影响,则应修正有影响的数据或剔除该种装备的费用数据,同时要剔除缺乏相似性的装备的费用数据。

(2) 选取费用影响参数。费用影响参数是参数费用估算关系式的自变量。选取费用影响参数就是选择对费用起主要影响作用的参数(因素)。选取的方法一般是先凭经验进行直观分析,从影响费用的诸多参数中筛选出若干影响明显的参数;再将可能产生相同影响的参数尽量合并(如原材料、零部件、制造工时的消耗以及复杂程度与某些性能参数可合并归结为装备的重量、体积等物理参数的影响)和综合(如数个单项性能指数综合为一个综合性能指数),以减少参数的数量(为不使估算关系式过于复杂,一般选取的参数不宜超过5个);必要时可将收集的费用样本数据用预选的参数分别画出散布图,从中选取相关程度大的参数。

(3) 建立参数费用估算关系式。根据费用影响参数的数量及与费用的统计关

系选择回归模型的形式,运用回归分析法建立参数费用估算关系式。只要有可能,首先应选择线性回归模型(如单影响因素的选一元线性方程,多影响因素的选多元线性方程)。若线性方程明显不成立或当相关性检验明显不满足线性统计关系时,采用非线性方程。选择非线性的模型应尽可能选择通过变量代换能够线性化的函数方程(如幂函数、指数函数、对数函数、双曲线函数与S型函数等)。

(4) 参数费用估算关系式的相关性检验。计算所建立的参数费用估算关系式的相关系数或F值,用相关系数检验或F检验判断在显著性水平α下的参数费用估算关系式是否有意义。

4) 预测新研装备的费用

将确定的新研装备的参数值代入参数估算关系式,得出新研装备费用的估计值,并求得在置信度$P=1-\alpha$时估计值的置信度区间。

8.1.2 工程估算法

1. 工程估算法的定义

工程估算法是按费用分解结构从基本费用单元起,自下而上逐项将整个装备系统在寿命周期内的所有费用单元累加起来得出全寿命费用估计值。采用该方法进行估算时,对每一项已发生的费用单元的费用采用实际费用,当较低层次的费用单元的费用尚无实际值时,可以使用参数估算法、类比估算法或专家判断估算法的估算值进行估算。

2. 工程估算法的特点

工程估算法是一种按费用分解结构中各费用单元自下而上的累加方法,它要求对产品全系统有详尽的了解,对产品的生产过程、使用方法和保障方案及历史资料数据等都应非常熟悉。采用这种方法估算费用是一项很繁复的工作,为估算产品一个重要部件的费用,常需要进行大量繁琐的计算。但是,这种方法的显著特点是估算的精度高,而且能够清晰地得到各费用单元的细节,可以独立应用于各种零件、元器件、子系统或装备全寿命各个阶段的费用估算;这种方法得出的估计值更便于进行敏感度分析;同时容易寻找费用的主宰因素,为降低费用提供决策依据。因此,它是目前经常采用的一种估算方法。

使用工程估算法的主要困难在于它需要比其他方法更为详尽的装备结构与费用信息。这使得它主要使用于工程研制阶段以后,而且较之其他方法更加费钱、费时。因此,如果在装备研制过程中能及时、完整地收集到装备技术状态与费用数据,又有同类装备费用数据库的支持,克服这些困难,工程估算法可能是最好的费用估算方法。

3. 工程估算法的应用

工程估算法适用详细估算全寿命费用中各主费用单元的费用。

1）论证与研制费的估算

论证与研制费是为装备的论证与研制所支出的全部费用,它属于一次性投资费用,包括论证费和研制费。

论证费是指在论证阶段装备论证单位为装备论证所支付的全部费用。按费用分解结构,论证费由先期论证费、论证研究费、论证管理费、论证人员工资费组成。采用工程估算法估算论证费时,装备论证单位可按实际承担的装备论证与相关的研制工作,逐项估算出各费用单元的费用,然后累加汇总。

研制费是指研制单位为研制装备所支出的全部费用,它由研制成本费和研制收益费构成。其中,研制成本费是指从方案论证到试生产为研制装备所发生的全部成本费用,包括研制设计费、研制材料费、研制外协费、研制专用费、试验费、固定资产使用费、研制工资费、研制管理费、技术协调费。研制费包括承担装备型号研制任务的主承制方、分承制方、供应方等所有单位所支付的装备研制费用。采用工程估算法估算研制费时,原则上承担研制任务的单位在按上述研制费的分解结构基础上再详细分解到基本费用单元,然后逐项累加。对于一项大型复杂的装备,由于参加研制的单位众多,持续时间又长,可以按装备硬件、软件结构(或按照武器装备研制项目工作分解结构),分解为分系统、设备,然后按上述费用分解结构逐个估算各分系统、设备的研制费,再累加汇总。

对于全寿命费用,应当将装备型号的总论证与研制费分摊到单台装备上。

2）购置费的估算

购置费是指订购方向承制方购置装备并获得装备所需的初始保障所支出的全部费用。购置费由定价成本费、利润、初始保障费组成。

定价成本费是指购买单台(套)装备的定价成本费用,它由制造成本费和期间费组成。其中,制造成本费是指生产单位制造单台(套)装备所分摊的全部成本费用,包括直接材料费、直接工资费、制造费和军品专项费;期间费是指装备制造期间所分摊的有关的制造管理费和制造财务费。利润是指生产单位制造单台(套)装备所获得的利润,按制造成本费的5%的利润率计算。初始保障费是指为使新研装备部署后较短的时间(如2~3年)内形成作战能力而获得所需的初始保障所支出的全部费用,它由初始备件费、初始保障设备费、初始保障设施费、技术资料费、初始培训费、初始包装储运费组成。

工程估算法是准确估算购置费的最有效方法。购置费中最基本的部分是定价成本费,是在装备计价与审价时要估算的费用。估算定价成本费时,对于直接生产费用部分,如原材料、备品配件、外协与外购件及直接工时费等可按实际消耗统计;对于生产间接费用部分,如生产线的机具、设备及工装等可按投资费用分摊估算。估算初始保障费中与保障资源有关的费用可按实际配备统计或预计。

3）使用与保障费的估算

使用与保障费是指装备在使用期间为装备的使用和保障装备处于战备完好状

态所支出的全部费用。它由使用费、维修费、技术改进费组成。其中,使用费是指部队使用装备所付出的全部费用,一般由使用燃料动力费、弹药及消耗品费、使用保障设备费、使用保障设施费、使用人员培训费、使用资料费、使用人员工资费、使用包装储运费组成;维修费是指在装备使用期间为维修装备所付出的全部费用,一般由部队维修器材费、维修设备费、维修设施费、维修资料费、维修人员培训费、维修人员工时费、维修包装储运费、基地级维修费组成;技术改进费是指在使用期间对装备在技术上进行改装、改进、革新所付出的全部费用。

由于使用与保障费和装备的使用特点、维修保障体制与制度紧密相关,不同的军兵种及不同类型的装备其费用分解结构差别较大。因此,采用工程估算法估算使用与保障费用时,除必须明确装备的性能和技术状态外,还需要知道装备的使用方案、保障方案及保障计划,如需要明确装备的部署位置、部队编制、使用环境、分几级维修及维修工作的分配、装备的任务频次或年任务时间等。

4. 工程估算法的实施程序

工程估算法是诸估算方法中最详细的一种估算方法,其实施程序如下:

1) 确定估算目标

根据费用估算的需要,确定费用估算的任务,明确估算的费用是全寿命费用,或某个费用单元,或某个分系统、某个保障设施、某个保障设备的费用,以及明确费用估算所要求的详细程度。

2) 明确假设和约束条件

工程估算法需要明确的假设和约束条件。假设和约束条件的数量与内容可因估算目标的不同而异。

3) 建立费用分解结构与费用估算模型,收集费用数据进行估算

按要求建立全寿命费用分解结构,其范围与详尽程度应与估算的目标、假设和约束条件相应。

4) 不确定因素与敏感度分析

根据费用估算与分析的要求进行不确定因素和敏感度分析。

5) 得出估算结果

整理估算结果,按要求编写全寿命费用估算报告。

8.1.3 类比估算法

1. 类比估算法的定义

类比估算法也称为类推法或模拟法,它是将待估算装备与有准确费用数据和技术资料的基准比较系统,在技术、使用与保障方面进行比较,分析两者的异同点及其对费用的影响,利用经验判断求出待估装备相对于基准比较系统的费用修正方法,再计算出待估装备的费用估计值。

类比估算法是建立在待估装备与基准比较系统比较分析的基础上的。对于简单装备，其基准比较系统可以是一种现有的相似装备；对复杂装备，其基准比较系统可以是由多个不同装备的相似分系统组成的组合体。一般情况是选择与待估装备具有相近或相似特征的同类装备作为基准比较系统，如估算一种轻型战斗机的费用，则基准比较系统可选择不同型号某种轻型战斗机或几种轻型战斗机的组合体。但是，如果很难找到有详细技术资料和费用数据的同类装备可作为基准比较系统时，也可以在具有某些相似特征和一定可比性不同类型装备中寻找基准比较系统，例如，估算某种飞航式导弹的费用可选用某型无人驾驶侦察机作为基准比较系统。

2. 类比估算法的特点

类比估算法采用比较分析的基本依据是待估装备与基准比较系统在结构、功能和性能特征具有相似性与可比性，而比较分析的重点是分析待估装备与基准比较系统的差异对费用的影响和找出费用修正的方法。由于类比估算法是以待估装备与基准比较系统的相似性与差异的主观评价为基础的，因此，对于复杂的装备可以与专家判断估算法相结合。该方法的精度主要取决定待估装备与基准比较系统的相似程度，其不确定性主要是由费用估算人员或专家的主观评价引起的。

类比估算法的主要优点：方法简单，可适用于研制早期阶段，弥补参数估算法和工程估算法的不足；基准比较系统所具有的准确费用数据和技术资料，使估算结果较专家判断法更具客观性。该方法的主要缺点：不适用于技术上变化跨度大，相似性小的装备。

3. 类比估算法的应用

类比估算法适用于研制的早期阶段，在不能采用参数估算法和工程估算法时使用，也经常用于验证参数估算法的估算结果。利用该方法可以估算全寿命费用或某项主要费用单元费用，或者某个主要分系统或设备的费用。

1）论证与研制费的估算

由于在装备的研制早期可供费用估算的信息很少，所以用类比估算法是估算论证与研制费用最简便的方法。利用基准比较系统的历史费用数据，按新研装备的技术、工艺、试验的差异进行修正，并考虑技术状态可能的差异对费用所产生的影响，可以得出新研装备的论证与研制费。但由于类比估算法需要费用分析人员或专家的经验与判断力，所以不如参数估算法客观。

2）购置费的估算

当基准比较系统可以得到准确而可靠的历史费用数据时，按新研装备的原材料、外购零件、外购设备的费用，以及制造工艺与生产设备、试验鉴定、质量控制等方面的差异进行修正，可以很好地预测新研装备购置费中的定价成本。同样，待估装备与基准比较系统在各项初始保障费用单元方面往往具有较好的可比性，因此，在研制早期采用类比估算法可以很好地预测装备的购置费用。

3）使用与保障费的估算

使用与保障费中最主要的是重复费用,类比估算法是研制期间估计重复费用的最好方法。虽然,此类费用的不确定性很大,但当明确了新研装备的部署方案、使用要求和使用方案、保障方案以及初始供应计划以后,与基准比较系统进行分析比较,特别分析哪些可能是使用与保障费的主宰因素,每个主宰因素的差异对费用的可能影响,这样可以减少费用估算中的不确定性,可以较好地估算出新研装备的使用与保障费用。

4. 类比估算法的实施程序

1）确定估算目标、明确假设和约束条件

根据费用估算的需要,确定所估算的费用是全寿命费用或某个费用单元的费用或某个分系统的有关费用（如某分系统的购置费、研制费等）。

类比估算法需要明确的假设和约束条件。假设和约束条件的数量与内容可因估算目标的不同而异。

2）明确新研装备的定义

描述待估费用的新研装备,定义的详细程度随装备研制的进展而提高,并应与估算目标和要求相适应。一般包括以下五个方面：

（1）作战任务、使用要求及使用方案与保障方案。

（2）包括作战性能与保障性能的指标在内的主要战术技术指标要求。

（3）按估算目标明确到所需层次的设计方案,特别要明确所采用的新的关键技术。

（4）保障方案与保障要求,特别是明确新的关键保障资源要求。

（5）初始供应保障计划。

3）确定基准比较系统与收集历史费用数据

根据定义的新研装备,调查并了解现有相似装备的技术资料,确定用于比较分析的基准比较系统,收集比较系统的历史费用数据。收集费用数据的详细程度应能满足估算目标要求。

4）比较分析与确定费用修正方法

费用分析人员或专家将新研装备与基准比较系统从技术、使用与保障诸方面对影响所估算费用的各主要影响因素进行定性和定量的比较分析。因为类比估算法一般是用在尚不具备开展工程估算法的装备研制的早期,如方案阶段,所以这种比较分析往往是粗略的。通过分析要确定定量的费用修正方法,如确定调整的物价指数与贴现率、相对于基准比较系统的复杂性系数或调整因子、参数费用估算关系式等。由于相比较的装备之间的相似性是千差万别的,因此,修正的方法也是多种多样的。

5）估算新研装备费用

利用基准比较系统的历史费用数据与所确定的费用修正方法,按照费用估算的目标要求,估算出新研装备的费用估计值。

8.1.4 专家判断估算法

1. 专家判断估算法的定义

专家判断估算法是由专家根据经验判断估算出装备的全寿命费用的估计值。它是预测技术中的专家意见法(或称为德尔菲法)在全寿命费用估算中应用。该方法是以专家为索取信息的对象,利用专家所具有的装备与费用估算的知识和经验,对待估装备或类似装备的费用、技术状态和研制、生产及使用保障中的情况进行分析与综合,然后估算出装备的全寿命费用。

采用专家判断估算法要为估算某装备费用成立专家小组,采取函询方式多次征求并收集专家对待估装备费用估算的意见,然后将专家们的估算意见经过综合、归纳和整理,匿名反馈给每位专家再次征求意见;这样多次征询与反馈使专家们有机会将自己的估计意见和别人的意见进行比较,不断地修正自己的判断;最后,将专家分散的估计值加以统计,用中位数或平均数加以综合,得出费用的估计值。

2. 专家判断估算法的特点

专家判断估算法主要用于费用数据不足,难以采用参数估算法、类比估算法或工程估算法而又允许对费用做出粗略估算的场合。专家判断估算法的主要优点:适用性好,它适用于装备寿命所有阶段对全寿命费用以及各种费用单元的粗略估算;估算所需的费用较低。该方法的主要缺点:估算精度取决于专家的知识与经验,受主观因素影响大,因而估算精度一般较低。

3. 专家判断估算法的实施程序

1) 成立费用征询小组,做好准备工作

成立由装备主管部门和技术、经济以及管理等单位的人员组成的费用估算征询小组,负责专家判断估算法组织实施。

征询小组的主要准备工作如下:

(1) 明确目标、假设和约束条件。提出具体的费用估算目标及相应的假设和约束条件。如估算某装备的研制费,则应明确研制周期、贴现基准年、研制设计样机数等。

(2) 确定估算程序和征询方式专家判断估算法的一般实施程序。只要时间允许尽量采用函询方式。

(3) 编制背景材料。新研装备背景材料的内容一般包括:任务与体制;主要战术、技术性能;初步原理组成框图;关键技术及其研究状况;主要器件的国内价格;已了解到的相似装备及其分系统的费用以及其他有关材料等。

(4) 拟定专家名单。聘请 10~15 名学术水平高、实践经验丰富、综合判断能力强,且专业范围覆盖装备科研、生产、使用、维修与经济管理方面的专家。

(5) 编制征询表(表 8-1 和表 8-2)。编制的征询表要求费用数据清晰,简明扼要,便于填写。第一轮征询表应有估算的依据、对征询内容的熟悉程度及需说明的问题;第二轮以后的征询表应给出上一轮征询的结果。

表 8-1 第一轮征询表

装备型号: 分系统名称:

费用估计值	中估值 (C_M)	高估值 (C_H)	低估值 (C_L)	计量单位
估算依据	经验	理论计算	直观	综合	参考资料
熟悉程度	很熟悉	熟悉	一般	不熟悉
其他需要说明的问题				

表 8-2 第二轮征询表

装备型号: 分系统名称:

费用估计值	中估值 (C_M)	高估值 (C_H)	低估值 (C_L)	计量单位
第一轮征询结果四分位区间	中位数	上四分位区间	下四分位区间
补充说明的问题			

2) 第一轮征询

(1) 向专家发出邀请。邀请函中,除有第一轮征询表外,还应有背景材料、估算目标、假设和约束条件等资料。

(2) 对第一轮答复进行汇总处理。

① 计算每位专家估算值。每位专家的估算值 Y_i 可由下式得出:

$$Y_i = (4C_M + C_H + C_L)/6$$

式中:C_M 为估算的最有可能的费用;C_H 为估算的最不顺利情况下的费用;C_L 为最顺利情况下的费用。

② 用四分点法求出专家计算值的中位数。假设回收到的征询表的数量为 n,将专家的估算值 Y_i 按由小到大的顺序排列,即 $Y_1 < Y_2 < Y_3 < \cdots < Y_{n-1} < Y_n$,则估算值的中位数为

$$Y = \begin{cases} Y_{(N+1)/2} \rightarrow N \text{ 奇数} \\ (Y_{N/2} + Y_{(N+2)/2}) \rightarrow N \text{ 为偶数} \end{cases}$$

在小于或等于中位数的估算值中再取中位数为下四分位数;在大于或等于中位数的估算值中取中位数为上四分位数。上、下四分点之间的区域为四分位区间。

③ 用加权平均法求出专家估算平均值。根据征询结果及通过其他途径对专家的了解,确定每位专家的权重,按加权平均法求估算平均值。

设专家 i 的估算值为 Y_i、权重为 F_i、专家总人数为 n,则估算平均值为

$$Y = \sum_{i=1}^{n}(Y_i \times F_i) / \sum_{i=1}^{n} F_i$$

3) 第二轮征询

提供第二轮征询表,背景材料以外的材料也应同时向专家提供。

(1) 对第二轮征询表的汇总处理。与第一轮征询结果的处理一样,分别用四分点法和加权平均法进行处理。

(2) 收敛性判别。收敛性判别是指所处理的数据趋于某一固定值的程度。根据征询结果数据,绘出四分位区间曲线。若收敛,则征询可以结束。若四分位区间不收敛,输出结果不稳定,则应进行第三轮征询(总次数一般不超过 3 次)。

4) 估算报告

征询小组根据估算结果,按照标准要求写出估算报告。

8.2 装备费用—效能分析

费用—效能分析的主要目的是为决策者提供尽可能多的定量信息,费用—效能分析本身不是一个决策过程,而是帮助决策者做出正确决策的一种很有效的手段。

8.2.1 装备费用—效能分析的任务

用效能和费用评价一个装备系统时,人们往往用效费比(效能/费用)或费效比(费用/效能)作为综合评价的指标。因此,费用、效能、效费比或费效比的合理性就成为论证、研制、生产和使用装备系统所追求的总目标,研究装备费用和效能的合理匹配问题则成为装备费用—效能分析的核心问题。费用—效能分析的主要任务如下:

(1) 评价装备系统未来的各种发展方案,并与现役同类装备系统进行对比,分析拟发展的新型武器装备可能达到的效果,为制定武器装备发展规划和规划的实施提供分析和决策依据。

(2) 评价装备系统的各个设计方案,比较各种备选方案的优劣,比较各种选

型、结构和参数匹配的合理性,为决策者选择方案提供依据。

(3) 在装备系统寿命周期的相应阶段,预测系统的效能和费用是否满足使用要求,为管理机关和使用部门提供决策依据。

(4) 及时指出对装备进行维修的必要性和经济性,并比较维修工作的效果。

(5) 为装备系统进行改型设计提供依据,并比较系统改进的效果。

8.2.2 装备费用—效能分析的基本流程

装备费用—效能分析流程是一个严谨的、合乎逻辑的、自适应的动态过程。通过反复应用它,能够使对所要研究的问题得出的结论趋于正确。装备费用—效能分析的基本流程如图 8-1 所示。

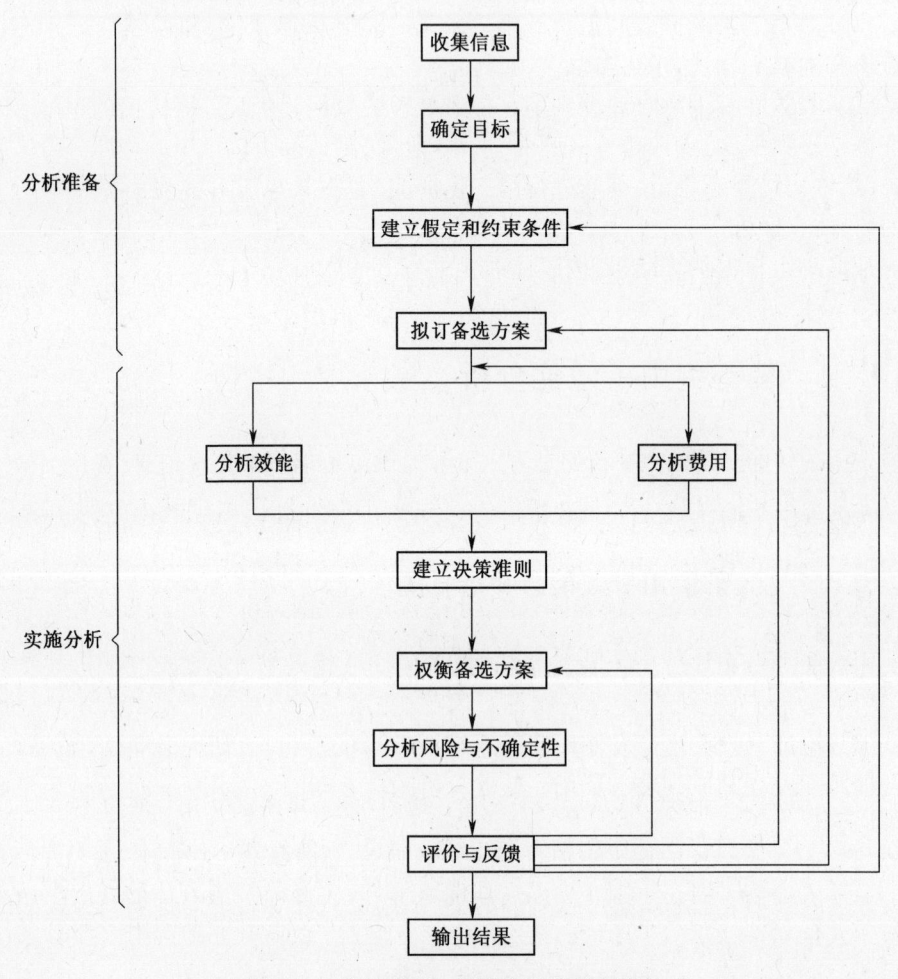

图 8-1 装备费用—效能分析的基本流程

1. 收集信息

分析之前应收集一切与分析有关的信息,包括现时各方面存在和提出的问题(军事的、技术的、经济的)、任务需求,再者是现有类似装备产生的实际费用、效能信息等。还应把要分析的问题放在一个更大范围来考虑,以了解联系与区别。

2. 确定目标

确定目标至关重要,通常根据充分研究任务需求便可制定出正确的目标。任务需求是指要做的工作而不是如何去做,应研究必须完成的全部任务;否则,就可能使目标确定得不全面甚至不正确。

3. 建立假定和约束条件

在确定目标和要求之后,就要开始拟订方案的工作。当试图列出所有方案时,首要的问题是所选择的方案将涉及哪些变量,将受到哪些方面的限制。因此,在分析的这一步,往往要对分析所涉及的各种因素进行分析,做出相应的各种假定和建立约束条件,以保证分析的顺利进行。恰当的假定和合理的约束是保证费用—效能分析结果质量的基本条件。

4. 拟订备选方案

方案是指能达到目标的各种方法或建议的设计。方案一般是系统综合的产物,为了能权衡出优化的方案,不使重要的、有价值的方案遗漏掉,供选择的方案可以是预先确定的,也可以是为分析而专门制定的。通过初步权衡,筛选掉不满足约束条件或无创新意义且难以达到目标的方案,再根据实现性/可行性做进一步筛选,剩下的即为正式的参与分析的备选方案,对它的技术状态要做认真的描述,其详细程度应满足分析效能和分析费用的需要。如果备选方案过少,则应重新研究约束条件并对已筛选掉的方案再次考虑,或拟订新的备选方案。

5. 分析效能

效能是装备在规定的条件下达到规定使用目标的能力。分析效能是指用分析的方法,对备选方案的效能进行研究并定量化,以便于权衡比较。由于装备结构的复杂性和功能的多样性,而费用—效能分析的应用范围又十分广泛,要采用一种适用于所有情况的效能度量是不可能的。根据分析的目的,把效能的度量和影响效能的各主要因素联系起来,可得到指标效能、系统效能和作战效能三类典型的效能度量。

6. 分析费用

可以毫不夸张地说,现今的重大决策问题都离不开所需费用这个头等重要因素的考虑。特别在我国正集中精力进行经济建设,国防经费十分有限,钱更要用在"刀刃"上。综观外军,对费用问题早就得到重视,全寿命费用方法的发展成熟已为分析费用提供了整套的估算方法和分析技术,完全适用于在费用效能分析中采用。

分析费用首先是要根据装备的特点和分析的目的,将装备应发生的费用的各组成部分逐层分解至所需细化的层次,达到最底层的费用单元,以建立费用分解结构,然后建立各费用单元的估算关系式,解决各种算法问题,以便估算出各备选方案的费用。在此基础上,还可分析主要费用单元及其影响因素等。应该注意,估算出的费用并不一定是备选系统将发生的全部费用的数值,根据分析的目的,可以只估算各备选方案有差别的费用值,得出的是相对费用。

7. 建立决策准则

准则是确定方案间相互优劣的一种标准或尺度。没有判断相对优劣的准绳,决策将十分困难。供费用—效能分析的准则,都应满足能把备选方案达到目标的程度与所需的费用进行比较之用。常用的决策准则有如下两个:

(1) 等费用准则:在满足给定费用约束的条件下,获得最大的效能。

(2) 等效能准则:在满足给定效能约束的条件下,所需费用最小。

在有些情况下,也可使用效费比的准则,使方案的效能与所需费用之比最大,但是由于效费比本身并未提供效能和费用的绝对水平(绝对值),看不出方案的效能或费用是否满足要求,这就有可能导致决策的失误。因此,如果对费用及效能没有约束条件时,使用此准则应慎重。

8. 权衡备选方案

权衡备选方案实际上是用决策准则对备选方案进行判断,比较出各方案的优劣。如果各方案差别不大,则权衡分析是不困难的。如果各方案差别很大,则应该进一步补充信息、数据甚至方案,在进行风险和不确定分析之后,再确定出最优的方案。

9. 分析风险与不确定性

决策是从不同的对策方案中做出抉择的一种管理行为。不存在风险的决策是罕见的。这是因为,方案的实施是决策之后的事,而未来毕竟是未知的,存在着许多不确定的因素,例如通货膨胀的程度、技术发展的速度、对威胁的判断等都只能在费用—效能分析时通过假定和约束加以给定,很难说一定符合未来的情况。因此,分析备选方案的风险和不确定性就显得很重要。一般采用灵敏度分析和概率分析法,以便为决策者抉择方案时提供更多的信息,以减少风险和不确定性对决策的影响。

10. 评价与反馈

分析、评价全部费用—效能的过程和所得到的结果(包括各步工作中得到的结果)将能得到许多需要反馈并做进一步分析的信息,这样反复进行分析,就能使要研究的问题趋于正确。

11. 输出结果

费用—效能分析的结果和建议应以报告形式提供。报告内容应包括:备选方案的描述,费用、效能的绝对值、相对值及方案选优的顺序;分析风险及不确定性的结果;费用—效能分析的基本过程,所采用的效能模型、费用模型、决策准则和模型,以及跟踪使用的可能性;分析的局限性及其原因等。

8.2.3 装备费用—效能分析的主要方法

1. 费效比的概念及特征和费效比分析

1) 费效比的概念及特征

费效比是装备费用和效能的比值,其定义式为 $M = C/E$,其中 C 为装备费用,E 为装备效能。费效比表征的是方案在费用和效能两个方面的综合表现,具有综合性特征。在装备建设与发展决策中,必须始终追求在费用与效能之间达到最佳的平衡,不能片面追求某一方面,否则就会导致决策的失误。费效比的综合性特征还表现在武器装备建设中,费用与效能之间并非两个完全独立的简单变量,如研制费用与装备性能之间就存在某种函数关系。如果单独从费用或效能的角度处理问题,就会忽略上述内在关系,影响决策的科学性。通过费效比,可以将费用和效能及二者之间的内在关系有机地联系起来,构成一个综合体。

费效比作为评价装备方案优劣的指标,具有很高的综合性,主要表现如下:

(1) 在费用方面,通常考察的是装备的全寿命费用,全寿命费用不但具有全寿命全系统的特征,还是一个与装备的硬件和软件特性相联系的综合性参数。

(2) 装备效能是评价装备战斗力的指标,它不仅包含装备的所有性能指标,还包含装备的可靠性、维修性、保障性、测试性、安全性、生存性、兼容性等特性,是全面表征装备硬件和软件特性的综合性参数。

(3) 费效比将上述两个综合性参数综合起来考虑,表面上看似费用和效能两个数值的简单比值,实际上却是把装备的各种特性及它们之间丰富而复杂的联系都综合起来考虑,无疑是一种高度的综合。

2) 费效比分析

费效比分析是指对装备的费用和效能及其影响因素进行分析,寻找使得费效比最低的装备方案,提高国防资源的利用率。通过费效比分析,不仅可以评价不同型号装备或同一型号装备的不同方案的优劣,还可以确认影响装备费效比的主宰因素,并通过科学合理的调整与优化,寻求实现最低费效比的方案和途径。

通过费效比分析,可以采用如下途径来降低费效比:

(1) 在装备效能难以提高的情况下,应从改进装备设计、完善制造工艺、加强管理控制、提高可靠性、维修性和保障性水平等方面入手,通过降低研制、生产、使用和维修保障费用来降低费效比。

(2) 在难以降低费用的情况下,可通过提高装备效能来降低费效比。不过要注意,为提高效能可能会引起费用的增长,但通过提高可靠性、维修性、保障性和生存性等特性,可以有效降低使用维修和保障费用,从而抵消上述费用的增长,使总的费用保持不变。

(3) 在提高装备效能的同时,降低费用,可使装备费效比大幅度降低,这应该是装备费效比分析的主攻方向。例如,装备的可靠性、维修性和保障性等特性是装备战斗力的倍增器,若能恰当地提高上述特性,就可以有效降低装备使用与保障费用,同时有效地提高装备的效能。

(4) 在装备费用略有增加的情况下,大幅度提高装备效能,同样可以有效降低费效比。

(5) 在装备效能略有下降的情况下,大幅度降低费用,仍可降低费效比。

在实际进行费效比分析时,上述五种途径应视具体情况加以选择。

2. 费效权衡的比例模型

1) 费效指数

由于装备费用和效能的量纲不同,费效比的数值会因采用不同的量纲而发生变化,这就给直观比较带来一定困难。为此,需要进行无量纲化处理,定义费效指数如下:

$$M(M) = M(C)/M(E) \tag{8-1}$$

式中:$M(C)$ 为费用指数;$M(E)$ 为效能指数。它们可分别表示为

$$M(C) = C/C_{基准} \tag{8-2}$$

式中:$C_{基准}$ 为选定的基准装备的费用;C 为待评价装备的费用。

$$M(E) = E/E_{基准} \tag{8-3}$$

式中:$E_{基准}$ 为选定的基准装备的效能;E 为待评价装备的效能。

在使用式(8-2)和式(8-3)时应注意:

(1) 应选择最先进的同类型国产现役装备作为基准装备。

(2) 费用和效能应对应于同类型装备,且分别具有相同的定义:对于费用而言,C 和 $C_{基准}$ 要么同为寿命周期费用,要么同为使用保障费用等;对于效能而言,E 和 $E_{基准}$ 要么为同一指标效能,要么为定义相同的系统效能等。

2) 比例模型

在武器装备建设中,通常会面临多种备选方案。根据式(8-1),对于某一给定的装备备选方案,若满足

$$M(M_i) = M(C_i)/M(E_i) \leq 1.0 \tag{8-4}$$

式中:$M(M_i)$ 为第 i 个装备备选方案的费效指数;$M(C_i)$ 为第 i 个装备备选方案的费用指数;$M(E_i)$ 为第 i 个装备备选方案的效能指数。

则表明投入不大于产出,认为该备选方案是一种可行的方案。

式(8-4)是以费效比为基础建立的,称为比例模型,其物理意义可以用图 8-2 来表示:图中射线 OA 上各点均有 $M(M) = 1.0$,即 $M(C) = M(E)$;在射线 OA 下方区域内的各点,由于 $M(M) < 1.0$,必有 $M(C) \leq M(E)$,即投入小于产出,代表可行(合算)方案的集合,为可行区域;在射线 OA 上方区域内的各点,由于 $M(M) > 1.0$,必有 $M(C) > M(E)$,即投入大于产出,代表不可行(不合算)方案的集合,为不可行区域。

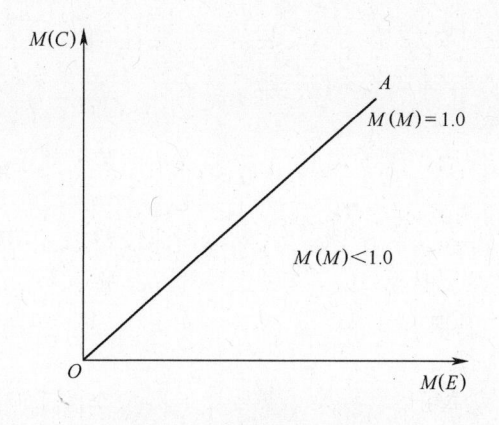

图 8-2 比例模型的物理意义

3）基于比例模型的费效权衡分析

在实际的装备建设决策过程中,往往要受到一些条件的约束,最大费用和最小效能是最常见的两个约束条件。

（1）最大费用约束。该约束可表示为

$$M(C_i) \leqslant M(C_{max}) \tag{8-5}$$

式中：C_{max} 为装备费用的最大值,由国防资源的承受能力决定。

（2）最小效能约束。该约束可表示为

$$M(E_i) \geqslant M(E_{min}) \tag{8-6}$$

式中：E_{min} 为装备效能的阈值,由装备战术技术要求的阈值决定。

由式(8-4)~式(8-6)共同决定了装备备选方案的可行域,如图 8-3 所示。

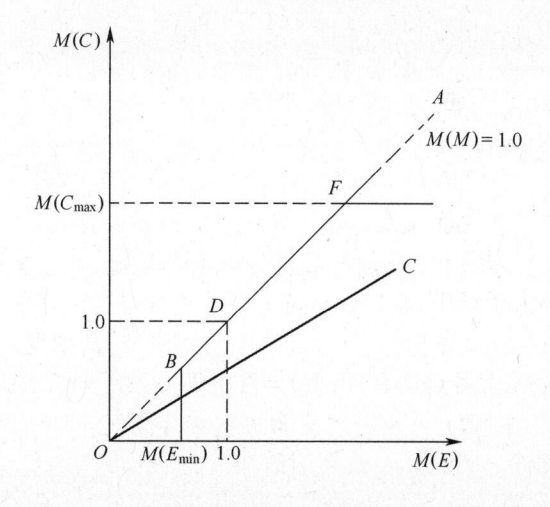

图 8-3 基于比例模型的费效权衡分析的可行域

图 8-3 中，纵、横坐标轴上各有一个数值为 1.0 的点，它们分别表示 $M(C_i) = 1.0$ 和 $M(E_i) = 1.0$，由式(8-5)和式(8-6)，此时分别有

$$C_i = C_{基准} \tag{8-7}$$
$$E_i = E_{基准} \tag{8-8}$$

通常称 $M(C_i) = 1.0$ 和 $M(E_i) = 1.0$ 这两点为基准点，它们的位置由基准值和坐标轴的比例尺决定，两坐标轴的比例尺一般应相同。

线段 $OBDF$ 及其延长线上各点的费效指数 $M(M)$ 均为 1.0，称为基准线，由于两坐标轴的比例尺一般相同，因此，基准线一般与第一象限的角平分线重合。

在图 8-2 的可行域中，任意做一条以 O 点为原点的射线 OC，其上各点均有

$$M(M)_{OC} = \text{const} \tag{8-9}$$

即在任一射线上其费效指数均相同。这样按比例模型的判据，便可得出同一射线上各点所代表的备选方案的优劣相同的结论，称为等费效指数线。但应当看到，在同一射线上的各点，离坐标原点距离越远，其效能值就越大，方案的技术含量就越高。当然由于效能的提高使用也会有所增加，只是效能和费用的增长速率相同，才使得费效指数不变。

3. 费效分析评价方法

装备费用—效能受多种因素的影响，要在众多装备备选方案中寻找出"最优"的方案，就必须对费用、效能及其影响因素进行系统的评价、综合的分析，才能得到科学合理的结论，为方案优选提供科学的决策依据。可用来进行装备费效分析评价的方法很多，以下重点介绍关联矩阵法、理想点法和可拓工程方法。

1) 关联矩阵法

关联矩阵法是进行装备费效分析评价的方法之一。实践中，在进行方案权衡评价时，除考虑降费效比(或费效指数)这个重要的指标以外，还要考虑研制周期、风险等指标，这时比例模型方法就无能为力了。在进行装备备选方案评价时，必须综合考虑技术、经济和时间等因素，因而是一个复杂的多目标系统分析评价问题，需要考虑多种评价指标，进行综合评价。

(1) 关联矩阵法的基本原理。关联矩阵法是一种对多个因素(评价指标)进行综合评价的方法，首先根据具体评价对象(装备系统建设方案)，确定评价因素以及各评价因素的权重；然后针对各备选方案，先确定各单项因素的评价值，并用矩阵形式来表示各备选方案各评价因素的评价值，再进行加权求和，得到所有因素的综合评价值，综合评价值最大的方案即为最优方案。

(2) 关联矩阵法的一般步骤。关联矩阵法的核心是构建关联矩阵表，关键是确定评价指标及其权重。

绘制关联矩阵表。设某装备有 m 个备选方案，分别用 $A_1, A_2, \cdots, A_m$ 表示。确定了评价备选方案的 n 个评价指标(或称评价因素)，用 $X_1, X_2, \cdots, X_n$ 表示。$W_1, W_2, \cdots, W_n$ 分别为各评价指标的权重，V_{ij} 表示方案 A_i ($i = 1, 2, \cdots, m$)关于评价指

标 X_j ($j = 1,2,\cdots,n$)的评价值。构建关联矩阵表见表 8-3。

表 8-3 关联矩阵表

	X_1	X_2	...	X_j	...	X_n	V_i
	W_1	W_2	...	W_j	...	W_n	
A_1	V_{11}	V_{12}	...	V_{1j}	...	V_{1n}	$V_1 = W_1 V_{11} + W_2 V_{12} + \cdots + W_n V_{1n}$
A_2	V_{21}	V_{22}	...	V_{2j}	...	V_{2n}	$V_2 = W_1 V_{21} + W_2 V_{22} + \cdots + W_n V_{2n}$
⋮	⋮	⋮	⋮	⋮	⋮	⋮	⋮
A_m	V_{m1}	V_{m2}	...	V_{mj}	...	V_{mn}	$V_m = W_1 V_{m1} + W_2 V_{m2} + \cdots + W_n V_{mn}$

②确定各评价指标(因素)的权重。常用的权重确定方法有逐一比较法和 KLEE 法(古林法)两种。

逐一比较法是对所有评价指标进行两指标间重要程度的判定,判定为重要的指标给 1 分,相对应的另一个不重要的指标给 0 分,把各个指标的得分相加,进行归一化处理后即得各指标的权重。当各指标间的重要性可以在数量上判断时,可以采用 KLEE 法来确定指标的权重。

③确定各备选方案相对于各评价指标的评价值。针对给定的评价指标,确定各备选方案的评价值的方法很多,上面介绍的确定权重的逐一比较法和 KLEE 法也同样适用。

④计算综合评价得分。在确定了各评价指标权重 w_i,并得到了各备选方案关于评价指标的评价值 V_{ij} 的基础上,就可以用下式计算各方案的综合评价得分:

$$V_i = \sum_{j=1}^{n} w_i v_{ij} \tag{8-10}$$

2) 基于理想点的多目标决策评价法

(1) 基本原理。基于理想点的评估方法的基本思路是通过定义决策问题的理想点与负理想点,在可行方案中找到一个方案,使其距理想点最近,且距负理想点最远。基于理想点的评估方法是一种多目标评价方法。

理想点是一假定的最好方案,它可以从各种方案的不同属性中选取其最优值得到。负理想点与之相反,即为假定的最劣方案,它可以从各种方案的不同属性中选取其最劣值得到。理想点和负理想点往往在实际中都不会出现,它代表了决策中努力追求与竭力避免的极端情况。

为了度量可行方案与理想点和负理想点的接近程度,定义如下相对接近测度:决策问题有 m 个目标 f_j ($j = 1,2,\cdots,m$)、n 个可行方案 X_i ($i = 1,2,\cdots,n$),设问题的规范化矩阵为 $\mathbf{Z}_{ij}$,加权目标的理想点为 $\mathbf{Z}^*$,其中:

$$\mathbf{Z}^* = [Z_1^*, Z_2^*, \cdots, Z_m^*]^T$$

$$\mathbf{Z}_j^* = \{(\max_i Z_{ij} | f_i \text{ 属效益型指标时}), (\min_i Z_{ij} | f_i \text{ 属成本型指标时})\}$$

$$(i = 1,2,\cdots,n ; j = 1,2,\cdots,m) \quad (8-11)$$

用欧几里得范数作为距离测度,定义任意可行点到理想点 Z^* 的距离为

$$S_i^* = \sqrt{\sum_{j=1}^{n} (Z_{ij} - Z_j^*)^2}, i = 1,2,\cdots,n \quad (8-12)$$

式中:Z_{ij} 为第 j 个目标对于第 i 个方案的规范化加权值。

负理想点与理想点相反,可以类推得到。

定义任意解与负理想解之间的距离 $\mathbf{Z}^- = [Z_1^-, Z_2^-, \cdots, Z_m^-]^T$,有

$$Z_j^- = \{(\min_i Z_{ij} | f_i \text{ 属效益型指标时}), (\max_i Z_{ij} | f_i \text{ 属成本型指标时})\}$$

$$(i = 1,2,\cdots,n ; j = 1,2,\cdots,m) \quad (8-13)$$

设任意可行点与负理想点之间的距离为

$$S_i^- = \sqrt{\sum_{j=1}^{m} (Z_{ij} - Z_j^*)^2}, i = 1,2,\cdots,n \quad (8-14)$$

由此,某一可行点对于理想点的相对接近度定义为

$$C_i^* = S_i^- / (S_i^- + S_i^*), 0 \le C_i^* \le 1, i = 1,2,\cdots,n \quad (8-15)$$

可以看出:若 x_i 是理想解,则相应 $C_i^* = 1$;若 x_i 是负理想解,则相应 $C_i^* = 0$。按照这一测度可以对所有方案排队。

(2) 计算步骤。基于理想点的多目标决策评价方法的基本步骤如下:

① 决策矩阵规范化,即属性的无量纲化和归一化。进行决策矩阵规范化的方法有很多,如向量规范化方法、比例变换法、非比例变换法等。

这里将所有可行解均看作目标空间的一个向量,并以此定义各点之间的距离,因此采用向量规范化方法。

设第 j 个属性 $f_i(X)$ 的值域 Y_j 为向量,通过令向量 Y_j 各分量的平方和为 1 对其规范化,即有

$$Z'_{ij} = f_j(X_i) / \sqrt{\sum_{i=1}^{n} f_j^2(X_i)} \quad (8-16)$$

式中:Z'_{ij} 为 Y_{ij} 规范化后的值。

显然,这种处理方法满足无量纲化和归一化的要求。同时,由于这样的处理方法仅改变了向量的大小而不改变其方向,因而很适合将 Y_j 视为向量的情况,这是其他处理方法不可比拟的优势。

由此即构造了规范化决策矩阵 $\mathbf{Z}'$,其元素为 Z'_{ij}。

② 构造规范化的加权矩阵 $\mathbf{Z}$,其元素为

$$Z_{ij} = W_j * Z'_{ij}, i = 1,2,\cdots,n ; j = 1,2,\cdots,m \quad (8-17)$$

式中:W_j 为加权系数。

③ 按照式(8-11)和式(8-13)确定理想解 Z^* 与非理想解 Z^-。

④ 按照式(8-12)和式(8-14)计算 S_i^* 及 S_i^-。

⑤ 利用式(8-15)计算 C_i^*。

⑥ 按 C_i^* 大小对备选方案排序。

3) 可拓工程方法

可拓学是用形式化模型研究事物拓展的可能性和开拓创新的规律与方法,并用于解决矛盾问题的科学,研究对象是客观世界中的矛盾问题。

将可拓方法用于权衡分析、决策、搜索、评价及控制等领域的方法,就是可拓工程方法。

1) 理论基础

可拓学是由我国学者蔡文教授创立的,它是以不相容问题为研究中心,用矛盾可化为相容问题的基本思想,从形式化角度去研究矛盾问题的变化,从定性与定量两个方面去研究解决矛盾问题的规律和方法。可拓学的理论支柱是物元理论和可拓集合理论,其逻辑细胞是物元。

物元是描述事物的基本元,由事物 N、特征 c 及量值 v 构成的三元组 $R=(N,c,v)$ 来表述。要解决矛盾问题,必须对目的和条件进行改变。事物的变化称为开拓,事物变化的可能性称为开拓性,事物的开拓性以物元的可拓性来描述。

可拓集合是建立在以下准则基础上的,即只允许考虑下述四个命题:元素 $u(u \in U)$ 具有性质 P;元素 $u(u \in U)$ 不具有性质 P;可使原来不具有性质 P 的元素变为具有性质 P;元素 $u(u \in U)$ 具有性质 P 又不具有性质 P。对每一个元素,上述四个命题中的某一个成立,在这个准则下建立起来的集合概念,就是可拓集合。其定义如下:

设 U 为论域,若对 U 中任意元素 $u \in U$,都有一实数 $K(u) \in (-\infty, +\infty)$ 与之对应,称 $\widetilde{A} = \{(u,y) | u \in U, y = K(u) \in (-\infty, +\infty)\}$ 为论域上的一个可拓集合,其中 $y = K(u)$ 为 $\widetilde{A}$ 的关联函数,$K(u)$ 为 u 关于 $\widetilde{A}$ 的关联度,称 $A = \{(u,y) | u \in U, y = K(u) \geq 0\}$ 和 $\overline{A} = \{(u,y) | u \in U, y = K(u) \leq 0\}$ 分别为 $\widetilde{A}$ 的正域和负域,$J_0 = \{(u,y) | u \in U, y = K(u) = 0\}$ 为 $\widetilde{A}$ 的零界。显然,若 $u \in J_0$,则有 $u \in A$,同时 $u \in \overline{A}$。

论域 U 的可拓集合 $\widetilde{A}$ 有三种变换形式:元素的变换 T_u、关联函数的变换 T_K 和论域的变换 T_U。

正、负可拓域的定义如下:

若 $\widetilde{A}$ 是论域 U 上的可拓集合,$T(T \in \{T_u, T_K, T_U\})$ 是可拓集合 $\widetilde{A}$ 的变换,$k'(u)$,$u \in U(T)$ 是关于 T 的关联函数。分别称

$$A_+(T) = \{u | u \in U(T), k(u) \leq 0, k'(T_u) \geq 0\} \qquad (8-18)$$

和

$$A_-(T) = \{u \mid u \in U(T), k(u) \geqslant 0, k'(T_u) \leqslant 0\} \qquad (8-19)$$

为 $\tilde{A}$ 关于变换 T 的正、负可拓域。

经典集合描述的是确定性的概念,它的元素、集合、论域及元素与集合的关系是一成不变的。可拓集合则不同,为了解决矛盾问题,事物可变、限制可变、考虑的范围可变、事物与集合的关系可变。对应于这些变化的是元素的变换 T_u、关联函数的变换 T_k 和论域的变换 T_U,结果是元素与集合的关联度 $k(u)$ 变为 $k'(u)$。可拓域与零界则是描述上述变化的两个重要概念,体现了可拓集合的特色,是可拓集合与经典集合的主要区别。可拓域描述了元素从不具有该性质变为具有该性质(或者从具有该性质变为不具有该性质),这是质的改变。零界是量变与质变的分界。跨越零界则产生质变,不跨越零界的变化则产生量变。

2) 费效分析的可拓工程方法

武器装备费效分析是以寿命周期费用所获得的装备效能大小为标准,对装备的各种备选方案进行评价,并逐步进行分析与比较,使选择的方案获得满意解的系统分析方法。其实质是通过定义和使用可行的权衡空间,充分利用现实的和潜在的因素,降低费用,或者提高效能,或者在相同效能下具有较低的费用。用可拓工程方法进行装备费效比分析通常按如下步骤进行:

(1) 建立高阶多维物元模型。建立装备费用和效能的高阶多维物元模型如下:

$$R_{\text{pro}} = \begin{bmatrix} N_{\text{pro}} & C & C(N_{\text{pro}}) \\ & E & E(N_{\text{pro}}) \end{bmatrix} \qquad (8-20)$$

式中:N_{pro} 为装备费效方案;C 为费用;$C(N_{\text{pro}})$ 为 N_{pro} 的费用度量;E 为效能;$E(N_{\text{pro}})$ 为 N_{pro} 的效用度量。

该模型可分解为费用物元模型和效能物元模型。可将费用物元和效能物元代入方案物元模型,以实现方案物元的降阶。

(2) 初始费效方案拓延。在考虑优化费效方案时,可以采用价值工程理论。从物元分析的观点来看,价值工程的本质是从物元的可拓性出发,通过物元变换提高事物的价值。价值工程基本思想是利用方案物元的发散性,寻求方案 N_x 来代替 N_{pro},使

$$C_E(N_x) \Rightarrow C_E(N_{\text{pro}})$$

式中

$$C_E(N_x) = \frac{C(N_x)}{E(N_x)}, \quad C_E(N_{\text{pro}}) = \frac{C(N_{\text{pro}})}{E(N_{\text{pro}})}$$

同时,$E(N_x) \in A$,A 为指定的范围。

上述过程可表述为求解 N_x 满足 $\begin{matrix} C_E(N_x) < C_E(N_{\text{pro}}) \\ E(N_x) \in A \end{matrix}$,要求的解集:

$$\{N_x\} = \{N_x \mid E(N_x) \in A, C_E(N_x) < C_E(N_{\text{pro}})\}$$

由装备的费用估算模型和效能计算模型,得到装备费用和效能的量值:

$$C = f_C(N_{\text{pro}}) = f_C(M_1, M_2, \cdots, M_n) \quad (8-21)$$

$$E = f_E(N_{\text{pro}}) = f_E(M_1, M_2, \cdots, M_n) \quad (8-22)$$

式中:M_i($i=1,2,\cdots,n$)为特征元,对各个特征元分别计算费用与效能的相对变化率 $\frac{\partial \ln C}{\partial \ln M_i}$ 和 $\frac{\partial \ln E}{\partial \ln M_i}$,相对 M_i 的费效比 $\frac{\partial \ln C}{\partial \ln M_i} \Big/ \frac{\partial \ln E}{\partial \ln M_i}$,它表示当特征元 M_i 相对改变时,对应的费用 C 的变化所获得的效能 E 的相对变化。显然,特征元 M_i 的费效比越低,则通过改善 M_i 来提高效能的经济性越高。

(3)可拓特征集。通过费用敏感度分析得出各个特征元按对费用影响的大小排序。若所有特征元的全体构成的集合为特征全集 U,选取一阈值 k_c,规定满足 $\left|\frac{\partial \ln C}{\partial \ln M_i}\right| - k_c \geq 0$ 的特征元为关键的费用影响特征元,其 E_{xC} 集合称为效能可拓特征集,即

$$E_{xC} = \left\{M_i \mid M_i \in U, \frac{\partial \ln C}{\partial \ln M_i} - k_c \geq 0\right\} \quad (8-23)$$

E_{xC} 的补集 $\overline{E}_{xC}$ 就是非关键的费用影响特征的集合。

同理,通过效能敏感度分析,可以确定效能可拓特征集,即

$$E_{xE} = \left\{M_i \mid M_i \in U, \frac{\partial \ln E}{\partial \ln M_i} - k_E \geq 0\right\} \quad (8-24)$$

式中:k_E 为效能影响阈值。

类似地,$\overline{E}_{xE}$ 表示非关键的效能影响特征集合。

集合 E_{xC}、$\overline{E}_{xC}$、E_{xE}、$\overline{E}_{xE}$ 都是方案物元特征全集 U 的子集,其关系如图 8-4 所示。

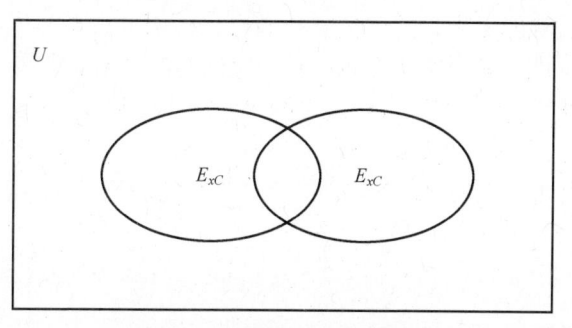

图 8-4 方案物元特征集关系

各个初始费效方案特征元落在不同的特征集合中,可以采用相应的特征量值变换,以达到改进原有方案的目的。通常会遇到如下四种情形:

(1) 当 $M_i \in \bar{E}_{xC} \cap \bar{E}_{xE}$ 时,说明其对费用和效能都不发生显著影响,不是特征量值变换的重点。

(2) 当 $M_i \in E_{xC} \cap \bar{E}_{xE}$ 时,可优先考虑调整这一特征集合中的特征元的量值,在使系统效能降低较少的前提下,显著降低费用。

(3) 当 $M_i \in \bar{E}_{xC} \cap E_{xE}$ 时,可优先考虑调整这一特征集合中的特征元的量值,在费用增长较少的前提下,大幅提高装备效能。

(4) 当 $M_i \in E_{xC} \cap E_{xE}$ 时,称为费效综合可拓特征集,这一特征集合中特征元量值的调整,对费用和效能都会产生显著的影响,需慎重处理,必要时要通过对它们进行费用、效能的计算与排序,根据决策的需要,确定特征元的调整方式。

8.3 价值工程

8.3.1 价值工程的定义

价值工程有许多定义,如价值分析、价值管理、价值控制和其他一些类似的术语都可以认为是价值工程的同义语。有些人使用其他术语是为了区分由非工程师使用的价值过程。因此,价值分析有时候用于描述采购或采办工作中的价值规划。有些人利用价值控制或价值管理术语描述价值工程技术在有关管理机构和办公室程序中的应用,但这些术语基本目标和基本原理基本上是相同的。

在价值工程定义中,涉及了功能、成本(或费用)及价值的概念,这些概念有它特定的内涵。

1. 功能

对产品来说,功能是指它的用途或指满足任务需要的总称。一种产品可能有多种功能,价值工程定义中的功能对用户来说确属必要的功能,其中包括用户直接要求的功能和设计人员为实现用户直接要求的功能而在设计上附加的必要的辅助功能。例如,用户需要计时功能,要求能显示日、时、分、秒,定时准确、防水、防磁、防震,使用寿命长等,这些都是必要的功能。为了实现用户要求,设计人员可采用各种方式和手段,如采用机械传动或采用石英振荡,采用指针显示或采用液晶显示。对于既定的计时方式,需有相应的一系列的元件来实现,这些元件就是必要的辅助功能.

但是在设计者为用户设计产品中,由于未对准用户要求,或由于设计不合理,常常包含用户不需要的功能,由于一定的功能需要支付一定的代价,价值工程的目的就是要消除不必要的功能,降低成本。此外,在产品设计中也可能存在功能不足,即缺乏必要的功能,价值工程活动则应补足必要功能,使产品或对象以最低的成本实现用户的功能要求。

2. 成本(费用)

价值工程中的成本(费用)是指产品的全寿命费用。一个产品的全寿命是指用户提出需要,从开始研制生产、用户使用,直到被用户淘汰为止这一整段时间。全寿命费用包括研制生产成本和使用成本两部分。制造成本包括科研、试验、设计、试制及生产费用;使用成本包括在使用过程中的能源消耗、维修费用、管理费用等,有时还考虑报废时的残值(拆除费、回收残值),如果用 C_1 表示制造成本,C_2 表示使用成本,则总成本 $C = C_1 + C_2$。

用户选用产品通常从全寿命费用来看待一个产品的价值,否则可能出现"买得起,用不起"或"买得起,修不起"的局面。

3. 价值

价值工程中的价值不同于政治经济学中的价值概念,而是同人们日常生活中的价值观念相接近。如有两件产品,其功能相同,价格不同,人们常常选其价格较低的一种,因为相对来说,它更有价值,即人们心目中的价值与价格成反比。但也有另一种情况,两件产品,价格相同,功能不同,人们常常选其功能较强的一种,因为相对来说,功能越强,价值越大,此时,人们心目中的价值与功能是成正比的。

如果用 F 表示功能,C 表示成本,则价值工程中的价值 V 是反映功能与成本之比,可用如下公式表示:

$$V = \frac{F}{C}$$

从以上公式可以看出,要想提高一个产品的价值可以有 5 条途径,即

$$\frac{F\uparrow}{C\rightarrow} = V\uparrow, \quad \frac{F\rightarrow}{C\downarrow} = V\uparrow, \quad \frac{F\uparrow}{C\downarrow} = V\uparrow$$

$$\frac{F\uparrow\uparrow}{C\uparrow} = V\uparrow, \quad \frac{F\downarrow}{C\downarrow\downarrow} = V\uparrow$$

式中:"→"表示保持不变;"↑"表示提高;"↑↑"表示较大提高;"↓"表示下降;"↓↓"表示较大下降。

价值公式 $V = F/C$ 中,进行定量分析常常比较困难,这是因为,进行定量分析,必须将 F 与 C 数量化。成本 C 是货币,其量化是容易的,但对一新产品有时要预测其全寿命费用往往不易准确。功能 F 是技术或效果指标,有些可以定量表示如功率、载重量等,也有一些定性指标如可靠性、维修性、安全性等。此外,F 是技术指标,C 是经济指标,二者各自遵循特定的规律变化,不易搞清它们之间内在严格的数量关系。

但产品的功能是劳动创造的,产品的成本是活劳动与物化劳动的支出,功能与

成本是一个产品的两个侧面。因而,功能与成本之间也存在着某种联系,在特定的生产条件下,一定的功能其成本也常常是一定的。目前处理价值基本有两种方法:凡是能直接计量的功能,可以用性能、质量指标或技术参数直接计算,这时价值的表达方式是单位成本所提供的功能,如载重量/单位成本、容量/单位成本、功率/单位成本等;对不能直接计量的功能,可以通过功能评分或功能系数化使其数量化进行相互比较,这时价值的定量单位就是功能评分/单位成本或功能系数/成本系数(价值系数)。

8.3.2 价值工程的特点

1. 以满足用户需求为目标

任何一个产品,不管是武器装备还是民用设备,都是为了满足用户的某一需要出现的。用户的需求,是设计、制造的出发点和落脚点,是"用什么武器,就生产什么武器",而不是"生产什么武器,就用什么武器"。如果一种产品深受用户欢迎,这种产品就会在市场竞争中取胜;反之,如果一种产品的用户寥寥无几,这种产品就要在市场竞争中被淘汰。因此,生产任何一种产品或武器装备,都必须倾听用户意见,一切从用户出发,为用户着想。

2. 以功能分析为核心

功能分析是价值工程特殊的思考和处理问题的方法。用户购买产品不是购买产品的形态而是购买功能,所以价值工程在分析问题时把产品功能分析作为分析的核心。通过分析可以确定产品必须具备的功能,剔除不必要、过剩的功能,改变产品的结构设计,以最低的成本费用满足功能要求。由于产品成本费用的70%~80%是由设计、研制阶段所决定的,所以在产品设计、研制阶段,运用价值工程的理论、方法对产品进行改进、创新,可以取得事半功倍的效果,既提高价值又降低成本。

3. 以集体创造为手段

开拓创造新手段是实现价值工程目标的基础。手段不同,效果也不同,要想取得好的效果,就必须找到更多更好的手段。手段是人们创造出来的,没有创造,一切都无从谈起。价值工程强调不断改革和创新,开拓新构思和新途径,获得新方案,创造新功能载体,以简化产品结构,节约原材料,提高产品的技术经济效益。为此必须集中人才,依靠集体的智慧和力量,发挥各方面、各环节人员的积极性和主动性,有计划、有组织地开展活动。

4. 以系统分析为方法

价值工程的创始人麦尔斯指出:价值工程是一个完整的系统,这个系统运用各种已有的技术知识和技能,有效地识别那些对用户的需要和要求没有贡献但增加成本的因素,来改进产品、工艺流程或服务工作,以提高其价值。所以,价值工程不是一个局部行为,它把产品、产品的功能和产品实现功能的手段与费用都看作一个系统,并以系统的分析方法进行功能以及实现功能的费用分析,进行功能评价,以及最终方案的选择。它不是强调某一个或某几个因素的最优化,而是强调整个功能系统和整个产品的最优化,以达到以最低费用,可靠地实现产品总体功能的目的。

8.3.3 价值工程的实施程序

1. 价值工程解决的问题

有组织、有计划地按工作程序开展活动是价值工程的一大特点。发现问题、解决问题都要循序渐进。价值工程的工作程序是根据价值工程理论体系和方法特点,围绕 7 个问题的明确和解决,系统地展开的。

价值工程是通过提出问题,再分析问题,然后解决问题,具有较强的针对性,符合人们的工作习惯。价值工程活动中的 7 个问题是:这是什么?它是干什么用的?它的成本是多少?它的价值是多少?有无其他方案实现这个功能?新方案的成本是多少?新方案能满足要求吗?

这 7 个问题有着紧密的逻辑关系,都是按照功能分析和方案创造的思路逐步深入的。

"这是什么":明确价值工程的改善对象。在企事业的生产经营中,是明确改善哪一种产品、哪一项工程、哪一个过程、哪一道工序、哪一个环节、哪一种服务,这要经过仔细分析。

"它是干什么用的":抓住产品、工程、过程或服务的实质,即改善后对象的功能。通过功能定义和功能整理,明确改善对象的功能是什么,系统地、有联系地认识其功能。

"它的成本是多少":计算和分析改善对象的实际成本,必要时,需计算改善对象所承担的各项功能的实际成本。

"它的价值是多少":计算和分析改善对象的价值,必要时,需分别对改善对象所承担的各项功能,进行价值计算和分析。

"有无其他方案实现这个功能":围绕用户的功能要求,勇于创新,积极构思,尽可能提出多种可能实现所要求功能的方案。

"新方案的成本是多少":测算各方案的成本,进行方案的概略评价。

"新方案能满足要求吗":综合评价各方案,选择最优方案组织实施。

2. 价值工程的工作程序

根据价值工程的对象不同,价值工程的工作程序也不完全相同,一般可分为选择对象、收集情报、功能定义、功能整理、功能评价、方案创造、方案评价、方案试验与证明、方案实施与评价等。

1) 选择对象

首先要选择价值分析的对象,产品、零部件、半成品、设备、配件所用材料,加工工艺、设备、工装以及采购服务等各种管理业务,都可以作为分析的对象,一个复杂的产品,要分别就功能的重要性按成本的比例,把工程构造或产品的零部件用排列图进行排列,从中选出要分析的重点。

2) 收集情报

收集与分析对象有关的情报资料,如质量(功能)、成本、工艺、材料、设计试制过程及使用情报资料等。通过收集情报资料,可以得到价值分析活动的依据、标准、对比对象,受到启发,打开思路,深入发现问题,科学地确定问题所在,问题的性质、严重程度以及设想改进方向、方针和方法。对不同的分析对象所需要的资料是不同的。

3) 功能定义

用简明准确的语言描述产品的功能,以明确功能的实质,限定功能的内容,便于与其他功能相区别,便于加深对功能的理解,利于寻找价值更高的方案。所以功能定义确切与否,常会影响价值工程工作质量。功能定义的对象,既包括产品本身,也包括构成产品的零部件。零部件在产品中都担负自己特定的功能,要执行整个产品的功能,只有把产品像解剖麻雀一样分解开,才能发现问题所在,以便对症下药。

4) 功能整理

产品的整体功能由产品各个组成部分的功能完成,而各个部分的功能又由各自分功能完成,所以,产品内部存在着一个由大到小相互联系的功能组成的功能系统。功能整理就是把定义了的功能根据"目的—手段"(上位功能—下位功能)理顺加以系统化,标清各功能之间是从属关系还是并列关系,并且按它们之间的关系进行排列,形成功能系统图。

5) 功能评价

在功能系统图中的最上位功能即产品功能或零部件功能的必需成本(目标成本)就是功能评价值,通过与其相对应的实际成本进行比较来评价功能价值的高低,找出价值低的作为价值工程的对象。这一工作称为功能评价。功能评价是对功能领域的价值进行定量评价,从中选择价值低的功能领域作为改善对象,以期通过方案创造,改进功能的实现方法,从而提高其价值。

6) 方案创造

方案创造是对需要改进的功能提出各种实现的方法,以简单合理的设计、成熟的技术、便宜的材料、方便经济的加工方法来制造产品,使产品符合"物美价廉"的要求。方案创造是一种非常复杂的工作,它需要发挥每个人的创造精神,要组织具有不同知识、不同经验的人参加,便于相互启发,提出改进方案。在提出改进方案时,应该按功能系统图从左向右展开,先改进上位功能,再改进下位功能;在并列功能中,先改进价值低的功能,这样会带来较大的效益。

7) 方案评价

方案评价是为了从已创造出的许多方案中选择出一个可行的最优方案。方案评价过程中,"新方案能满足要求吗?""新方案的成本是多少?"等提问。因此,方案评价的内容一般包括:围绕功能—方案能否实现功能及实现程度为中心的技术评价;围绕经济效益—成本是否降低及其降低幅度为中心的经济评价;围绕社会效益—社会影响为中心的社会评价;围绕价值—方案价值大小、是否总体最优为中心的综合评价。

8) 方案试验与证明

这就是通过试验来检验改进方案的可靠性和经济效果,做出方案是否实施的决定。

9) 方案实施与效果评价

这就是组织有关部门制定实施计划和跟踪督促,按期执行,检查效果并加以评价。

8.4 定费用设计

8.4.1 定费用设计的概念

定费用设计(Design To Cost,DTC)也称为限费用设计、按费用指标设计或限额费用最佳设计,即通过在研制过程中对费用目标和指标的早期量化和跟踪来控制全寿命费用的一种管理方法。

定费用设计既是一种设计方法,也是一种管理概念。美国国防部文件DoD5000.28中将定费用设计定义为:"一种管理概念,即在发展过程中要确立严格的费用目标,并且通过在使用能力、性能、费用及进度间进行权衡的方式,对系统的费用(采购、使用及支援)予以控制,使之达到既定目标。费用作为一项关键的设计参数,要不断地予以审核。费用也是型号发展及生产过程中固有的影响因素。"

8.4.2 定费用设计的特点

定费用设计的实质是目标管理,即在设计阶段综合考虑研制、生产、使用等各项费用,并科学确立费用目标值,以这些目标值作为设计和管理手段,在采办的各阶段对性能、进度和费用进行全面的权衡,并在阶段决策时进行严格的评审。定费

用设计作为一种科学有效的费用管理技术方法,具有如下特点:

1. 表现为一种多目标的管理结果

定费用设计虽然是以费用为中心,但必须综合考虑性能、进度、费用、保障等多种因素,注重主要因素的最佳匹配,将这些主要目标综合体现在设计方案之中,即在满足性能指标、进度期限、保障要求的基础上,实现全寿命费用最小、效费比最佳等多个目标。

2. 体现的是一个各部门协调妥协的结果

任何一种装备型号都要涉及管理体系的多个部门、多个系统。例如,舰艇装备的作战需求由作战部门与使用部队提出,装备规划计划及费用由装备综合计划部门管理,科研采购由装备科研订货部门负责,维护保障由使用部门负责等。出于各自工作职责与关注重点的不同,在装备的论证、研制、采购、部署、使用、保障的管理过程中不可避免地会有一些矛盾与分歧。经过装备型号的前期综合论证与审批,进入到方案设计阶段后,要使装备主管部门、作战部门与部队、承制单位的意见、建议都要体现在设计方案之中,可以说是各部门反复协调妥协的结果。

3. 一个反复而连续的过程

定费用设计始于论证,止于建造完成,经过论证、设计、生产、试验等多个阶段。在各个阶段,装备型号的设计技术方案要经过估算、分析、评价与修改的过程,不断地进行成本与效能的综合平衡,不可能是一劳永逸的,而是要经过连续反复的评估与修正,才能最终实现科学高效的管理目标。而一个阶段的成果都是下一个阶段的初始条件,具有继承性。经过反复而连续的推进,最终形成一种成熟完整的装备系统。还需要指出的是,定费用设计方法也存在一些不足:定费用设计要求做必要的定量分析和周密的计划安排,因而在研制阶段较为费时费力;若使用不当,可能会影响应变能力与创新精神;单靠定费用设计一种方法可能难以控制由诸多因素造成的费用增长,宜与奖惩措施、担保契约、价值工程等其他手段配合使用。

8.4.3 定费用设计的实施程序

定费用设计将费用作为重要性能参数和进度指标的设计参数,从设计开始就确定下来,分解至系统的各层次,并由设计人员负责,设计出可在规定范围内生产出来的产品。在各个装备型号研制阶段,要将整个研制过程的费用作为关键设计参数,按确定费用目标、权衡分析、费用目标的分解和分配、定费用设计和控制、费用估算和跟踪、阶段和设计评审等基本环节,全过程监控、评审、审核发生的费用是是否科学、合理、高效,将定费用设计具体落实在项目的管理实践中。定费用设计的基本程序如图 8-5 所示。

1. 划分发展阶段

确定一种装备型号进行研制发展后,一般将其划分为装备论证、方案设计、工

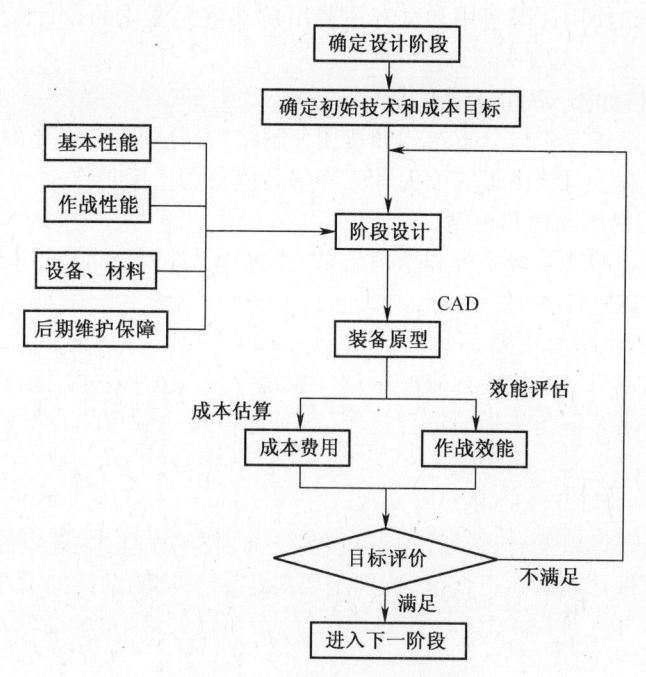

图 8-5 定费用设计的基本程序

程研制、装备试验、装备定型等阶段。

2. 确定费用目标

为了给装备研制部门在系统方案的选择和降低全寿命费用的努力留有足够的自由活动空间,军方提出的费用目标,必须使设计者在达成满足任务目标的系统配置方面具有做出选择与决定的自由空间,即可以限定系统必须具备的战术技术性能,但不能限定获得这些性能的具体技术途径;可以限定系统达到所需使用能力的总时间(研制周期),但不能限定各个里程碑决策的具体时间表;研制进度要留有余地,要允许研制工作有反复。所以,定费用设计的费用目标应该根据全寿命费用估算和装备的预算限额合理地予以确定。

设计必须预先由军方确定一个费用目标,这个费用目标是在装备全寿命费用估算的基础上,通过招标、中标、报批等程序确定的。费用目标必须在方案探索阶段结束时提出,不得迟于演示验证阶段结束以前。

3. 权衡分析

定费用设计的权衡分析目的是求得费用与效能之间的最佳平衡。影响装备全寿命费用的关键因素是可靠性和维修性。在权衡分析中,就是要分析可靠性指标作为变量时对研制费和使用保障费的影响;分析各种备件储备等级对维修性和维修费的影响;通过权衡分析,确定对于全寿命费用的主导因素,并确定以最小的人力、物力的投入,取得最大的效费比的设计方案;通过灵敏度分析,确定出只要有小

193

的变化就可以给使用保障费用和全寿命费用带来重大变化的设计参数和可靠性、维修性参数。

4. 费用目标的分解和分配

将费用目标按照工作分解结构和费用分解结构,分配到各主要的硬件、软件的设计、试验和制造项目,由指定的设计工程师具体负责达标工作。

5. 落实定费用设计和控制

对每个设计的功能分系统和结构子系统的费用,都要由生产性能/价值工程的专家组不断地进行评估。

6. 进行费用估算和跟踪

设计控制部门将费用指标分配给设计工程师后,通过专家组和费用跟踪系统不断地将费用估算值与指标值进行比较,适时地做出达到费用目标的各种决定和措施。

7. 搞好阶段和设计评审

在研制阶段评审及各种设计评审(初步设计、技术设计、关键设计)时,都要对全寿命费用管理计划的执行情况,特别是要对定费用阶段设计的情况进行评审并做出估价。

第9章 系统工程方法

9.1 霍尔三维结构

霍尔三维结构是由美国学者 A. D. 霍尔(A. D. Hall)等人在大量工程实践的基础上,于1969年提出的。霍尔三维结构(图9-1)集中体现了系统工程方法的系统化、综合化、最优化、程序化和标准化等特点,该方法论最初来源于硬系统工程,适用于良结构系统,具有较好的可操作性。这种思维过程对解决大多数"硬"的或"偏硬"的工程项目有很大成效,因此,受到各国学者的普遍重视。

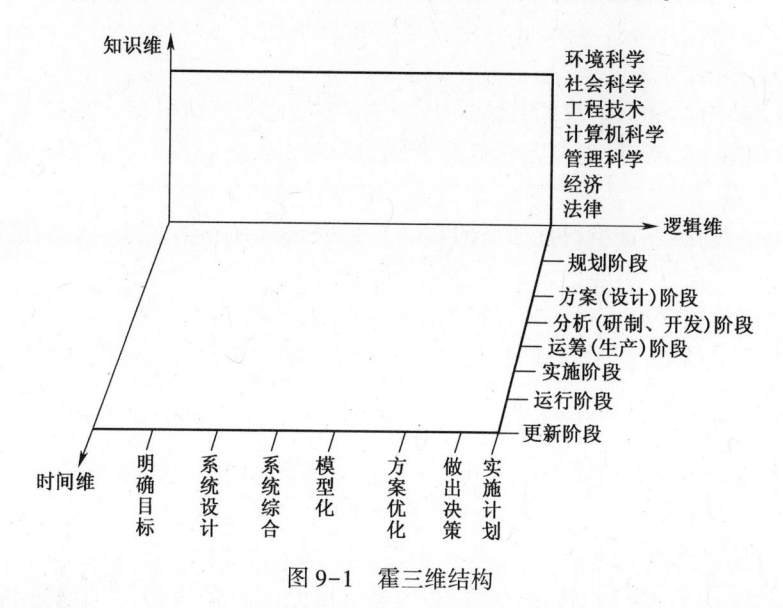

图9-1 霍三维结构

1. 时间维

时间维表示系统工程的工作阶段或进程。系统工程工作从规划到更新的整个过程或寿命周期可分为以下7个阶段:

(1) 规划阶段:根据总体方针和发展战略制定规划。
(2) 方案(设计)阶段:根据规划提出具体计划方案。
(3) 分析(研制、开发)阶段:实现系统的研制方案,分析、制定出较为详细而具体的生产计划。
(4) 运筹(生产)阶段:运筹各类资源及生产系统所需要的全部"零部件",并提出详细而具体的实施和"安装"计划。
(5) 实施阶段:把系统"安装"好,制定出具体的运行训练。
(6) 运行阶段:系统投入运行,为预期用途服务。
(7) 更新阶段:改进或取消旧系统,建立新系统。其中规划、设计与分析或研制阶段共同构成系统的开发阶段。

2. 逻辑维

逻辑维是指系统工程每阶段工作所应遵从的逻辑顺序和工作步骤。一般分为以下7步骤:

(1) 明确目标:与提出任务的单位对话,明确所要解决的问题及其确切要求,全面收集和了解有关问题历史、现状和发展趋势的资料。
(2) 系统设计:确定目标并据此设计评价指标体系。确定任务所要达到的目标或各目标分量,拟订评价标准。在此基础上,用系统评价等方法建立评价指标体系,设计评价算法。
(3) 系统综合:设计能完成预定任务的系统结构,拟订政策、活动、控制方案和整个系统的可行方案。
(4) 模型化:针对系统的具体结构和方案类型建立分析模型,并初步分析系统各种方案的性能、特点、对预定任务能实现的程度以及在目标和评价指标体系下的优劣次序。
(5) 最优化:在评价目标体系的基础上生成并选择各项政策、活动、控制方案和整个系统方案,尽可能达到最优、次优或合理,至少能令人满意。
(6) 决策:在分析、优化和评价的基础上由决策者做出裁决,选定行动方案。
(7) 实施计划:不断地修改、完善以上6个步骤,制定出具体的执行计划和下一阶段的工作计划。

3. 知识维

知识维的内容表征从事系统工程工作所需要的知识(如运筹学、控制论、管理科学等),也可反映系统工程的专门应用领域(如企业管理系统工程、社会经济系统工程、工程系统工程等)。

霍尔三维结构强调明确目标,核心内容是最优化,并认为现实问题基本上都可归纳成工程系统问题,应用定量分析手段求得最优解答。该方法论具有研究方法上的整体性(三维)、技术应用上的综合性(知识维)、组织管理上的科学性(时间维与逻辑维)和系统工程工作的问题导向性(逻辑维)等突出特点。

9.2 综合集成方法

综合集成的实质是专家经验、统计数据和信息资料、计算机技术三者的有机结合,构成一个以人为主体的高度智能化的人机结合系统,发挥这个系统的整体优势,去解决复杂的决策问题,主要有综合集成厅方法和人理—事理—物理方法。利用人为主观决策与客观相应的其他数据作为支撑,相互结合进行统一的论证分析。

9.2.1 综合集成方法概述

综合集成研讨厅是综合集成方法运用的实践形式和组织形式。研讨厅按照分布式交互网络和层次结构组织起来,形成了具有纵深层次、横向分布、交互作用的矩阵式研讨厅体系,为解决开放的复杂巨系统问题提供了规范化和结构化的形式。综合集成方法和研讨厅体系实际上是遵循科学和经验相结合、智慧与知识相结合的途径,去研究和解决开放的复杂巨系统。综合集成研讨厅体系本身就是个开放的、动态的体系,是一个不断发展和进化的体系。

综合集成方法论作为科学方法论,是方法论层次上的创新,是研究复杂系统和复杂性问题的方法论;把不同学科、不同领域的科学理论和经验知识,定性和定量知识,理性和感性知识,通过人机交互、反复对比、逐次逼近,实现从定性到定量的认识;其理论基础是思维科学,方法基础是系统科学和数学,技术基础是以计算机为主的信息技术,哲学基础是马克思主义实践论和认识论。该方法论的成功应用就在于发挥系统的综合优势、整体优势和智能优势。

在研究复杂巨系统问题时,综合集成方法具有明显的优势,主要表现在:定性研究、定量研究、最优化与可视化相结合的综合集成;科学理论与经验知识相结合;多种学科相结合;各类专家相结合;宏观研究与微观研究相结合;人、机、信息的有机结合,具有综合优势、整体优势和智能优势。

1. 柔性一体化仿真平台

柔性一体化仿真平台,采用定性分析与定量分析相结合的方法,具有智能化人机界面,算子链构成求解问题的流程,是研究重大战略决策问题的高层支撑仿真平台。以武器装备总体参数、武器装备作战仿真结果等为底层支持,同时充分发挥各个领域专家的作用,为武器装备高层战略决策提供科学、可行的解决方案。

柔性是针对结构而言的,即仿真的方法、模型和系统等具有灵活可变的结构关系。柔性仿真就是方法、模型和系统具有可变性的仿真方法。为了解决复杂大系统仿真问题,需要研究多方法混合、多层次组合、多系统联合的柔性仿真方法,其中的关键技术包括多方法混合建模、多模型组合框架、多系统联合体系三个方面。可以把柔性一体化仿真平台作为实现综合集成方法论的一种有效途径,嵌入适用的定性分析、定量分析、探索性分析方法,配以智能化人机界面,回答武器装备发展战略等层面的问题。

2. 智能化决策支持系统

决策支持系统(DSS)是能对计划、管理、调度、作战指挥和方案寻优等应用问题进行辅助决策的计算机程序系统,一个最重要的特征是其具有一种交互的特别分析能力,使管理者能够尽量完全和精确地对他们的问题进行仿真和模型化,允许管理者试验不同的假设与方案的影响。兰德公司研制的兰德战略评估系统也是一种决策支持系统。

决策支持系统与人工智能、专家系统的集成,智能化决策支持系统(IDSS),也是处理复杂大系统战略决策问题的有效途径。该系统可以为决策者及时提供信息咨询,还可以进行方案制订、决策分析、风险评估、效益分析等发展战略研究。该系统在技术上采用综合集成方法,包括模型集成、方法集成、软件集成等。

3. "分析—研讨—支持一体化"方法

武器装备宏观军事需求论证过程是一个复杂的逻辑推理、分析综合的过程,包括许多可以量化的因素,也包括许多难以量化的因素。所包含的问题由于涉及未来国家安全环境、作战对象、样式、规模等诸多要素的预测和判断,因而具有明显的前瞻性、复杂性、特殊性和不确定性。由于既缺乏直接的经验,又缺乏明确的环境条件,难以提出完整、可行的备选方案。对解决这样的复杂问题,一条有效的途径就是使用综合集成方法,构建一个以人为主的高度智能化的人机结合系统,从而发挥整体优势,解决问题。结合武器装备军事需求论证的实际,可概括为"分析—研讨—支持一体化"的基本方法,如图9-2所示。该方法可概括为:按照系统分析的思路确立武器装备军事需求论证的逻辑推理、分析主链条,并对链条的各环节进行

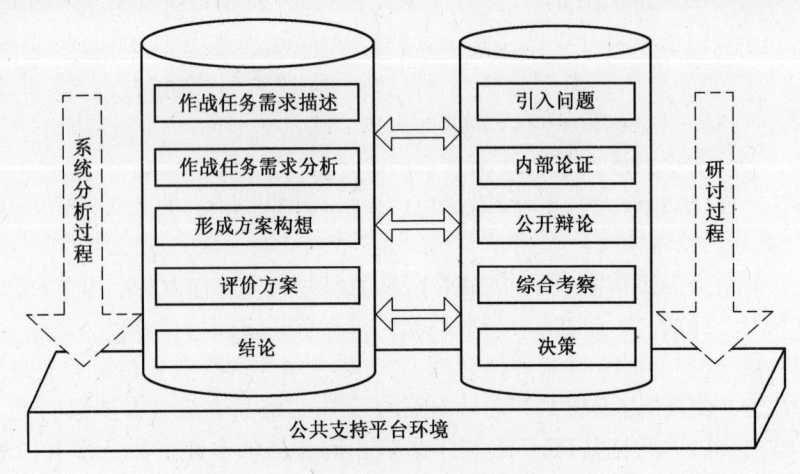

图 9-2 "分析—研讨—支持一体化"方法

分析;由军事专家、系统分析专家及决策者(代表)对特定论题进行研究、讨论、争辩,逐步逼近到所关心或研究问题本质和满意解答;根据需要,实时提供信息、态势、计算、资源、仿真、评估及综合管理,实现基于计算机网络环境下的、分析与研讨有机结合的、综合集成的武器装备军事需求论证支持平台。从而在军事需求论证支持平台的管理和人的参与下,按多重嵌套、模型重用、人机结合、实现论证流程规范化和"分析—研讨—支持一体化"。

9.2.2 综合集成研讨厅体系

1. 体系构成

基本上由知识体系、专家体系、机器体系三个体系构成。其中,专家体系、机器体系是知识体系的载体。研讨厅不仅具有知识的采集、存储、传递、共享、调用、分析和综合等功能,更重要的是具有产生新知识的功能,是知识的生产系统,既可用于研究理论问题,又可用来解决实践问题。

综合集成研讨厅的主要技术构成是分布式网络交互仿真、先进技术演示、虚拟现实技术、群体研讨方法、层次结构的作战仿真体系、人工智能等。

2. 综合集成研讨厅体系实现的关键技术

1) 模型集成技术

这里的模型主要指决策模型。武器装备论证涉及大量决策问题,研讨厅应该能够提供尽可能多的决策模型。

2) 仿真集成技术

仿真是武器装备宏观军事需求论证的重要手段。研讨厅不仅要支持将定性的认识反映到仿真和试验中,也要支持将外围的仿真系统作为一种资源集成到系统中或是访问这些外围的仿真系统。考虑到实时性,小型的仿真子系统利用基于Web的方式开发,如将模型开发成Javabean组件,利用J2EE开发图形化的建模环境,实现模型的重用性和易于使用性;大型的采用基于分布交互仿真(Distributed Interactive Simulation,DIS)/高层体系结构(High Level Architecture,HLA)的仿真方式开发。研究的重点放在从仿真结果和仿真过程中产生的大量数据中挖掘有效的信息辅助论证,构建数据仓库,利用OLAP技术、数据挖掘技术是有效的手段。

3) 意见共识技术

武器装备宏观军事需求论证问题涉及的领域广泛,因而参加的专家群体,其知识背景、对问题的看法、价值观以及在解决不同论证问题中的地位会有较大的差异,使得要让他们取得一致意见或达成共识并不简单。除了Delphi、头脑风暴、名义小组方法、问卷调查等共识手段的应用外,研究更接近自然语言的多种基于语言评价信息的群决策意见共识技术,对于来自不同领域的专家群体达成共识无疑是一个更具优势的方案。

就当前及今后武器装备发展宏观综合论证工作的需求论证手段和技术发展趋势看,建设武器装备宏观军事需求论证的综合集成研讨厅已成为必然。

以柔性一体化仿真平台为基础,结合专家系统、智能化决策支持系统,嵌入适用的定性方法、定量方法,建立相关的模型库、方法库、数据库、图形库、资料库、文件库,建立型号发展战略研究的综合集成研讨厅,是型号发展战略深化研究的有效途径。

9.3 物理—事理—人理方法

在武器装备论证实践活动中,有人注重对现实世界本身属性的探索,去认识世界,探求真理,揭示规律。那些或通过定量分析或经过严密逻辑推理或精确科学实施而证明为正确的研究成果就是科学知识。这些科学知识——人类对物质世界规律的认识如数学中的定理,物理学中的定律等就是"物理"的基本内容,换言之,也就是装备论证所必须遵循的客观规律,此外这里的"物理"还包括构成系统的客观存在;当然也必须注重到基于现实世界现实社会的一些概念、规律产生一些方法以干预指导人类认识世界、改造世界、改造社会的实践活动,使实践活动更加完美、更有效益和效率,这正是科学技术的主要任务,也就是"事理",也就是进行武器装备论证时,人们对于武器装备论证概念、规律、方法等的认识;而对参与认识世界改造社会实践活动的主体——人的研究——研究人的心理、行为、目的、价值取向,研究人具体所处的文化、传统、道德、宗教和法律等环境及其如何影响人的思想行为,并结合心理学、社会学及行为科学等研究如何充分发挥人的创造性、人的潜力,如何利用人的理性思维的定性、连续、多层次和阶序性及形象思维的综合、灵活和创意性,及已有的"物理—事理"去组织最佳的综合动态实践活动以产生最大的效益和效率,就是"人理"的主要内容。"物理—事理—人理系统方法"顾名思义,就是从上述三个方面探讨如何有效解决管理问题的一个新方法。

9.3.1 物理—事理—人理系统方法的特点

物理—事理—人理系统方法的特点如下:

(1) 它是自然科学、工程技术与社会科学的综合集成。这种综合集成不是简单的综合,而是贯通自然科学、技术、科学与社会科学,它们更深层、更复杂地交叉、渗透。这种方法试图应用现代科学理论和手段、以计算机为工具、专家群体为媒介构成高度智能化开放系统,它高度综合人类的知识、充分运用社会信息,更科学、更主动地去实践人类社会活动,提高人类认识世界、改造世界的能力。

(2) 它以计算机为核心工具,利用计算机建立数据信息库、模型库、知识库、方法库,不断吸收新的数据、模型方法充实系统本身,并随着时间环境等条件变化分析调整模型,以更有效地指导人类的社会实践活动。

(3) 它是专家群体合作工作,发挥专家群体综合研究的优势,使产生的结果不是局部之和等于或小于整体,而是局部之和大于整体。

(4) 它是一个包含许多方法的总体方法,它所采用的模型方法不是运筹学或系统工程中的某一具体单个模型方法,而是方法群、模型库。它包括已有的所有"软"或"硬"方法、模型,及新建立的任何具体模型、方法。它将所有可利用的方法充实到"事理"中,丰富它的内容,拓宽它解决问题的范围,提高它的科学性、系统性。

(5) 它通过专家群体和决策者及系统内有关人员之间的联系、沟通和协调,了解决策者的目的、目标、要求、价值观、偏好、背景及系统内有关人员个人状况,以及相互之间的关系、背景、价值取向和所处环境等,它将对实践活动主体的认识提高到与客体并列的高度,并运用行为科学、社会学、人际关系学、心理学等管理社会科学知识,将其尽最大可能地反映在模型方法的建立选取分析上,由专家给决策者及系统内有关人员以有关的具体指导。

(6) 它是在现代科学技术条件下,从实践到认识,再实践,再认识,如此循环,螺旋上升的实践论观点的具体化。

(7) 它面对具体问题时可以根据当时具体问题所处的环境状态,对"物理""事理"和"人理"三个方面选取重点,使其成为一个较"硬"或"软"的方法,或既"硬"又"软"的方法。

9.3.2 物理—事理—人理系统方法实施步骤

物理—事理—人理系统方法实施步骤(图9-3)如下:

(1) 理解意图。在进行任何工作之前,都要明确解决的问题、理解决策者的意图。明确问题、理解意图是解决问题的起点和基础。这需要决策者之间彼此的沟通与协调。

(2) 调查分析。调查了解情况(包括面对的客观事实、已有的知识方法、系统有关人员的背景情况、决策者的价值取向、意图等)。

(3) 形成目标。也就是明确武器装备论证所要达到的一般性目的。

(4) 建立模型,确定论证过程中需要的具体方法模型,对论证相关模型进行数学求解。

(5) 提出建议。运用模型,分析、比较、计算各种条件、环境、方案之后,得到解决问题的初步建议。提出的建议一要可行,二要尽可能使相关主体满意,最后还要让领导从更高一层次去综合和权衡,以决定是否采用。要使建议被决策者采用,协调工作相对其他阶段更加重要。

(6) 实施方案或提高认识。建议的实施,在实施过程中也需要与相关主题进行沟通,以取得满意的效果。

(7) 协调关系。协调关系是整个系统工程活动的核心,在整个活动中.发挥作用。协调关系在建议阶段最为重要。协调关系体现了东方方法论的特色,属于"人理"的范围。

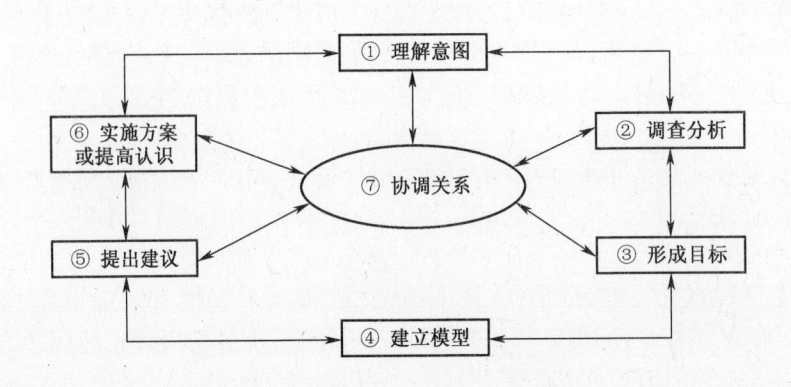

图 9-3　WRS 系统方法实施步骤

9.3.3　应用物理—事理—人理系统方法遵循的原则

应用物理—事理—人理系统方法遵循的原则如下:

(1) 要有针对性,应具体情况具体分析,针对所面对的实际情况选取恰当有效的方法,抓住问题的本质。

(2) 注意方法系统的完整性,避免片面性,要将方法层次的有机性与功能的互补性统一起来。

(3) 重视方法的移植和开拓。在解决问题中,应充分发挥人的创造性,对已有的方法进行补充完善移植开拓。

9.4　系统分析法

9.4.1　系统分析的特点

系统分析是以系统的整体效益为目标,以寻求解决特定问题的最佳策略为重点,运用计量分析方法,凭借价值判断来实现的。系统分析的特点归纳如下。

1. 强调整体目标

在一个系统中,处于各个层次的分系统,都各具有特定的功能及目标,彼此分工合作,才能实现系统整体的共同目标。构成系统的所有要素都是有机整体的一部分,它们不能脱离整体而独立存在。系统总体所具有的性质是其各个组成部分或要素所没有的。因此,如果只研究改善某些局部问题,而其他分系统被忽略或不健全,则系统整体的效益将受到不利的影响。所以从事任何系统分析,都必须考虑发挥系统总体的最高效益,不可只局限于个别分系统,以免顾此失彼。

系统总体目标和局部目标分别与系统结构层次的高低相适应,低层次系统的局部目标从属于高层次系统的总体目标。在正常情况下,实现系统的局部目标是达到系统总体目标的手段,个别要素的局部目标只有与系统的总体目标相适应时,才能顺利实现。

2. 最佳方案为重点

许多问题都含有不确定因素,而系统分析就是针对这种不确定的情况,研究解决问题的各种方案及其可能产生的结果。不同的系统分析所解决的问题不同,即使对相同的系统所要求解决的问题,也要进行不同的分析,拟订不同的求解方法。所以,系统分析必须以能求得解决特定问题的最佳方案为重点。

3. 运用科学的计量方法

科学的研究方法,不能单凭想象、臆断、经验或者直觉,在许多复杂的情况下,必须要有精确可靠的数字、资料,以作为科学决断的依据。在有些情况下,利用数学方法描写有困难时,还要借助于结构模型解析法,即将人机联系的结构,对开放系统还应包括错综复杂的环境因素系统结构,归纳为多级递阶结构形式,以便在系统图上直接进行分析与综合。

4. 凭借价值判断

从事系统分析时,对系统中的一些要素,必须从未来发展的观点用某种方法进行预测,或者用过去发生的事实作样本推断其将来可能产生的趋势或倾向。由于所提供的资料有许多是不确定的变量,而客观环境又会发生各种变化,因此在进行系统分析时还要凭借各种价值观念进行判断和选优。

9.4.2 系统分析的原则

由于系统输入、输出和转换过程中各要素之间的相互作用及动态性质,以及系统内部同其所处环境的联系与矛盾,所以系统分析问题的涉及面广而复杂。在进行系统分析时,为了处理好上述各种关系,应遵循以下的一般分析原则。

(1) 系统要素同外部环境相结合。系统环境的变化,对一个系统有直接或间接的影响,所以进行系统分析必须把系统要素与外部环境有机地结合起来。

(2) 当前利益和长远利益相结合。建立或改造一个系统,要有长远的战略眼光,要兼顾当前的和长远的利益。对未来的考虑,取决于系统的范围和系统的寿命。

(3) 分系统与整个系统相结合。分系统与系统整体的效益往往不都是一致的。有时从分系统看来是经济的,但全局的效益并不好,这种方案是不可取的;反之,若分系统的效益并不都很理想,但整个系统的效益比较好,这种方案是可取的。总之,系统分析最后要落实到系统整体的效益上。

(4) 定量分析与定性分析相结合。定量分析是指对数量指标的分析,定性分析是指对不易或不能用数量表示的指标,如政治形势、政策因素、污染影响等,只能根据经验事物的相关关系和主观判断来解决。系统分析通常遵循"定性—定量—定性"这一循环往复过程,只有定量和定性二者结合起来综合分析,才能达到系统分析的目的。

9.4.3 系统分析的要素

1. 目标

目标是决策的出发点。系统分析的目的是为决策者提供解决问题的参考方案。论证人员,必须充分了解建立系统的目的和要求,明确决策者期望达到的目标。因此,把握目的、明确目标是论证人员的首要任务。只有明确掌握建立系统的目的和要求,才能进一步分析系统的目标是否合理及方案是否切实可行,进而为下一步的分析工作奠定良好的基础。

2. 可行方案

为实现某一目标,可采取各种不同手段。这些手段在系统分析中称为可行方案,或称为替代方案。当多种方案各有利弊时,需要从总体上对方案进行分析和比较。比较时,要把所有可行方案全部列出来进行综合考虑,以免漏掉最佳方案。

3. 费用和效益

建立一个大系统,需要支出大量的费用,一旦系统建成实施后,则可以获得一定的效益。费用应包括实际支出的和因延误时间而丧失时机所造成的损失两部分;效益则是达到目的所取得的成果。进行效益分析的一般原则是相同投资条件下效果最好,或取得相同效果下投资最少。

4. 模型

模型是反映真实系统运动过程有关侧面的一个映像,或者说是对现实系统或新建系统运动过程的一种抽象描述。模型有直观性、假设和近似性。它可以把复杂的问题简化为易于处理的形式,可以运用模型来有效地求得系统设计所需的参数,并据此确定各种制约条件。另外,还可以用模型来预测各个可行方案的性能、费用和效益,以利于对各种可行方案的分析和比较。

5. 评价标准

评价标准是指衡量各种可行方案优劣的准则。评价标准一般根据系统的具体情况而定。例如,在评价系统的费用和效益时,评价标准可以从下述三种标准中选择:

(1) 等效准则:在各种可行方案效益相同的情况下,选择费用最小的方案为最优方案。

(2) 费用准则:在各种费用相同的情况下,选择效益最大的方案为最优方案。

(3) 效费比准则:选择效费比最大的方案为最优方案。在一般情况下,为了取得最大效益,其费用也要相应的增加,但如果效益增加比费用增加来得快,则比率就大,则方案为最优方案。

6. 数据和知识

数据和知识刻画系统运行的状况,反映系统的运行规律。系统的数据和知识对系统分析是非常重要的,人们利用数据和知识进行系统分析,依据系统分析的结果进行决策。

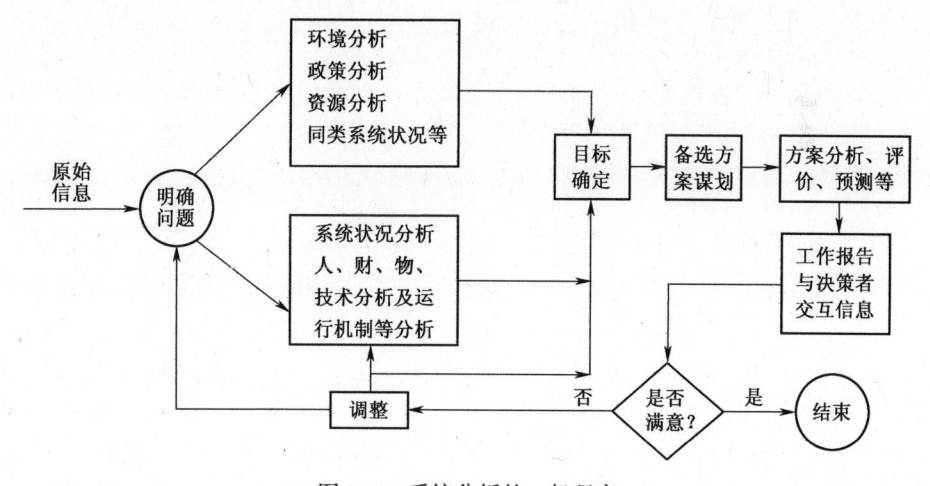

9.4.4 系统分析的一般程序

系统分析的一般程序由明确问题、环境分析、系统状况分析、目标确定、备选方案谋划、方案分析及与决策者交互信息等方面构成,如图 9-4 所示。

图 9-4 系统分析的一般程序

1. 明确问题

系统分析,首先要明确问题的性质,划定分析的范围,并考虑与决策者提出的问题有关的其他问题,解决此问题的真实目的,对整体的影响,趋势怎样等。

2. 环境分析

环境是指存在于系统外的物质的、经济的、信息的和人际的相关因素的总称。这些因素的属性或状态的变化,通过输入使系统发生变化。反过来,系统本身的活动,也可使环境相关因素的属性或状态发生改变。系统与环境是相互依存的。了解问题的环境是接近问题的第一步。不论问题如何复杂,解决问题的方案完善程度总是依赖于对整个问题环境的了解程度。对环境的不恰当了解,将导致解决问题方案的失败。因此,系统环境分析是系统分析的一项重要内容。系统环境分析的目的,就是要认识系统与环境的依存关系、环境因素的影响及后果,从而在解决系统问题时予以充分估计。

3. 系统状况分析

分析现存系统或参考系统的不足之处,不适应环境的原因。分析拟建系统应具有的功能和所需条件等。给出拟建系统的必要性、可能性和可行性。

4. 目标确定

确定系统的总目标,建立目标集,并给出系统的约束条件,如资金、材料、技术、时间等。系统的总目标是系统的决策者希望实现的理想。目标集是各级分目标单元的集合,是总目标分解的结果。在确定目标时,必须有总体观点和长远观点。不仅要求系统在技术上是先进的、在经济上是合理而有效的,而且应考虑与其他系统的兼容性。可以采用系统目标分析来论证所确定的目标的合理性、可行性和经济性。

5. 备选方案谋划

在问题及目标确定之后,即需着手收集有关资料,通常多借用调查、试验、观察、记录,以及引用文献、书刊、报告等。在收集资料和研究各种关系的基础上,设计能够解决问题、实现目标的各种可行的方案。在拟订备选方案时,应注意科技发展新水平及其提供的可能性。

寻求方案的过程是目标—功能—结构—效益的综合与分析过程。目标—功能—结构—效益的综合是指根据系统的目标和功能要求,产生系统要素集、系统要素关系集和系统的阶层结构,并寻求系统要素集、系统要素关系集以及系统阶层结构的各种结合方案。选择系统要素集、系统要素关系集和系统阶层结构的整体结合效益为最大的方案。分析是分解与剖析,对综合后的解题方案提出质疑、论证和变更。通过分析剔除不合适的方案或方案中不合适的部分。综合与分析相互作用,多次反复,直到一个方案基本成型或被否定为止。

6. 方案分析

应用模型、最优化理论和模拟试验等方法对可行方案集中的方案进行优化并预测其结果,输出各个可行方案的计算结果。

方案评价,应用系统评价及协调技术得到确定的若干待选方案,做出排序评价。系统评价首先熟悉方案,即确切掌握各个方案的优缺点,对各项基本目标、功能要求的实现程度、方案实现的条件和可能性的估计、方案的模型计算结果等;其次制订评价指标体系,它是由若干个单项评价指标(按性质又划分成大类)组成的整体;然后应用适当的方法,先进行单项评价,再进行大类指标评价,后做综合评价,从而得出方案的优先顺序。

7. 与决策者交流信息

系统分析法与一般的纯粹科学研究方法之间的一个重要区别是系统分析法中有决策者参与。在系统分析过程中,总要通过某个决策环节使系统分析人员和决策者之间能有效地进行信息交流,否则,系统分析所做的一切都会付诸东流。决策者对系统分析工作的结果会采取两类行动:一类是否定的行动,决策者要求系统分析人员对问题重新进行研究与分析;另一类是肯定的行动,采用某项决策并付诸执行,在执行过程中再进一步发现新的问题。

9.4.5 系统描述方法

系统分析法通过建立系统的指标和指标体系、系统的数据、系统的模型等来描述系统。

构建系统的指标体系是重要的,也是非常复杂的。对于系统的描述常常需要采用多个指标。指标过少,虽然处理比较容易,但必须要求有高度的概括性,而高度概括性的指标很难直接测评,同时在理解与分析上也存在较多的困难。指标过多,除容易混淆视听外,还导致信息收集和处理过程中的大量浪费。建立系统的指标体系,是系统分析的一个重要组成部分。一般而言,指标的选择应紧紧围绕人们所关注的系统的属性目的,是以其目的为核心,并可按一定的层次逐渐展开的。由于目的不同和对事物认识的差异,对应于同一系统可存在多个指标体系,如统计指标体系、评价指标体系等。系统的评价指标体系也分为两类:一种是对系统自身的评价;另一种是用于同类系统间分析评价的指标体系。由于计量技术的原因,系统的指标体系中存在定量指标,也可能存在定性指标,只是在基层指标中,要求定性指标的含义清晰且能评估。另外,在系统指标体系的建立中,还要考虑指标采集的可行性或可操作性。

系统指标体系的建立,奠定了描述系统的有关数据的结构,这些数据将刻画系统运行的状况,反映系统的运行规律,人们将利用这些数据进行系统分析,并依据系统分析的结果进行决策。建立指标体系以后,数据的采集是非常重要的,其关键在于数据的质量。影响数据质量有多种因素,如采集者的水平、计量器具的水平、环境条件、采集所使用的原理或方法、被采集的指标和采用的标准等。若是非定量指标,选择的"专家"水平也是影响数据质量的关键因素。

建立系统的模型是描述研究系统的重要方式。系统模型的种类很多,其形式与描述系统所用的语言有密切关系,一般有物理模型或实物模型、叙述性模型、图表模型、数学模型等。选择怎样的模型来描述具体的系统,取决于多方面的因素。首先由人的需要而定。另外,还受技术水平和工作条件的限制。建立系统模型的指导原则和工作步骤如下:

(1) 解决系统内、外部变量的选择问题。由于与系统有关的因素众多,描述这些系统所需的变量也就比较多。但就所考察的系统特征而论,有些变量可能是重要的,而有些变量则可能是次要的。因此,在模型中应包含全部的重要变量,忽略那些次要变量。变量的选择是非常重要的环节,变量过多,将使处理繁杂,而且可能掩盖系统的主要矛盾。变量过少,必然造成模型的先天不足,难以反映所需要的系统特征。一般而言,解决这一问题的途径需要仔细地观察和分析,日积月累的实践经验有助于变量的选择。另外,从机理或逻辑的角度进行分析,可能出现这样的情况,即某个变量或某些变量应该是描述系统特征的重要变量,但在长期的观察试验中,这些变量几乎不发生变化。这样的变量也不应引入到模型中来,但在模型的使用说明中,应注明模型的应用范围是以这些变量取相应固定值为前提的。

(2) 选择模型类与模型结构。在模型的选择与确定过程中,常常先考虑已有的模型。在无合适的现有模型的情况下,则采用由简到繁的筛选方式,一般从定性的描述开始,或辅以图表类模型,或增加数学模型。在数学模型的结构选择上也是如此,首先考虑线性模型,其次是各种形式的多项式类,最后比较复杂的非线性结构。目前的数学模型的类型已出现非结构化的描述方式,如神经网络模型等人工智能式模型。

(3) 模型中有关参数的确定、模型有效性检验以及进行必要的修改。

9.4.6 武器系统分析

武器系统分析是根据武器系统预期效能或利益与系统费用之间的关系,对武器系统的发展计划或方案所进行的一种分析研究和定量的估计与比较。

在武器系统分析工作中,作战想定和数据是基础,数学模型是核心,计算机是工具。

在武器装备发展规划论证和型号论证中武器系统分析步骤如下:

(1) 确定效能指标。效能指标是评价武器系统完成作战任务优劣程度的一个数值表征,如敌方武器的损失数、我方武器的生存率、敌我双方的弹药消耗量、费效比、总价值比等。

(2) 拟订战术想定。应以敌我双方的作战原则、作战方法,敌我双方的编制装备,各种武器装备的战术技术性能,各种战术数据为依据,确定参战兵力、参战武器、装备的种类和数量。合理设置战斗队形,正确选择敌我双方各时节的战斗行动、作战时间和火力运用等。要制定出一系列文书和图表。

(3) 收集整理各种数据。数据是系统分析的基础,要取得准确的定量结果,必须准确地收集并整理各种战术数据、武器装备技术性能数据、射击数据、射击操作数据等。有些原始数据要进行必要的处理,使之符合输入模型的需要。

(4) 建立数学模型。数学模型是依据战术想定描述敌我双方各种兵力、火力在战斗各阶段交战的情况。要考虑双方交战时所处的状态,受对方火力威胁的情况,对抗状态以及火力分配等。要拟订模型结构关系框图,并选取描述目标毁伤、发现概率、命中概率等公式,建立数学模型。

(5) 在计算机上进行模拟。根据模型编拟程序上机计算,求出我击毁敌武器装备数和敌毁伤我武器装备数。

(6) 求出我方各种武器的作战效能和生存率、效费比、总价值比。

(7) 进行多方案的模拟计算。论证武器装备体制和发展方向的实质是选择一个最优的系列方案,包括改造、更新其中的某些装备。既然要择优,就要模拟计算多种方案进行选择。因此,可以针对敌军现装备一定规模的进攻(或防御),将我军预计发展的装备组成一个基本方案,与敌对抗。根据计算结果揭露矛盾,然后调整装备体制,依据战术的需要从技术上实现的可能性出发,考虑武器装备种类的改变或战术技术性能参数的改进。改变后,组成新的方案,重新进行模拟。如此组成各种不同武器装备系列方案,在计算机上进行作战模拟对抗,得出各系列的作战效能,然后进行比较。

(8) 进行效能和费用的综合分析,提出最佳方案。效能是达成效果的可靠性,费用是达成效果所付出的消耗,所以要把效能和费用进行综合分析。其分析方法是根据多方案综合,得出各种装备组成的某种系列作战效能的定量结果,并根据战术发展预测进行经济性估价,然后进行综合平衡,提出武器装备新体制发展的最佳方案。图9-5是武器系统分析过程。

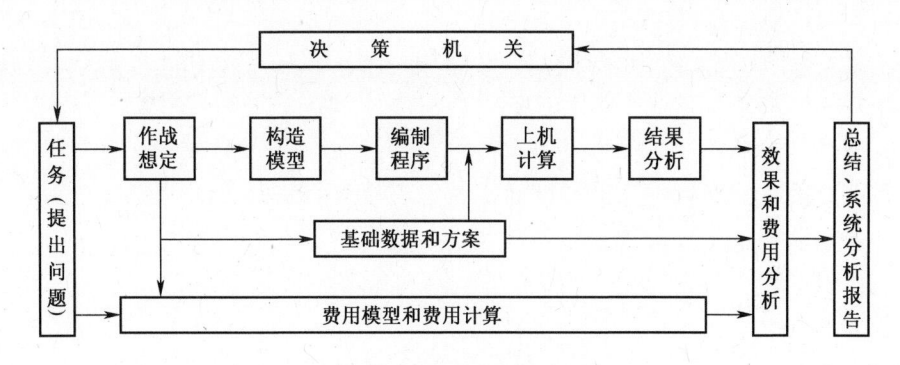

图9-5 武器系统分析过程

第10章
决策分析方法

在武器装备发展过程中,有关主管部门及其管理者经常要遇到各种各样的决策问题。例如,针对某个时期的经济条件与政治、军事环境,选择哪个装备发展规划以达到最佳的经济与军事效益?根据现行某类武器装备体制系列存在的问题,采取什么策略将旧的装备体制系列逐步转换为新的装备体制系列?在效能、费用等多项决策准则下,怎样确定某一新型武器装备型号系统的研制方案?等等。这些决策问题有三个显著的特点:一是必须围绕决策者的价值取向来判断问题;二是均面向尚未发生的事件;三是力求一次性成功。由于现实的决策环境限定了各种决策只能是一次性的,如果失败将导致非常不利的消极后果且损失将无法挽回。因此,决策者在决策过程中力求采取行动,使未来事件的后果符合其预期的目标。同时,通过各种决策分析技术,以获得既满意且成功率又高的决策方案。所以,上述决策问题的三个特点既表明了成功决策的难度,也说明了在武器装备发展过程中进行决策分析的重要性和必要性。

该类方法主要研究如何根据一定准则,对若干备选方案进行选择。现代装备论证要求用科学的决策替代经验决策,即依据科学的决策程序,采用科学的决策技术和科学的思维方法开展决策工作。决策的基础是优化,然而理论上最优的方案并不一定是最好的决策选择。决策分析与系统分析和优化分析的显著区别是决策分析过程中不仅要对系统的整体性能进行客观分析和权衡优化,还必须充分考虑决策者的价值判断和偏好。决策分析的一般过程可以归纳为形成决策问题、收集整理信息、提出方案、确定目标、确定各方案对应的结果及可能出现的概率、确定决策者对不同结果的效用值/综合评价/决定方案的取舍。在论证工作中,通常需要对多种方案进行多准则(目标)的综合评价和方案排序,旨在寻求最合理的方案或者策略,同时分析各方案之间的利弊优劣,供决策者参考。

10.1 决策树法

10.1.1 基本原理

决策树法是直观运用概率分析的一种图解方法。决策树是模拟树木树枝的生长过程,以出发点开始不断分枝来表示所分析问题的各种可能性,并以各分枝的期望值中的最大值作为选择的依据。它是一种按照"走一步看几步"的思路进行决策的技术,特别适用于分阶段决策分析。决策树一般由决策点、方案枝、机会点、机会枝、后果点等组成,其绘制方法如图10-1所示。

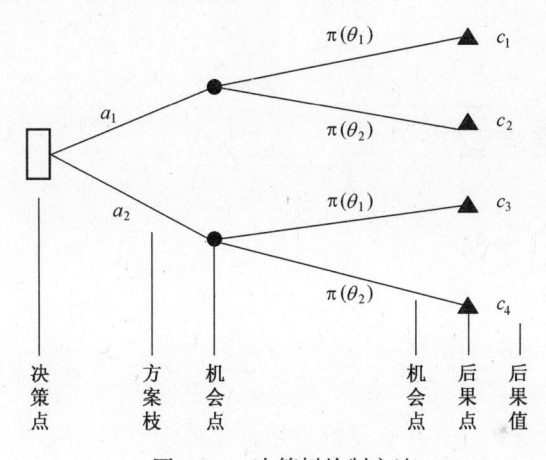

图 10-1 决策树绘制方法

首先确定决策点,决策点一般用"□"表示,代表决策者面临的一个决策问题。从决策点向右发出的分枝称为方案枝,代表决策者可能采取的一种行动(或方案),并在该方案枝上做出相应的标记 a_i ($i=1,2,\cdots,m$),决策者需要从中选择一个分枝继续前进。每个方案枝后面连接一个"●"称为机会点,从机会点向右引出的各条直线称为机会枝(或者概率枝),代表一种自然状态,有几种可能的自然状态就有几条机会枝,在各机会枝上可以标注自然状态出现的概率 $\pi(\theta_i)$ ($i=1,2,\cdots,m$)。决策者在机会点无法控制沿哪条机会枝继续前进。机会枝终点的"▲"称为后果点,可以用 c_{ij} 表示决策者采用某种行动 a_i ,出现某种真实的自然状态 θ_j 时面临的后果。为了便于计算,对决策树中的"□"(决策点)和"●"(机会点)均进行编号,编号的顺序是从左至右,从上到下。画出决策树后,按照绘制决策树相反的程序,即从右向左逐步后退,根据预期值分层进行决策。

在机会点上应计算出可能预期效益,即将这个方案点上各分枝的可能预期效益相加的结果。在决策点,则根据计算出来的各结点的可能预期效益值进行选优,并把选优值标注在结点上。同时,在舍弃方案的分枝上画上双截线。如属多级决策,则连续计算选优至第一个决策点为止。

10.1.2 实施步骤

决策树法的实施步骤如下:

(1) 绘制决策树图。按照从左到右的顺序画决策树,此过程本身就是对决策问题的再分析过程。

(2) 按从右到左的顺序计算各方案的期望值,并将结果写在相应方案结点上方。期望值是从右到左沿着决策树的反方向进行计算。

(3) 对比各方案的期望值的大小,进行剪枝优选。在舍去备选方案枝上,用"="记号隔断。

10.2 不确定型决策法

10.2.1 决策表

决策问题除用决策树描述以外,还可以用表格表示,这种表格称为决策表或者决策矩阵。如果决策后果用损失表示,还可称为损失矩阵。

众所周知,决策者采取任何行动的后果不仅由行动本身决定,而且由大量外部不确定因素决定,这些外部因素是决策者无法控制的,可用自然状态对所有外部因素进行描述。在此假设,虽然决策者不清楚自然界的真实状态,但知道哪种状态可能出现。为了便于描述,假设只有有限种互不相容的可能的状态,并记为 $\Theta = \{\theta_1, \theta_2, \cdots, \theta_n\}$,同时假设只有有限种可能的行动,即行动集 $A = \{a_1, a_2, \cdots, a_n\}$,决策者可从这些行动中选择一种,将采取行动 a_i、真实状态为 θ_j 时的后果记为 x_{ij},可得到决策表,见表 10-1。

表 10-1 决策表的一般形式

状态＼行动	a_1	a_2	⋯	a_j	⋯	a_n
θ_1	x_{11}	x_{12}	⋯	x_{1j}	⋯	x_{1n}
θ_2	x_{21}	x_{22}	⋯	x_{2j}	⋯	x_{2n}
⋮	⋮	⋮	⋮	⋮	⋮	⋮
θ_i	x_{i1}	x_{i2}	⋯	x_{ij}	⋯	x_{in}
⋮	⋮	⋮	⋮	⋮	⋮	⋮
θ_m	x_{m1}	x_{m2}	⋯	x_{mj}	⋯	x_{mn}

10.2.2 决策方法

这里所讲的不确定型决策是严格的不确定型,即决策问题可能出现的状态已知,但是各种自然状态发生的概率未知。因此面对这类问题,根据决策者主观态度的不同,可以采用乐观准则、悲观准则、折中准则和最小后悔准则,形成对应的四种决策方法。

1. 乐观决策法

乐观决策法是假设各种状态中有益的情况必然发生,决策者在最好的情况下追求最大收益的相对冒险的决策准则,也称为大中取大法。该方法的基本思想:只考虑行动 a_i 各种可能的后果中最好的(损失最小的)后果,定义行动 a_i 的乐观水平为

$$o_i = \max_{j=1}^{n} \{x_{ij}\}$$

式中:o_i 为采用行动 a_i 时可能导致的最佳后果,于是乐观决策法是使收益最大化,即选择 a_k,使

$$o_k = \max_{i=1}^{m} \{o_i\} = \max_{i=1}^{m} \max_{j=1}^{n} \{x_{ij}\}$$

该方法的实质是在收益表中找出收益最大的元素 x_{ij},决策者选择 x_{ij} 对应的行动 a_k。

2. 悲观决策法

采用悲观准则,决策者持极端保守的态度,认为事情总是会发生最糟的情况。悲观决策法是以各种状态中最不利的情况必然发生为前提,决策者在最不利的情况下追求最有利结果的相对保守的决策方式,也称为小中取大法。该方法的基本思想:决策者选择行动 a_k 使最大的损失 s_i 尽可能小,即选择 a_k,使

$$s_k = \max_{i=1}^{m} \{s_i\} = \max_{i=1}^{m} \min_{j=1}^{n} \{x_{ij}\}$$

3. 折中决策法

在现实工作中,大部分情况下决策者所持的态度均处于乐观和悲观之间,有的偏向乐观,有的偏向悲观,但是通常不会走极端。因此,可以用一个系数 λ($0 \leq \lambda \leq 1$)反映乐观与悲观的强度:当 $\lambda = 1$,决策者为乐观主义者;当 $\lambda = 0$ 时,决策者为悲观主义者。折中决策法的结果为 λ 与 $1 - \lambda$ 加权平均乐观与悲观结果的折中结果。方案 i 期望收益值的计算公式为

$$w_i = \lambda k_i + (1 - \lambda) s_i$$

式中:w_i 为方案 i 的折中期望收益值;k_i 为方案 i 的乐观期望收益值;s_i 为方案 i 的

悲观期望收益值；λ 为折中系数。

4. 最小后悔决策法

在决策实践中,由于决策者的选择与实际状态下的最好情况不符,决策者在心理上对不理想的选择必然产生自责,这就是后悔。该方法就是要把决策造成的自责减少到最小。后悔的实质是以某一自然状态为参照点,以该状态下能取得最大收益的方案的收益为目标,达到此目标则没有任何后悔,因为在此状态下,决策者实现了预期目标。若选择其他方案,则由于与理想收益不符,可能有一定的后悔,后悔的程度与实际收益和理想收益的差距成正比。最小后悔决策也是一种非概率决策方法,其目标是使决策者的后悔程度达到最小。

应用最小后悔准则时,是以某一自然状态为参照点,在此状态下各方案中最大收益为该状态下的理想收益,各方案在此状态下的收益与此状态下的理想收益的差额为各方案的后悔程度,将各方案在各种状态下的后悔值构成后悔值表,确定各方案的最大后悔值,最后从各方案的最大后悔值中选择最小的所对应的方案。运用最小后悔值准则进行决策的基本思路:定义一个后果的后悔值 r_{ij} 为其在状态 θ_j 采取行动 a_i 时的收益 x_{ij} 与在状态 θ_j 时采用不同的行动的最佳结果 $\max\limits_{i=1}^{m}\{x_{ij}\}$ 之差,即

$$r_{ij} = x_{ij} - \max_{i=1}^{m}\{x_{ij}\}$$

用由 r_{ij} 构成的后悔值表 $r_{ij\ m\times n}$ 取代由 x_{ij} 构成的决策表,再用悲观准则方法求解。每种行动的优劣由最大后悔值 p_i 作为指标来衡量,即

$$p_i = \max_{j=1}^{n}\{r_{ij}\}$$

p_i 即采取行动 a_i 时的最大后悔值,然后选择使 p_i 极小化的行动,也就是说选择 a_k ,使

$$p_k = \min_{i=1}^{m}\{p_i\} = \min_{i=1}^{m}\{\min_{j=1}^{n}\{r_{ij}\}\}$$

10.3 风险型决策法

10.3.1 问题描述

风险型决策(也称为随机型决策)与不确定型决策的显著区别是决策者虽然无法确切知道将来的自然状态,但它不仅能给出各种可能出现的自然状态,而且能给出各种状态出现的可能性,通过设定各种状态的概率(可能是主观设定)

$\pi(\theta_1)$，$\pi(\theta_2)$，…，$\pi(\theta_m)$来量化不确定性。以损失表示后果时,这类决策问题的决策表见表10-2。

表10-2 典型的风险型决策问题决策表

		a_1	a_2	…	a_j	…	a_n
θ_1	$\pi(\theta_1)$	l_{11}	l_{12}	…	l_{1j}	…	l_{1n}
θ_2	$\pi(\theta_2)$	l_{21}	l_{22}	…	l_{2j}	…	l_{2n}
⋮	⋮	⋮	⋮	⋮	⋮	⋮	⋮
θ_i	$\pi(\theta_i)$	l_{i1}	l_{i2}	…	l_{ij}	…	l_{in}
⋮	⋮	⋮	⋮	⋮	⋮	⋮	⋮
θ_m	$\pi(\theta_m)$	l_{m1}	l_{m2}	…	l_{mj}	…	l_{mn}

10.3.2 风险型决策法

1. 期望收益最大(损失最小)决策法

该方法从统计学的角度出发,用统计学的数学期望来权衡方案的各种可能结果,期望从多次决策中取得的平均收益最大。其计算公式为

$$E(y_i) = \sum x_{ij} P_j$$

式中:$E(y_i)$为方案i的期望收益;x_{ij}为方案i在状态j下的损益值;P_j为状态为j的概率。

在风险型决策问题过程中,决策者往往从多种可能的结果中权衡。这种综合权衡的实质是一种心理上的"平均",期望收益最大化准则准确反映了这种心理。当然,这种期望从多次重复决策中取得平均收益最大的做法符合数理统计的规律。但是,对于大量存在的短期内不重复出现的风险型决策问题则显得意义不大。

2. 机会均等决策法

机会均等决策法反映了一种简化矛盾的心理,忽略了各种结果的概率差异,将发生各种状态的可能发生概率设定为均值(取状态数目的倒数)。因为概率本身只是一种主观估计,以算数平均值平衡各种可能结果,也是符合实际决策行为的方式。

3. 最小损失决策法

在决策工作中,各种方案都存在一定的损失。这种损失可能是决策者选用收益最大的方案但不利状态发生所造成的,也可能是由于生产不足缺货造成的,也可能是兼而有之。究竟是哪种方案损失最小？这就是最小损失准则选择方案的依据。

最小损失决策法以各种状态下最理想的选择为标准,求出最理想的期望收益,

以此同各方案的收益比较,理想的收益与各方案的期望收益的差额就是各方案的期望损失,即

$$E(x_i) = E^*(y) - E(y_i)$$

式中:$E(x_i)$ 为方案 i 的期望损失;$E^*(y)$ 为项目的理想收益;$E(y_i)$ 为方案 i 的期望收益。

4. 最大可能决策法

该方法认为实际情况中大概率事件属于必然事件,因为以概率最大的自然状态作为未来发生状态来评价各方案的收益值,根据各备选方案在概率最大的自然状态下的易损值的比较结果进行决策。通过确定概率最大的自然状态,将风险型决策转化为确定型决策。

10.4 多目标决策法

10.4.1 方法概述

多目标决策具有三个特点:一是决策目标的多样性;二是决策目标的不可公度,即目标没有统一的衡量标准;三是各目标间的矛盾性,几乎不存在可以令所有目标都达到最优的解。因此,不能将多个简单目标归并为单个目标,无法采用单目标决策的方法求解多目标决策问题。

多目标决策问题可以分为两类:一类是多属性决策问题,其决策变量是离散的,其中的备选方案为有限个,因此也称为有限方案多目标决策问题,这类问题的核心是对备选方案进行排序,然后从中优选;另一类是多目标决策问题,其决策变量是连续型的,也称为无限方案多目标决策问题,该类问题可以用线性规划方法进行求解。下面主要讨论多属性决策问题。

10.4.2 多属性决策过程

多属性决策是一个比较复杂的过程,通常包括如下五个步骤。

1. 构建决策矩阵

决策矩阵是求解多属性决策问题的依据。设一个多目标决策问题记为 MT,可供选择的方案集 $X = \{x_1, x_2, \cdots, x_m\}$,用行向量 $Y = \{y_1, y_2, \cdots, y_m\}$ 表示方案 x_i 的 n 个属性值,y_{ij} 表示第 i 个方案的第 j 个属性值,当目标函数为 f_j 时,$y_{ij} = f_j(x_i)(i = 1, 2, \cdots, m; j = 1, 2, \cdots, n)$。各方案的属性值可列为决策矩阵(或称为属性矩阵),见表 10-3。

表 10-3　决策矩阵的一般形式

y_i \ x_i	y_1	y_2	…	y_j	…	y_n
x_1	y_{11}	y_{12}	…	y_{1j}	…	y_{1n}
x_2	y_{21}	y_{22}	…	y_{2j}	…	y_{2n}
⋮	⋮	⋮	⋮	⋮	⋮	⋮
x_i	y_{i1}	y_{i2}	…	y_{ij}	…	y_{in}
⋮	⋮	⋮	⋮	⋮	⋮	⋮
x_m	y_{m1}	y_{m2}	…	y_{mj}	…	y_{mn}

2. 数据预处理

数据的预处理又称为属性值的规范化,主要有三个目的:属性数值化;非量纲化;归一化。

通常,数据预处理旨在给出某个指标的属性值的实际价值,常采用的方法有线性变换、标准 0-1 变换、最优值为给定区间的变换、向量规范化、原始数据统计处理、专家打分法等。

3. 方案筛选

当方案集 X 中的方案的数量太多时,在使用多目标评价方法进行正式评价之前,应尽可能筛选出性能较好的方案,以减少评价的工作量。通常采用优选法、满意值法及逻辑法。

4. 确定权重

多目标决策面临着目标重要性确定这个主要难题,其中目标间的不可公度性可以通过属性决策矩阵的规范化得到解决,但是无法反映目标的重要性,需要通过权重来解决目标之间的矛盾性。权是目标重要性的度量,即衡量目标重要性的手段,这一概念能够反映以下三种因素:一是论证人员对目标的重视程度;二是各目标属性值的差异程度;三是各目标属性值的可靠程度。

权是目标重要性的数量化表示,通过引入权,可以采用多种方法将多目标决策问题转化为单目标决策问题。但当目标较多时,对该问题的评价往往难于直接确定每个目标的权重,通常是对各个目标进行成对比较,再将成对比较的结果用本征向量法和最小二乘法聚合起来确定一组权。

5. 多目标评价

经过上述步骤的处理,已经可以采用多目标评价方法对各目标进行比较。求解多目标决策的方法有四类:一是加权和法,如一般加权和法、字典序法、层次分析法;二是加权积法;三是逼近理想解排序(Technique for Order Preference by Similarity to Ideal Solution,TOPSIS)法;四是基于估计相对位置的方案排队法。

10.5 灰靶决策法

10.5.1 灰靶决策概述

灰靶决策是在决策模型中含灰元或一般决策模型与灰色模型相结合的情况下进行的决策。一般的决策包括事件、对策(方案)、目标和效果四个要素。决策的基础是事件与对策;事件考虑得越多,表示决策者的思维越周密;对策考虑得越多,表示决策者足智多谋。局势=(事件,对策)。

设 $A = \{a_1, a_2, \cdots, a_n\}$ 为事件集,其中 $a_i(i = 1, 2, \cdots, n)$ 为第 i 个事件。$B = \{b_1, b_2, \cdots, b_m\}$ 为对策集,其中 $b_j(j = 1, 2, \cdots, m)$ 为第 j 种对策。$S = \{s_{ij} = (a_i, b_j) \mid a_i \in A, b_j \in B\}$ 为局势集,其中 s_{ij} 为局势。$u_{ij}^{(k)}(i = 1, 2, \cdots, n; j = 1, 2, \cdots, m)$ 为 s_{ij} 在目标 k 下的效果样本值。

10.5.2 灰靶决策特点

灰靶决策又称为空间决策或立体决策,其特点如下:

(1)灰靶决策作为局势决策,本来需要用到效果的量化值,而在许多情况下,不一定能得到效果的具体值,要对具体问题进行具体分析。所以灰靶决策是介于定性和定量之间的一种决策方式。

(2)灰靶决策对效果点相对集中的情况是有解的,只要选择合适的灰靶即可。

(3)灰靶决策并不过分担心目标数增多,但是同一局势的效果测度不应过于分散。

(4)灰靶有智能含义。

设 $d_1^{(1)}, d_2^{(1)}; d_1^{(2)}, d_2^{(2)}; \cdots; d_1^{(s)}, d_2^{(s)}$ 为目标 $1, 2, \cdots, s$ 下的局势效果临界值,则称 s 维超平面区域

$$S^s = \{(r^{(1)}, r^{(2)}, \cdots, r^{(s)}) \mid d_1^{(1)} \leq r^{(1)} \leq d_2^{(1)}, d_1^{(2)} \leq r^{(2)} \leq d_2^{(2)}, \cdots, d_1^{(s)} \leq r^{(s)} \leq d_2^{(s)}\}$$

为 s 维决策灰靶。

若局势 s_{ij} 的效果向量

$$U_{ij} = (u_{ij}^{(1)}, u_{ij}^{(2)}, \cdots, u_{ij}^{(s)}) \in S^s$$

则称 s_{ij} 为目标 $1, 2, \cdots, s$ 下的可取局势,b_j 为事件 a_i 在目标 $1, 2, \cdots, s$ 下的可取对策。

称 $R^s = \{(r^{(1)}, r^{(2)}, \cdots, r^{(s)}) \mid (r^{(1)} - r_0^{(1)})^2 + (r^{(2)} - r_0^{(2)})^2 + \cdots + (r^{(s)} - r_0^{(s)})^2 \leq r^2\}$ 为以 $r_0 = (r_0^{(1)}, r_0^{(2)}, \cdots, r_0^{(s)})$ 为靶心,以 r 为半径的 s 维球形

灰靶,称 $r_0 = (r_0^{(1)}, r_0^{(2)}, \cdots, r_0^{(s)})$ 为最优效果向量。设 $r_1 = (r_1^{(1)}, r_1^{(2)}, \cdots, r_1^{(s)}) \in \mathbf{R}^s$,称 $|r_1 - r_0| = [(r_1^{(1)} - r_0^{(1)})^2 + (r_1^{(2)} - r_0^{(2)})^2 + \cdots + (r_1^{(s)} - r_0^{(s)})^2]^{1/2}$ 为向量 r_1 的靶心距。靶心距的数值反映了效果向量的优劣。

10.5.3 单目标化局势决策

在单目标化局势对策中,对于希望效果样本值"越大越好""越多越好"一类的目标,可采用上限效果测度,它反映效果样本值与最大效果样本值的偏离程度。上限效果测度为

$$r_{ij}^{(k)} = \frac{u_{ij}^{(k)}}{\max_i \max_j \{u_{ij}^{(k)}\}}$$

对于希望效果样本值"越小越好""越少越好"一类目标,可采用下限效果测度,它反映效果样本值与最小效果样本值的偏离程度。下限效果测度为

$$r_{ij}^{(k)} = \frac{\min_i \min_j \{u_{ij}^{(k)}\}}{u_{ij}^{(k)}}$$

对于希望效果样本值"既不太大又不太小""既不太多又不太少"这一类目标,可采用适中效果测度,它反映效果样本值与指定的效果适中值的偏离程度。适中效果测度为

$$r_{ij}^{(k)} = \frac{u_{i_0 j_0}^{(k)}}{u_{i_0 j_0}^{(k)} + |u_{ij}^{(k)} - u_{i_0 j_0}^{(k)}|}$$

式中:$u_{i_0 j_0}^{(k)}$ 为 k 目标下指定的效果适中值。

单目标化局势决策的步骤如下:

(1) 根据事件集 $A = \{a_1, a_2, \cdots, a_n\}$ 和对策集 $B = \{b_1, b_2, \cdots, b_m\}$ 构造局势集

$$S = \{s_{ij} = (a_i, b_j) \mid a_i \in A, b_j \in B\}。$$

(2) 确定决策目标 $k = 1, 2, \cdots, s$。

(3) 对目标 $k = 1, 2, \cdots, s$,求相应的效果样本矩阵:

$$U^{(k)} = (u_{ij}^{(k)}) = \begin{bmatrix} u_{11}^{(k)} & u_{12}^{(k)} & \cdots & u_{1m}^{(k)} \\ u_{21}^{(k)} & u_{22}^{(k)} & \cdots & u_{2m}^{(k)} \\ \vdots & \vdots & & \vdots \\ u_{n1}^{(k)} & u_{n2}^{(k)} & \cdots & u_{nm}^{(k)} \end{bmatrix}$$

(4) 求 k 目标下的一致效果测度矩阵:

$$\boldsymbol{R}^{(k)} = (r_{ij}^{(k)}) = \begin{bmatrix} r_{11}^{(k)} & r_{12}^{(k)} & \cdots & r_{1m}^{(k)} \\ r_{21}^{(k)} & r_{22}^{(k)} & \cdots & r_{2m}^{(k)} \\ \vdots & \vdots & & \vdots \\ r_{n1}^{(k)} & r_{n2}^{(k)} & \cdots & r_{nm}^{(k)} \end{bmatrix}, \quad k = 1, 2, \cdots, s$$

（5）确定各目标的决策权 $\eta_1, \eta_2, \cdots, \eta_s$。

（6）由 $r_{ij} = \sum_{k=1}^{s} \eta_k \cdot r_{ij}^{(k)}$ 得综合效果测度矩阵：

$$\boldsymbol{R} = (r_{ij}) = \begin{bmatrix} r_{11} & r_{12} & \cdots & r_{1m} \\ r_{21} & r_{22} & \cdots & r_{2m} \\ \vdots & \vdots & & \vdots \\ r_{n1} & r_{n2} & \cdots & r_{nm} \end{bmatrix}$$

（7）确定最优局势。

参考文献

[1] 罗军,游宁. 军事需求研究[M]. 北京:国防大学出版社,2011.
[2] 赵全仁,邱志明,窦守健,等. 武器装备论证导论[M]. 北京:兵器工业出版社,1998.
[3] 张宝书. 陆军武器装备作战需求论证概论[M]. 北京:解放军出版社,2005.
[4] 王凯,等. 武器装备需求论证[M]. 北京:国防工业出版社,2008.
[5] 赵卫民. 武器装备论证学[M]. 北京:兵器工业出版社,2008.
[6] 杜汉华. 坦克武器装备系统论证[M]. 北京:中国人民解放军装甲工程学院,1997.
[7] 杨建军. 武器装备发展系统理论与方法[M]. 北京:国防工业出版社,2008.
[8] 杨建军,龙光正,赵宝军.武器装备发展论证[M]. 北京:国防工业出版社,2009.
[9] 张列刚. 空军武器装备论证理论与方法[M]. 北京:国防工业出版社,2011.
[10] 佘汉评,邱志明,赵卫民,等.经济性论证[M]. 北京:海潮出版社,2005.
[11] 中国人民解放军总参谋部兵种部. 装甲兵武器装备论证概论[M]. 北京:解放军出版社,1999.
[12] 中国人民解放军国防科学技术大学信息系统与管理学院. 体系结构研究[M]. 北京:军事科学出版社,2012.
[13] 王伟军. 信息分析方法与应用[M]. 北京:北京交通大学出版社,2010.
[14] 秦铁辉,等. 信息分析与决策[M]. 北京:北京大学出版社,2001.
[15] 李思一. 战略决策与信息分析[M]. 北京:科学技术文献出版社,2001.
[16] 孙国强. 管理研究方法[M]. 上海:上海人民出版社,2007.
[17] 刘凤朝. 撰写文科博士学位论文开题报告应注意的几个问题[J]. 学位与研究生教育,2005(12).
[18] 章凯. 文献分析的策略与思维风格[J]. 学位与研究生教育,2001(6).
[19] D L Paul, Ormrod J E. 实用研究方法论:计划与设计[M]. 顾宝炎,等译. 北京:清华大学出版社,2005.
[20] 梁治安,等译. 金融学中的优化方法[M]. 北京:科学出版社,2013.
[21] 汪应洛. 系统工程[M]. 北京:机械工业出版社,2014.
[22] Weston A. 论证是一门学问[M]. 卿松竹,译.北京:新华出版社. 2011.
[23] 张剑. 军事装备系统的效能分析、优化与仿真[M]. 北京:国防工业出版社,2001.
[24] 张从军,李辉,鲍远圣,等. 经济运筹方法[M]. 上海:复旦大学出版社,2009.
[25] 戴锋,邵金宏,王力. 军事运筹学导论[M]. 北京:军事谊文出版社,2002.
[26] 胡运权. 运筹学教程[M]. 北京:清华大学出版社,2003.
[27] 魏权龄. 运筹学简明教程[M]. 北京:中国人民大学出版社,2005.
[28] 罗荣桂. 新编运筹学题解[M]. 武汉:华中科技大学出版社,2002.
[29] 贾俊秀,刘爱军. 系统工程学[M]. 西安电子科技大学出版社,2014.
[30] 徐利治. 现代数学手册[M]. 武汉:华中科技大学出版社,2001.
[31] 张从军,等. 常见经济问题的数学解析[M]. 南京:东南大学出版社,2004.

[32] 胡运权,等译. 运筹学导论:第8版[M]. 北京:清华大学出版社,2007.
[33] 薛声家,左小德. 管理运筹学:第3版[M]. 广州:暨南大学出版社,2007.
[34] 陈宝林. 最优化理论与算法:第2版[M]. 北京:清华大学出版社,2005.
[35] 钱颂迪. 运筹学[M]. 北京:清华大学出版社,1990.
[36] 朱道立,徐庆,叶耀华. 运筹学[M]. 北京:高等教育出版社,2006.
[37] 盛昭瀚,曹忻. 最优化方法基本教程[M]. 南京:东南大学出版社,1992.
[38] 宋增尼. 图论及其应用[M]. 南京:东南大学出版社,1997.
[43] 徐渝,胡奇英. 运筹学[M]. 西安:陕西人民出版社,2001.
[40] 运筹学教学编写组. 运筹学:第3版[M]. 北京:清华大学出版社,2005.
[41] 谢金星,等. 优化建模与UNDO/LINGO软件[M]. 北京:清华大学出版社,2005.
[42] 韩中庚. 实用运筹学[M]. 北京:清华大学出版社,2007.
[43] 徐选华. 运筹学:第2版[M]. 长沙:湖南人民出版社,2007.
[44] 张杰,等. 运筹学模型与实验[M]. 北京:中国电力出版社,2007.
[45] 高作峰,等. 对策理论与经济管理决策[M]. 北京:中国林业出版社,2006.
[46] 张维迎. 博弈论与信息经济学[M]. 上海:上海人民出版社,1997.
[47] 徐玖平,等. 运筹学(工类):第3版[M]. 北京:科学出版社,2007.
[48] 熊伟. 运筹学[M]. 北京:机械工业出版社,2006.
[49] 魏权龄.相对有效性的DEA方法[M]. 北京:中国人民大学出版社,1988.
[50] 盛昭瀚,等. DEA理论、方法与应用[M]. 北京:科学出版社,1996.
[51] 胡永宏,等. 评价综合方法[M]. 北京:科学出版社,2000.
[52] 李光金,等. DEA有效决策单元判断及排序的新方法[J]. 系统工程理论与实践,1996,37(8).
[53] 陈嵩. 用DEA方法评价高校办学效益的研究[J]. 预测,2000,77(1).
[54] 任明学,陈晓斌,刘金保. 情报分析与预测[M]. 北京:军事谊文出版社,2009.
[55] 许永祥. 炮兵战场情报分析与处理[M]. 北京:解放军出版社,2008.
[56] 于春田,等. 运筹学[M]. 北京:科学出版社,2006.
[57] 徐玖平,等. 运筹学—数据·模型·决策[M]. 北京:科学出版社,2006.
[58] 周德群. 系统工程概论[M]. 北京:科学出版社,2005.
[59] 王众托. 系统工程[M]. 北京:北京大学出版社,2010.
[60] 吕永波. 系统工程[M]. 北京:清华大学出版社,2006.
[61] 薛惠锋,苏锦旗,吴慧欣. 系统工程技术[M]. 北京:国防工业出版社,2007.
[62] 袁旭梅,刘新建,万杰. 系统工程学导论[M]. 北京:机械工业出版社,2007.
[63] 方永绥,徐永超. 系统工程基础——概念、目的和方法[M]. 上海:上海科学技术出版社,1980.
[64] 黄贯虹,方刚. 系统工程方法与应用[M]. 广州:暨南大学出版社,2005.
[65] 沈建明. 国防高科技项目管理概论[M]. 北京:机械工业出版社,2004.
[66] 易德生,郭萍. 灰色系统理论与方法[M]. 北京:石油工业出版社,1992.
[67] 谭跃进. 系统工程原理[M]. 长沙:国防科技大学出版社,1999.
[68] 陈庆华. 装备运筹学[M]. 北京:装备指挥技术学院,2003.
[69] 江敬灼,郭嘉诚. 国防系统分析方法学教程[M]. 北京:军事科学出版社,2000.
[70] 宋贵宝,等. 武器系统工程[M]. 北京:国防工业出版社,2009.
[71] 张最良,等. 军事运筹学[M]. 北京:军事科学出版社,2009.
[72] 胡晓峰,杨镜宇,司光亚,等. 战争复杂系统仿真分析与实验[M],北京:国防大学出版社,2008.
[73] 顾基发,王浣尘,唐锡晋,等. 综合集成方法体系与系统学研究[M].北京:科学出版社,2007.
[74] 张翱,赵卫民,姜书田,等.论证管理与质量评价[M].北京:海潮出版社,2005.

[75] 罗兴柏,等.陆军武器系统作战效能分析[M].北京:国防工业出版社,2007.
[76] 牛新光.武器装备建设的国防系统分析[M].北京:国防工业出版社,2007.
[77] 吕建伟,等.武器装备研制的风险分析与风险管理[M].北京:国防工业出版社,2005.
[78] 高申友,徐晓刚,王雨.QFD确定装备保障性要求浅析[J].重庆通信学院学报,2005,24(1):68-71.
[79] 李巧丽,郭齐胜,李亮,等.基于STI/QFD的武器装备需求分析方法研究[J].装备指挥技术学院学报,2008,19(4):10-19.
[80] 王斌,常显奇,焦文英.基于QFD方法的作战仿真需求管理模型[J].指挥控制与仿真,2007,29(4):86-89.
[81] 张翱,赵卫民,等.论证管理与质量评价[M].北京:海潮出版社,2005.
[82] 姜静波,崔颢.关于武器装备需求及生成方法的思考[J].装备学术,2009(9).
[83] 张列刚,张建康,等.空军武器装备联合论证方法研究[J].空军装备研究,2010(2).
[84] 郭政.军队政治工作创新思维研究[M].北京:海潮出版社,2000.
[85] 赵全仁,顾德建,等.武器装备发展战略论证证通用要求.GJB-5283-2004[S].中国人民解放军总装备部.
[86] 王书敏.于超,等.武器路作战需求论证通用要求:GB-6878-2009[S].中国人民解放军总装备部.
[87] 徐继昌,等.军事大辞海:上册[M].北京:长城出版社,2000.
[88] 马费成.信息管理学基础[M].武汉:武汉大学出版社,2002.
[89] 王煌全.情报制胜:企业竞争情报[M].北京:科学出版社,2004.
[90] 陈潇肖.信息分析方法论的研究现状和发展趋势[J].图书馆研究与工作,2004(3):40-45.
[91] 毛振鹏.信息分析与预测[M].北京:北京交通大学出版社,2008.
[92] 卢泰宏.信息分析[M].广州:中山大学出版社,1998.
[93] 王秀梅.试论情报分析研究方法的体系建设[J].情报理论与实践,1998,21(5):259,260.
[94] 罗贤春.论信息分析方法体系[J].现代情报,2003(11):63,64.
[95] 查先进.信息分析与预测[M].武汉:武汉大学出版社,2000.
[96] 郑小昭.信息管理研究方法[M].北京:科学出版社,2007.
[97] 朱庆华.信息分析:基础、方法及应用[M].北京:科学出版社,2004.
[98] 朱志凯.逻辑与方法[M].北京:人民出版社,1995.
[99] 李淑文.创新思维方法论[M].北京:中国传媒大学出版社,2005.
[100] 邹志仁.情报研究与预测[M].南京:南京大学出版社,1990.
[101] 孙振誉.信息分析导论[M].北京:清华大学出版社,2007.
[102] 张绵厘.实用逻辑教程[M].北京:中国人民大学出版社,1993.
[103] 王健.王者的智慧:新经济时代的创新思维方法[M].太原:山西人民出版社,2008.
[104] 刘宣熙.管理预测与决策方法[M].北京:科学出版社,2009.
[105] 徐蔼婷.德尔菲法的应用及其难点[J].统计科普,2006(9):57-59.
[106] 徐鸿德.交叉影响分析法预测废水处理的技术发展[J].上海科学环境,1988,7(4):8-11.
[107] 任海英.用CIA方法对技术预见模式的探讨[J].科学学与科学技术管理,2009(1):5-65.
[108] 水志国.头脑风暴法简介[J].学位与研究生教育,2003(1).
[109] 朱新林.头脑风暴法在管理决策中的应用[J].商场现代化,2009(7):104,105.
[110] 王辉艳.头脑风暴综述[J].吉林省经济管理干部学院学报,2005.19(5):53-55.
[111] 王毅成.市场预测与决策[M].武汉:武汉理工大学出版社,2005.
[112] 张保法.经济预测与决策[M].北京:经济科学出版社,2004.
[113] 张勇康.实用预测方法[M].上海:上海科技出版社,1980.
[114] 罗芳琼.时间序列分析的理论与应用综述[J].柳州师专学报,2009,31(2):113-117.
[115] 刘剑宇.移动平均法在公安情报中的应用[J].中国人民公安大学学报,2007(4):54-56.

[116] 沙勇忠. 信息分析[M]. 北京:科学出版社,2009.
[117] 易丹辉. 统计预测:方法与应用[M]. 北京:中国统计出版社,2001.
[118] 陈殿阁. 市场调查与预测[M]. 北京:北京交通大学出版社,2004.
[119] 张保法. 经济预测与经济决策[M]. 北京:经济科学出版社,2004
[120] 罗爱民,罗雪山,张耀鸿,等. C^4ISR系统体系结构设计集成环境研究[J]. 火力与指挥控制,2005,30(5):24-31.
[121] 陈禹六. IDEF建模与分析方法[M]. 北京:清华大学出版社,1999.
[122] 耿国桐,史立奇,叶卓映. UML宝典[M]. 北京:电子工业出版社,2004.
[123] Object Management Group. Unified Modeling Language Specification, Version 2.3. U.S.: Massachusetts, May 2010.
[124] Joint Chiefs of Staff. CJCSM 3500.04B: Universal Joint Task List Version 4.0, 1999.